공동체 텃밭은 도시에서 식량의 오아시스다.

앞마당부터 뒷마당과 화분에 이르기까지 당신이 심은 그곳이 바로 농장이 된다.

워드 툴롱(선글라스를 낀 남자)은 지난 해에 이웃의 땅, 옥상, 도로를 빌려
농사를 지어서 28,000달러의 이익을 냈다.(cityfarmboy.com)

농장에서 시장을 거처 접시에 오르기까지, 식량은 아름다운 것이다.

도시농업

도시농업이 도시의 미래를 바꾼다

도시농업
도시 농업이 도시의 미래를 바꾼다

2012년 8월 25일 1판 1쇄 인쇄
2012년 8월 30일 1판 1쇄 발행

지은이 데이비드 트레시
옮긴이 심 우 경·허 선 혜
펴낸이 강 찬 석
펴낸곳 도서출판 미세움
주 소 150-838 서울시 영등포구 신길동 194-70
전 화 02-844-0855 팩 스 02-703-7508
등 록 제313-2007-000133호

ISBN 978-89-85493-58-1 03520

정가 17,000원

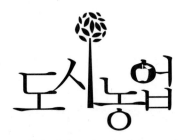

도시농업

도시 농업이 도시의 미래를 바꾼다

데이비드 트레시 지음 ㅣ 심우경·허선혜 옮김

美세움

들어가면서

도시의 미래는 푸르고 싱싱하다.

또한, 도시는 창조적이고 분주하며 복잡하고 재미있고 아름답다. 하지만 재미와 아름다움에 대한 도시의 가치는 내가 최근에 공공 회의를 주최했던 밴쿠버 수변에 거주하고 있는 시민들 사이에서는 찾아보기 힘들었다.

나는 그곳에 사회 소외계층이 주가 되어 운영할 수 있는 공동체 텃밭에 관한 제안을 설명하려고 갔었다. 그것은 이민자와 캐나다 태생의 거주민들이 함께 유기농 먹을거리를 재배하며 사회계층 간의 조화를 꾀하기 위한 것으로 정부지원금으로 행해지는 사업의 일환이었다.

나는 이 사업이 음식에 관한 일을 함께하며 더불어 보람도 느낄 수 있기에 상당히 좋은 방법이라 생각했다. 도시에 살고 있는 외국인 중 적어도 40%는 정원사이며, 대부분 인종, 다문화 교류, 지역 정부에 관한 모임에 참석하고 있다. 밴쿠버가 다문화 도시로 성공을 거둘 수 있었던 비결에 대해 정확하게 알려진 바는 없다. 새로운 이민자들이 그 나라에서 소속감을 느끼기까지는 수년이 걸린다. 그러므로 다양한 이민자 그룹과 현지인들이 함께 채소라는 공통된 주제를 가지고 이야기하는 것은 사회의 조화를 위한 훌륭한 시도다. 그것은 펀자브인 이웃과 무심히 인사만 건넬 뿐 서로 관심도 없었던 단순한 다문화 도시에서, 친구가 된 이웃과 서로 안부를 묻고 함께 음식을 나눠먹거나 동네 문화센터로 가서 통조림에 관한 강의를 듣고 주민들의 먹을거리에 관한 회의에 참석하는 이종문화 도시로 탈바꿈하게 될 것이다.

그러나 그전에 우리는 땅이 필요하다.

우리에게 필요한 땅은 그저 거대한 잔디 공원에 세운 테니스장 뒷편에 숨어 있던 좁고 긴 풀밭 정도면 충분하다. 그 좁은 공간에 20여 가지 먹을거리, 과일나무 몇 그루와 딸기를 심을 수 있다. 그 어떤 것도 현대화된 음식문화를 바꿀 수는 없지만 지역사회에 참여하여 새로운 음식에 관한 정책을 제안하는 데 도움이 되는 프로그램을 지지할 수는 있다.

한번은 오해가 생겨 한 공동체와 갈등을 빚은 적도 있었다. 그들은 마치 우리가 그들에게 동참하도록 강요한 것처럼 행동했다. 분노에 찬 눈빛으로 성큼성큼 회의실에 들어와 공격적으로 비난하기 시작했다. 나는 그날 밤을 꼬박 새웠다. 현지인들은 도시 농업을 제안하거나 지지해주길 바라는 나 같은 사람을 호되게 몰아세울 차례가 될 때까지 기다려주는 것이 도리라 여기는 듯하였다. 드디어 그

틈이 보이자 기다렸다는 듯이 비난을 퍼부었다. 이렇듯 격하게 반대하는 것은 그들이 지지할 만한 능력이 없어서가 아니다. 멀리 아름다운 수경관이 펼쳐진 그들의 맨션은 수백만 달러를 호가한다.

처음으로 입을 연 것은 조깅화를 신은 50대의 여성이었다.

"어떻게 감히 우리 공동체에 들어와서 그런 말도 안 되는 제안을 할 수 있죠?"

그리고 그녀는 덧붙였다.

"그런데 도대체 당신은 어디 출신입니까?"

나는 친근한 미소를 띤 키가 작은 남자에게 얘기했다.

"제가 농부였기 때문에 식량을 재배하는 일에 관심도 많고 도움될 만한 것도 많죠."

그러자 그가 말했다.

"내가 처음 공동체 텃밭에 관한 이야기를 듣고 차를 타고 시내를 돌면서 도대체 어떻게 생긴건지 눈여겨보았어요."

그는 나를 돌아보고는 어깨를 으쓱하며 말을 이었다.

"당신에게 악의가 있는건 아니니 오해 말아요. 하지만 내가 본 것들은 너무 흉물스러웠어요."

그리고는 다시 군중들 사이로 사라지며 한마디 더 남겼다.

"어쨌든 텃밭이라는 게 있긴 하데요."

"우리 마을엔 이미 아름다운 공원이 있어요."

운동복 차림의 여성이 말했다.

"그런데 공동체 텃밭이라니… 머지않아 버려져서 흉물이 될 거에요."

그러자 기다렸다는 듯이 많은 사람들이 공동체 텃밭이 얼마나 끔찍한 생각인지 얘기했고 다른 이들도 고개를 끄덕이거나 헛기침을 하며 동의했다. 나는 계속 얼굴에 미소를 지으려 노력했으나 결국 완패하였다. 휠체어를 탄 피부가 검게 그을린 남자가 나에게 다가왔다. 마침내 나는 지원자가 등장한 줄 알고 기뻐했으나 그 기쁨은 그리 오래가지 않았다. 나는 그가 청중에게 텃밭을 이용하여 채소를 길러 모두가 함께 먹고 즐길 수 있다는 것을 어떻게 얘기할지 궁금해졌다.

"이 계획은 … 끔찍 … 합니다. 아…"

그가 또박또박 내뱉은 말이었다. 그의 뒤에 앉아 있던 이란인 부부는 고개를 끄덕이며 동의했다. 나는 그 자리에 얼어붙은 채로 어떤 여자가 밖에서 나에게 하는 소리를 들었다.

"도대체 왜 우리에게 이종문화 텃밭이 필요한거죠?"

그녀는 마치 그것이 전염병이라도 되는 듯 진저리치며 물었다.

나는 누군가가 내 앞에 떨구고 간 그날의 신문을 보았다. 신문의 머리기사는 동성애인과 소수 인종에 관한 폭력에 대한 것이었다. 제목은 "밴쿠버, 세계에서 두 번째로 끔찍한 도시"

그러나 그들은 그 뉴스에 관심조차 없었다.

"그런 단순한 생각으로 하루 아침에 우리 공동체에 끼어들 생각 말아요."

조깅화를 신고 있던 여자였다.

"우선 공식적인 협의부터 이루어져야 한다는 것도 모르나요?"

나는 그녀를 비롯해 나머지 청중들에게 내 생각을 얘기하기 위

도시농업 – 도시농업이 도시의 미래를 바꾼다

하여 팔을 뻗어 손바닥을 펼쳤다. '지금 이것이 공식적인 협의과정 아닌가요?' 하지만 처음에 나와 함께 이 제안을 기획했던 시 당국의 관계자는 이런 나의 의도를 눈치채지 못한 채 불행히도 다음 안건으로 넘어갔다.

"우리는 몇 달 전에 포스터 하나를 게시했습니다."

나는 계속 이어나갔다.

"우리는 여기 이곳과 문화센터에 다섯 가지로 나누어진 설명회를 개최하여 사람들이 더 배우고 알 수 있도록 했습니다. 그리고 관심 있는 사람이면 누구나 와서 자유롭게 의견을 제시할 수 있는 두 번의 큰 공동체 회의를 개최하여 그들이 어떤 생각을 가지고 있는지 파악했습니다. 그 결과, 이 마을은 공동체 텃밭을 만들기에 적합한 장소 중 하나로 결정되었습니다."

주민들이 이 계획을 두고 비난하고 비웃을수록 결국 스스로 그들의 삶을 망치고 말 것이다. 나는 그들이 과연 언제까지 웃을 수 있을지 안타까웠다. 젊은 부부 한 쌍이 유모차를 끌고 들어왔다. 나는 속으로 쾌재를 불렀다. 이제야 내가 어린이에게 미치는 음식의 영향을 말할 기회가 왔다고 생각했다. 그런데 그들은 들어와서 청중을 향해 돌아서더니 아이의 아버지는 차분하게 입을 열었다.

"아무도 좁고 긴 풀밭을 이용하지 않잖아요. 그렇다면 우리가 그 땅을 이용해서 아이들이 어떻게 음식이 생기는지 관찰할 수 있게 해주면 어떨까요. 제 말 무슨 뜻인지 알겠어요?"

물론 나는 동의했지만 청중들 중 하나가 동의해 주길 기다렸다. 그들은 돌아서서 입구에 서 있던 자동차보다 비싼 정장을 입은 키

크고 구릿빛 피부의 백발 신사를 쳐다보았다. 말끔하게 차려입은 그는 마치 변호사처럼 그 제안과 과정에 어떤 결점이 있는지를 설명했다. 내가 바로 동의를 표하지 않자 그가 다시 설명했다. 그리고 계속 같은 얘기를 세 번이나 반복했다. 정리해고를 당했거나 그 값비싼 정장 때문에라도 꼬투리를 잡아 대응하려는 듯이 보였다.

결국 유모차를 끌고 왔던 그 젊은 부부는 사라졌다. 그들은 약간 불공평한 입장이었다. 왜냐하면 다른 사람들이 비난할 때 가만히 앉아서 듣고만 있었던 키가 작은 아시아 여성만이 그 부부를 편들고 있었기 때문이다.

"저는 지지합니다." 어이없어 하는 청중들을 보며 그녀가 목소리를 높였다. "나는 공동체 텃밭이 좋은 제안이라 생각합니다. 우리는 도시에서 식량을 직접 재배할 수 있어요. 안 될 이유가 없어요. 오히려 더 믿을 만해요. 왜 우리가 먹는 음식을 멀리서 가져오는 거죠? 우리가 직접 기를 수 있어요. 우리에게 더 유익할 거예요. 공동체에 더 도움이 되고요. 같이 무언가를 할 수 있잖아요!"

"당신은 절대로 그렇게 할 수 없을 거예요." 조깅화를 신고 있던 여성이 나를 쳐다보며 한마디 던졌다. "당신은 내가 꼬박꼬박 내고 있는 세금이 얼마인지 알고나 있어요? 도대체 당신 어디 출신이냐고요?"

나는 나중에 시 당국 관계자들에게 내가 시민들의 여론을 들으며 얼마나 당황했는지 말하지 않았다. 그들의 의견을 사적으로 받아들이지는 않았다. 얻는 게 있으면 잃는 것도 있는 법이다. 하지만 그날 주민들이 보여주었던 반응은 여전히 나를 혼란스럽게 한다.

도시농업 – 도시농업이 도시의 미래를 바꾼다

도시와 텃밭은 영 어울리지 않는 것인가?

공동체 지역 주민들이 함께 그들의 식량
을 재배하는 것이 그렇게 말도 안 되는
일인가?
도시에서 농사를 짓고 있는 풍경이 그렇
게도 흉물스러운 것인가?

만약에 버려진 좁은 땅을 개간하여 조그마한 텃밭을 만드는 것이 그렇게 큰 반론을 불러일으킨다면 계속해서 복잡해져만 도시에서 우리는 도시 농업에 대한 어떤 희망을 가질 수 있을까?

나는 결코 그날 만난 주민들이 시민 전체를 대표한다고 생각하지는 않는다. 초등학교를 대상으로 한 계획에 몇몇 사람들은 어린이들에게 안 좋은 영향을 미칠 수 있기 때문이라며 마땅한 근거도 없이 반대하고 나섰다.

그들 또한 주민들 전부가 아닌 걸 안다. 텃밭계획을 제안하는 누군가가 있다면 반대하는 누군가도 있을 것이다. 적어도 긍정적인 몇 사람이 힘을 합치면 된다. 가까이 있는 텃밭은 도시 속 동물의 배설물과 진흙이 뒤엉켜 악취를 내뿜을 것이고, 그러고 보면 멀리 떨어진 농장이 좋을 수도 있다. 그리고 도시민들은 슈퍼마켓에서 식량을 구할 수 있으니 굳이 식량을 위해 이러한 불편을 견뎌낼 필요는 없다는 것도 일리는 있다.

그렇다면 이러한 분위기 속에서 우리는 어떻게 이들을 설득할 수 있을까? 몇 세대 이전에 땅을 존중하던 농경시대 선조들이 하던 일들과 적어도 농장 비슷한 것을 도시민들의 집 뒷마당에 만들려면 어떻게 해야 할까?

지역사람들이 잃어버린 것

나는 정답을 모른다. 그러나 설득이 가능한 몇 가지에 한하여 대답을 해보고자 한다.

우리는 농사에 익숙하지 않다.

도시농업 – 도시농업이 도시의 미래를 바꾼다

우리는 우리가 먹는 것이 무엇인지, 그것이 어떻게 가공되고 처리되는지 알지 못한다.

우리는 작은 농장들이 아닌 큰 공장에서 생산되는 음식을 섭취하고 있다.

우리는 우리가 먹는 먹을거리조차 만들 줄 모른 채 살아간다.

지금 이 부분에서 당신은 그래서 뭐 어떻게 하라는거냐고 반문할지도 모른다. 또한 나는 내 집에 배수관이나 전기를 어떻게 설치하는지 전혀 모르지만, 여전히 내 집에는 물과 전기가 잘 나오며, 어쩌다가 문제가 발생하더라도 전화 한 통이면 전문가를 부를 수 있다.

그러나 환경에 대해 무관심해지면 우리의 삶 또한 피폐해진다는 사실은 확실하다. 만약에 우리가 세상을 움직이는 거대한 자연의 힘에 대해 무관심하다면 우리는 자연의 일부로써 온전한 삶을 영위하기 힘들다. 불행히도 현대사회가 자연과 단절되면서 생긴 문제점들은 우리가 식량에 대해 둔감해지도록 만드는 결과를 초래했다.

우리는 음식이 어떻게 생산되고 어떻게 그릇에 담겨 우리 식탁에 오르게 되며, 그 후 남은 음식물이 어떻게 처리되는지에 관해 아는 바가 거의 없다. 음식물을 생산하는 사람들은 우리에게 해가 되는 물질을 첨가할지도 모르지만 대부분의 사람들은 이에 관해 모르고 있다. 하지만 그들이 위해물질을 첨가하고 있는 것은 분명한 사실이다. 우리의 수명을 단축할지도 모르는 그들의 행위에 대해 그저 모르쇠로 살아가서는 안 된다. 대형 식량제조 회사는 비난받겠지만, 그들에게 있어서 이러한 행위는 이익을 창출하기 위한 어쩔 수 없는 경제논리일 것이다. 그러나 더 중요한 것은 그러한 식량을 사먹는 소비자인 우리 자신이 그러한 일에 직접 연루된다는 것이다. 결국, 이것은 20억이 넘는 인구에게, 더 나아가서 인류의 미래에 비극적인 결과를 초래할 것이다.

그러나 아직은 아니다. 이 책은 그저 안타까운 현실에 동정을 얻기 위해 쓴 것이 아니다. 단지 울분을 토하고 분노를 표하고자 쓴 것도 아니다. 우리는 분명히 우리가 속해 있는 사회에 유감과 동시에 분노를 표명해야 한다. 단지 현실에 안주해서는 안 된다. 변화는 관심을 가져주는 사람들이 있을 때 생기는 현상이며, 현실을 희망적으로 바꿀 수 있는 힘이다. 농부들이 그래왔던 것처럼 말이다. 우리가 미래의 도시를 바꾸기 위해선 그들이 필요하다. 그리고 당신의 참여가 필요하다.

변화하는 도시　　여기서 변화하는 도시란 대중매체가 내뿜는 광고와 미디어의 홍수로 가득한 사회가 아니라 다양한 문화의 사람들이 모여서 같이 먹을거리를 만드는 일련의 행위가 발생하는 도시를 말한다. 이 도시 안에서 우리는 미래의 우리를 결정짓는 식량을 직접 생산할 것이다.

상상해보자. 숲속의 내리쬐는 햇살과 뻔한 그늘막이 아닌 견과류, 과실이 주렁주렁 열린 나무가 가득한 동산을. 건물의 벽면이 초록의 싱싱한 포도나무 덩굴과 채소들로 가득한 모습을. 길을 따라 딸기를 심고 공원을 장식해 놓은 모습을. 그리고 남녀노소, 인종

구분 없이 모든 사람들이 함께 모여 땅을 경작하고, 식물을 재배하는 모습을. 황량하게 비어있던 땅이 질 좋은 경작지로 변모하는 모습을. 휑하던 지붕이 채소로 가득한 싱그러운 모습을. 수경재배 식물이 도시의 새로운 경관요소가 되는 과정을. 버려진 창고와 공장이 채소, 생선, 버섯 등을 재배하는 훌륭한 실내 경작지로 변모하는 과정을. 도시 구석구석에 막 흙에서 뽑아낸 유기농 채소, 꽃, 풀, 과일이 차려진 가판대와 거리에서 판매되는 모습을.

나의 상상력이 너무 과했다고 생각하는가? 나의 제안을 들으면서 당황하여 얼떨떨해진 사람들은 아마도 이러한 장면들이 잘 떠오르지 않을 것이다. 그러나 이러한 모습은 반드시 현실로 나타날 것이다. 당장이든 먼 미래이든지 간에 말이다. 인류는 곧 90억 명을 돌파할 것이다. 그리고 그 중에 60억 명은 도시에 살고 있다. 만약에 우리가 지구 위에서 살아남으려면 반드시 도시는 변화해야 한다.

미래의 도시는 생기 있고, 역동적이며, 자급자족할 수 있는 곳이 될 것이다. 그리고 곧 우리가 함께 이러한 도시를 만들기 시작할 것이다.

내가 예전에 《게릴라 정원 가꾸기(Guerrilla Gardening: A Manifesto, New Society, 2007)》라는 책을 저술했을 때, 모두가 도시를 하나의 정원으로 봐야 한다고 생각했다. 그러나 지금은 모두가 도시를 농장으로 봐야 한다고 생각한다. 그것이 이 책의 목표다. 목표를 좀더 구체적으로 나열해 보면 다음과 같다.

□ 도시민들은 자급자족할 수 있어야 한다.

□ 초보자들은 씨를 뿌리는 법과 퇴비를 만들줄 알아야 한다.

□ 정원사들은 먹을 수 있는 식물도 가꿔야 한다.

□ 집주인들은 정원의 잔디를 깎는 것보다 식량생산에 대하여 생각해야 한다.

□ 사람들은 복사기를 돌리는 것보다 땅을 가꾸는 것이 훨씬 신나는 일임을 알아야 한다.

□ 도시 내의 소비자들을 계산하는 사업가들은 사용되지 않는 부지를 파악하는 데 힘써야 한다.

□ 농부들은 경이롭고 다양한 식물의 세계에 대하여 더 공부해야 한다.

□ 정치가들은 환경적인 측면에서 식량에 관한 새로운 제도를 마련해야 한다.

□ 도시 계획가는 식량이 도시에서 재배, 생산, 포장, 판매, 분배, 섭취, 재활용되는 전 과정을 고려해야 한다.

□ 공공 지자체들은 보건, 환경, 교육, 고용, 교통, 재활용과 도시 농업을 함께 생각해야 한다.

□ 그리고 위의 어떤 분류에도 속하지 않는다면, 책을 계속해서 더 읽기를 권장한다.

이 책은 크고 작은 아이디어, 여러 가지 디자인 조언들, 실용적인 기술과 사람들이 다년간 몸소 겪은 것에 관한 이야기를 하고 있다. 그러나 무엇보다 가장 큰 목표는 당신이 영감을 받는 것이다.

쿠바는 도시의 빈 공간을 유기농 텃밭으로 탈바꿈시키는 방법을 찾았다.

이 책은 처음부터 끝까지 순서대로 읽는 것이 가장 좋다. 재배방법에 대한 내용은 매 단원마다 이어진다. 햇빛이 잘 드는 부엌 창가에 있는 작은 식물에서부터 시작한다. 그리고 아파트나 주택단지의 발코니로 대상이 확대된다. 그 후 뒷마당으로 이동한다. 우리가 뒷마당의 땅을 팔 때마다 수준은 좀 더 높아질 것이다. 그러나 쉽게 결과를 얻기는 힘들 수도 있다. 주거공간에서 학교, 지붕 등 야외공간으로 대상을 옮기게 되면 성공할 확률이 더 높아진다. 우선 공동체 텃밭을 살펴보고 어떠한 일이 일어나고 있는지 알아보았다. 그 후 우리는 지금까지 우리가 간과했던 과수원에 대한 부분을 보충하려 했다. 그 다음은 생산·판매가 가능한 수준의 재배에 관해 이야기할 것이다.

닭은 4단원에 관련 정보가 있고, 토양에 관한 기초적인 내용은 거의 모든 단원에서 언급되고 있다. 수경재배는 먹을 수 있는 몇몇 어류와 식물을 판매할 수 있는 수준으로 재배할 수 있는 기술이다. 2단원에 그에 관한 설명이 있다. 원하는 정보만을 얻고자 한다면 각 단원의 제목과 소제목을 주의 깊게 읽어보길 권한다.

왜냐하면, 이 책은 초보자부터 전문가까지 다양한 독자들을 위해 쓰였으며, 새로운 기술이나 과학적인 방법을 제안하는 것이 아니기 때문에 필요하지 않는 부분은 지나쳐도 좋다. 이 책에서 제안된 방안들은 나의 경험과 여러 자료들을 통해 모은 지혜다. 만약에 어떤 부분에 있어서 마음이 움직였다면 직접 자신이 살고 있는 곳에 적용해 보기 바란다. 혹은 더 좋은 방법을 구상해 보아도 좋다. 일반적으로 자연과의 관계에 있어서 자신만만한 대부분의 전문 재배가들에게는 적어도 다른 이들은 어떤 방식으로 재배하고 있는지 들려주고 싶었다. 만약에 이런 내용이 관심 없다면 어떻게 땅을 파는지에 관한 내용을 읽어보길 권한다. 그러면 여러분 모두가 크게 잘못해 왔다는 것을 알게 될 것이다.

나는 고백할 것이 있다. 사실 지난 5년 동안 나는 **여담** 도시 농업을 통해서 돈을 벌 수 있을 만큼 꽤 운이 따라 주었다. 그러나 나는 생계를 위해 농업을 하지는 않았다. 내가 관여했던 분야는 정치, 환경이었다. 나는 설계, 지원, 지역사회 조직, 교육 분야에서 주로 활동했지 돈을 벌기 위해 농사를 짓지는 않았다.

내가 그리 바쁘지 않았던 몇 해 동안에는 오로지 나 자신과 가족들이 먹을 것을 재배했다. 그리고 재배에 관심이 있는 개인 혹은 단체를 도와주었고, 도시녹화를 위한 유기농 채소재배와 관련하여 자문해주었으며, 지역사회가 도시 농업에 더 적극적으로 임할 수 있도록 정책적으로도 관여했다. 나는 도시 농업의 필요성과 산업성장의 중요성을 인식했기 때문에 대규모화와 대량생산을 장려했다. 그러나 다른 많은 시골의 농부들처럼 어떻게 이익을 창출하는 것인가에 대하여 잘 알지 못했다.

나는 가족단위의 농업사회가 맞은 위기가 단지 북미에만 국한된 것이 아님을 깨달았다. 지역사회의 도시 농업에 관한 나의 다양한 참여를 토대로 나는 북미를 포함하여 여러 지역에서 농부들이 스스로 가계를 운영하게끔 돕는 헤이퍼 인터내셔널(Heifer International)이라는 비영리 기관의 책임자가 되었다. 물론 이 기관이 후원하는 50개국 각각의 상황은 모두 다르다. 그러나 기관의 전략은 모두 같다. 바로 지역사회가 스스로 기아와 빈곤을 해결할 수 있는 기회를 제공하는 것이기 때문이다.

당연한 얘기로 들리겠지만, 이것이야말로 가장 확실한 방법임에도 지금까지 그 누구도 하지 못했던 일이다. 우리가 섭취하는 음식물 대부분은 어디서, 어떻게 제조되고 유통되었는지 정확히 아는 사람은 아무도 없다. 우리는 소작농들이 설 자리조차 빼앗으려 하는 거대한 자본과 그의 지원을 받는 산업구조가 생산한 음식을 먹고 있다. 몇몇 소수에게는 대규모 대지에 단 하나의 작물만을 재배하는 것이 이익이 될 것이다. 그러나 다수를 위해서는 엄청난 손실이고 소작농의 입지가 점점 좁아지는 이유이기도 하다. 그리고 지구를 위해서도 막중한 피해를 가져오지만, 대규모 자본과 산업사회는 이에 무관심하다. 소작농들에게 닥친 이러한 재앙은 과거에 정부 지원하에 결성된 공장과 농장 간의 협력이 이루어질 때부터 시작되었다.

이제 우리는 무엇을 할 수 있을까?
의외로 아주 많다.
문제의 시작점으로 돌아가자.
바로 식량재배 과정이다.

농부들의 시장을 통하여
흙에서 시장으로
오게 된다.

새롭게 등장하는 도시 농부들은 우리의 아군이 되고, 여전히 산업구조를 통해 생산된 식량을 구매하는 도시의 소비자들은 적군이 된다. 이러한 비유가 극단적으로 들릴지는 모르겠지만 현실이다. 그러나 희망은 분명히 있다. 모든 생명의 근원인 태양은 여전히 모두에게 공평하게 빛나고 있다. 그 누구도 그것을 돈으로 살 수 없다. 식물에게 꼭 필요한 햇빛은 모두가 이용할 수 있다. 그러나 여전히 대지가 필요하고, 기술, 씨앗, 도구 등이 모자랄지라도 직접 씨를 뿌려 음식을 만들어보고자 하는 이들에게는 엄청난 기적이 일어날 것이다.

이 책을 통해 도시 농부들에 대한 무한한 존경과 감사를 표하고 싶다. 도시 농부, 지역 재배가. 나는 감히 이들에게 우리의 생존이 걸려있다고 말하고 싶다.

당신의 농장에 행운이 깃들길.

2011년
저자 씀

옮기면서

도시 농업이 범세계적인 관심사로 떠오르고 있지만, 도시 농업은 근래 갑자기 등장한 새로운 이슈가 아니고 오랜 인류 역사와 함께 행해져 왔음을 동서양의 생활사 속에서 찾아 볼 수 있다. 그러나 18세기 중엽 영국에서 시작된 산업혁명은 농업중심 사회에서 공업사회로 바꿔 놓았고 이 과정에서 도시 인구가 폭발적으로 증가하면서 2020년에는 인구의 83%가 도시에서 살게 되리라 예견한다. 하지만 도시민들에게 필요한 식량이 먼 거리에서 운송되거나 외국 수입에 의존하게 됨에 따라 농산물의 이동에 따른 에너지 소비와 탄산가스 배출이 지구온난화의 주범으로 등장하고 있어 식량 운반거리(food miles) 단축이 시급한 과제로 떠오르고 있다. 장거리 운송에 따른 농산물의 신선도 문제, '생활터전 근처에서 생산되는 먹거리가 몸에 좋다(身土不二)'는 동양사상, 생물종 다양성에 대한 중요성 인식 등이 뒷받침되어, 2005년에 시작하여 2045년까지로 목표로 벌리고 있는 영국 런던의 '씨펄스(CPULs: Continuous Productive Urban Landscapes)', 미국조경가협회의 '먹거리 생산 도시(Edible City)' 운동 등이 도시 환경을 친환경적이고 지속 가능하게 관리하는 데 가장 바람직한 대안으로 채택되면서 동서양에 널리 받아들여지고 있지 않나 싶다.

도시 농업의 시발점은 쿠바가 소련의 경제적 지원이 끊어짐에 따라 굶주리는 도시민들을 위해 도시의 빈 땅에다 농사를 짓도록 장려한 데서 활성화되었다고 볼 수 있다. 근래 들어 도시 농업에 불을 지핀 사람은 현 미국의 영부인 미셸 오바마로, 2009년 3월 20일 백악관 잔디밭 1,100평방피트를 걷어내고 어린이들과 채소를 심는 이벤트가 전 세계에 보도되면서 화제를 일으킨 뉴스일 것이다. 그러나 이미 조선시대부터 세종은 1429년 《농사직설》을 편찬하고 경복궁 후원에 농경지를 조성하여 직접 농사짓는 시범을 보였다. 그 후대를 이어 임금들이 직접 농사를 지으며 백성들의 노고를 체험하고 풍년을 기원하는 의식을 지속하였으며, 궁궐을 화려하고 권위주의적 조경으로만 꾸미지 않고 논밭을 조성하고 뽕나무를 심는 등 외국에서 찾아 볼 수 없는, 이미 실용적 궁원을 가꾼 기록과 그림이 남아 있다.

한편, 우리나라에서는 발빠르게 「도시농업의 육성 및 지원에 관한 법률」이 제정되어 2012년 5월 23일부터 시행되었다. 서울시도 2012년 6월 2일에 '도시농업 원년' 선포식을 거행하는 등 도시 농업이 큰 사회적 이슈로 등장하고 있다. 그러나 정작 도시 농업의 정의나 범위, 농사법, 사업주체에 대한 구체적인 논의 없이, 여가활동의 일환 정도로 접근하지 않나 싶다. 우리나라에 아직 도시 농업

에 대한 소개나 기술이 제대로 알려지지 않아 안타까워 하던 차에
이 책을 만나 번역하기로 맘먹고 옮기게 되었다. 특히 옮긴이는 아
파트 단지 조경에 경관 조성만 강조하고 있는 현실에 텃밭이나 도
시 농업의 도입을 오랫동안 강조해 왔다. 하지만 도시 농업의 이해
부족으로 설득시키지 못하여 안타까운 실정이었으나 근래 관련법
이 공포되고 지자체에서도 조례를 개정하여 도시 농업을 적극 도입
하겠다니 다행이다. 도시 환경에 다목적적인 도시 농업이 적극 도
입되어 지구를 살리고 삶의 질을 향상시키는 데 도움이 되었으면
하는 바람이다.

이 책의 저자는 우리가 도시 농업을 시작해야 하는 이유를, 좋
은 음식을 먹으면 장수할 수 있고, 신체·정신·영혼이 좋은 기운을
받을 수 있으며, 도시 농업을 통하여 생물종 다양성을 향상시킬 수
있다고 주장한다. 또한 도시 농업의 당위성을 강조하며 이에 관한
초보자부터 전문가에게 필요한 다양한 아이디어와 경험을 제시하
였다. 내용이 어렵지 않아 누구나 쉽게 이해하고 따를 수 있어 이
제 시작하는 한국의 도시 농업 발전에 좋은 지침서가 되리라 믿는
다. 도시 농업의 국내 현황 파악에 도움을 주기 위해 자료를 부록
으로 실었으며, 끝으로 어려운 상황에서도 출판을 감행한 도서출
판 미세움의 강찬석 사장님과 꼼꼼하게 교정한 임혜정 부장님에게
감사드린다.

2012년 7월
옮긴이 씀

차 례

즐거운 나의 집

주방에 꾸민 텃밭

식량혁명은 바로 당신의 집안에서, 주방에서 일어나고 있다. 이 단원에서는 창틀의 작은 화분, 텃밭 등 시작하기 가장 쉽고 간단한 일을 소개하고자 한다. 그러나 그전에 우리는 왜 이러한 일들을 해야만 하는 것인지, 그리고 왜 우리의 주방이 시작하기에 가장 좋은 장소가 되는지 알아보도록 하겠다.

대규모 식량생산 업체들은 당신에게서 가족농장뿐만 아니라 주방까지 뺏으려 한다. 단, 공장에서 생산된 식량의 봉투를 뜯고 전자레인지에 데울 몇 분간만 제외하고 말이다. 그러는 동안 지구의 반대편에서는 '진짜 식량'을 먹고 있을 것이다. 공장에서 식량을 생산하고 판매하는 것은 마치 당도 높은 시럽과 제2형 당뇨병의 관계와도 같다.

이쯤에서 음식을 나눠먹음으로써 사랑을 생산하는 연금술과 같았던 과거 전통주방의 역할에 대해 알아보자. 지금 우리는 원하는 음식을 금방 배달시킬 수 있지만, 원래 음식을 준비하는 데는 시간이 꽤 걸린다. 그렇다면 전자레인지에서 수초 만에 음식을 완성시키는 것이 그렇게 잘못된 것일까? 만약에 우리가 정말 피곤하고 바쁜데 음식이 저렴할 뿐 아니라 포장지에 '건강'이라든지 '저콜레스테롤'이라고 적혀 있기까지 하다면 어떨까?

나는 평가하지 않는다. 다만, 내가 만든 음식에 의해 평가받을 뿐이다. 음식은 문화다. 내가 음식을 섭취할 때, 소화되어 내 몸속에 흡수될 때, 우리는 그 특정 음식이 우리 입속으로 들어오기까지 음식물이 거쳤던 모든 문화, 가치관, 관련 정책을 먹는 것이나 다름없다.

역사상 우리는 공동체로 모여 살면서 음식문화가 발달되어 왔다. 단지 최근 들어 공장에서 식품이 대량 생산되고 전 세계적으로 유통되는 구조를 갖게 되었기 때문에 음식문화는 그 중요성을 잃게 되었다. 음식 자체에 대한 멋과 문화를 느끼기보다는 다이어트와 직접 연관된 칼로리 계산에만 몰두하는 현대인의 모습은 이미 익숙한 풍경이다. 이렇게 계산적인 음식섭취는 문화를 퇴화시키는 것이다.

프랑스인들은 이러한 문제에 대해서 적어도 자각은 하고 있다. 진 안텔름 브릴 사바린이라는 프랑스인 작가이자 미식가는 《당신이 먹는 것이 당신이 누구인지 말해준다》라는 책을 썼다. 그러나 그의 수준에 감탄하기 전에 알아야 할 것이 있다. 그 작가는 이 전에 이런 책도 썼었다. 《치즈 없는 저녁은 한쪽 눈 없는 미녀다》

전 세계의 문화는 음식을 섭취한다는 것을 단순히 열량을 보충하는 것 이상으로, 이웃 간에 하나 됨과 사회적 환영의 의미를 부여했다. 중국에서는 만나면 식사하셨냐는 인사를 잊지 않는다. 그리고 이란에서는 남의 집을 방문했을 때, 구운 씨앗과 과자를 곁들인 차도 안 마시고 일어선다는 것은 있을 수 없는 일이었다. 그리고 세계 곳곳의 유명한 축제와 즐길거리 역시 그 지역의 음식문화 없이는 거의 존재하지 않는다. 음식은 우리가 주변의 공동체나 지구 전체와 소통하게 돕는 다리가 된다.

또한 식량은 매우 정치적인 성격도 가지고 있다. 서구사회에서는 이러한 사실을 깨달은지 얼마 되지 않는다. 그들은 그 중요성을 인식하고 도시생활에서 식량과 관련된 정책을 새롭게 정립하려 노력하고 있다. 요즘 정치가들은 사람들이 어떤 정보를 접했을 때 그 정보가 공동체에 얼마나 빨리 퍼지는지에 관심이 많다. 이 시대는 다양한 문화와 민족이 뒤섞여 살고 있다. 음식과 관련된 정책도 다양성을 끌어안으려는 노력을 해야 한다. 그러나 그 전에 먹을거리를 어디서, 어떻게 기를 것인지, 즉, 도시 농업에 대한 관심부터 시작되어야 한다.

밴쿠버의 음식체계 교육자인 스프링 길라드는, 도시 농업이야말로 식량이 공동체에서 중요한 역할을 어떻게 감당하는지 알 수 있는 가장 좋은 방법이라 말한다. 길라드는 음식이 사회에 어떤 영향을 미치는가에 관심이 많은 정책결정자와 도시계획가들을 대상으로 하고 있는 연설과 연구활동에 대해 다음과 같이 말했다.

"도시 농업은 스스로가 식량을 생산해서 섭취할 수 있어요. 최근 들어 도시 농업에 대한 관심은 매우 뜨겁죠. 도시 농업에 관한 세미나는 매번 인산인해를 이뤄요. 그리고 공동체 텃밭은 향후 2년 동안 대기자 명단까지 이미 꽉 찬 상태이구요. 사람들이 자기 자신의 식량을 스스로 재배한다는 것에 특히 관심이 많아요. 그들과 도시 농업에 관한 이야기를 나눈다면, 그 이야기는 점점 더 불어나서 지역사회에서 식량의 안전성과 관련된 이야기까지, 대화주제는 무궁무진할 것입니다."

우리의 현실   도시 농업에 대한 관심이 뜨겁지만 그럼에도 불구하고 해결되지 않은 문제는 여전히 산재해 있다. 국제연합식량농업기구(FAO)에 의하면, 도시 농업으로 인해 생산되는 식량은 세계 식량시장의 15% 정도밖에 되지 않는다고 한다. 이미 도시 농부들은 8억 명을 넘어섰고, 비록 이들의 숫자는 계속 증가하는 추세이지만 도시 농업으로 생산된 식량을 어떻게 세계시장에 유통시켜 우리 모두가 먹을 수 있게 할지는 상당히 어려운 문제다.

만약에 지금 현 세계가 직면한 가장 큰 문제가 무엇인지 질문을 받는다면 당신은 무엇이라 답하겠는가?

에너지 고갈현상. 도시를 만들어낸 원동력이 곧 무너지려 하고 있다. 화석연료는 계속 줄어가고 있고 그 속도는 사상 최고치를 경신하며 곧 고갈될 것이다. 정확한 시기는 관측에 따라 다르겠지만 우리는 이미 지구가 가지고 있는 화석연료의 반 이상을 써버렸다. 그 양을 회복하려면 수십억 년이 필요하다. 그리고 화석연료 외에도 값이 비싸고, 채취가 어려운 다른 자원들은 더 빠른 속도로 고갈되어 가고 있다. 생산, 교통, 농업 등 인류문명의 다양한 활동을 지금 상태로 유지하기 위해서 가장 기반이 되는 것은 바로 꾸준히 화석연료를 제공하는 것이다. 그렇다면 인류는 머지않아 엄청난 혼돈 속에 빠지게 될 것이다.

기후변화. 대기오염은 지구 전체의 기후마저 바꾸어 놓았다. 우리 스스로 우리의 터전을 망쳐놓은 것이다. 가뭄, 혹한, 다른 여러 기후재앙은 매일매일 우리의 삶속에서 진행되고 있다. 그러나 이를 되돌릴만한 범세계적인 대책은 아직 하나도 없다.

위의 모든 문제들은 매우 심각하다. 그러나 더 심각한 문제는 바로 이 시간에도 지구 곳곳에 1억 명이 넘는 사람들이 기아에 허덕인다는 것이다. 2008년에 주식이 되는 식량의 가격은 빈곤층이 구매할 수 있는 범위의 가격대를 이미 넘어섰고, 이 때문에 20개국이 넘는 나라에서 폭동이 일어났다. 필리핀의 군대는 쌀을 지키고, 이집트 군대는 빵을 굽는 일에 동원되기도 했다.

그러나 공교롭게도 이 모든 현상은 곡물 수확량이나 비축량이 최대치를 경신했을 때 동시에 발생하였다. 그래서 월가의 조사관들이 이러한 현상이 발생하게 된 주된 원인이 무엇인지 조사하기 시작했다. 역시 이번에도 대형 식량업체들이 그 원인이었다. 미국이 해당 년도를 "세계적인 가뭄의 해"로 선포했음에도 불구하고 대형 식량업체인 카길의 이익은 86% 증가했고, 종자와 제초제 판매회사인 몬산토의 이익은 2배 성장했다. 이러한 사실이 피부에 와닿지 않는다면 그것은 아마도 2008년 이후에 바로 큰 경제공황이 왔기 때문일 것이다. 대형 은행과 기업들은 그들의 부채 무게에 못 이겨 파산하기 직전이었다. 이러한 상황에서 세계의 정상들은 2008년 식량과 관련된 위기에 관심을 거의 쏟지 못하게 되었다.

그렇다면 음식은 어떤 해결책을 제시할 수 있을까? 화석연료가 고갈되어가고 쓰레기로 가득한 지구에서 농업은 매우 중요한 역할을 할 수 있다. 육식주의자들은 다음 글에 주목해야 한다. 국제연합식량농업기구에 의하면, 육류는 전 지구 온실가스 배출의 18%를 차지하는데, 이는 자동차와 비행기를 포함한 교통수단이 내뿜는 온실가스보다 더 높은 수치다. 따라서 비행을 하는 그 자체보다 비행기 내에서 어떤 음식을 먹을지 선택하는 것이 더욱 중요해졌다. 화학비료는 자연가스에서 추출한 암모니아로, 화학합성 제초제는 석유로 만들어졌다.

심각한 환경파괴로 인한 경고는 사람들의 움직임을 일으키기에 충분했다. 그러나 농업을 불러일으키기에는 부족했다. 기아, 강제이주, 전쟁, 질병은 멸망하기 직전의 인류를 점점 가난했던 농경사회로 회귀시켰다. 그리고 지역의 표토(토양의 최상층 부분으로 토질이 부드러워 농작물을 재배하는 데 적당한 토양)를 잃는다는 것은 그 지역의 최후가 머지않았음을 의미한다. 그렇다면 당신은 왜 사람들이 자신에게 이토록 중요한 것을 지키고 보호하려 하지 않았는지 의아해 할 것이다. 아마도 인류는 앞으로 다가올 미래까지 대처하는 능력은 아직 발달하지 않았나 보다. 자기 자신의 것을 보호하는 것에는 뛰어나지만 공동체나 혹은 후손들의 것까지 동일하게 배려하는 자세는 갖추지 못했다.

도시농업 – 도시농업이 도시의 미래를 바꾼다

참으로 안타까운 일이다. 미국의 90%에 육박하는 토지의 표토는 이미 거의 손실되었다. 그리고 몇몇 가장 비옥하기로 소문난 농지의 표토는 이미 심각하게 훼손되었다. 아이오와의 토지는 새로운 흙이 생성되는 속도보다 30배나 더 빠르게 표토가 손실되고 있다. 이미 한계에 다다른 것이다.

이제 더 이상 대규모 식량생산 산업체계가 옳지 않다는 것을 깨달아야 한다. 겉으로 보기에는 몇몇 소수의 기업가들을 배불리 먹였을지 모르나 그 뒤에는 수십억 명이 기아에 허덕이고 있고 옳지 못한 식품섭취로 인하여 일찍 사망에 이르거나 각종 질병에 시달리고 있다. 만약 대규모 식량생산 업계의 체계가 계속해서 운영된다면 그것 역시 우리를 죽음으로 몰아넣는 길이다. 왜냐하면 모든 산업은 화석연료에 기반을 두고 있기 때문이다. 따라서 대규모 식량업계가 우리에게 한겨울에 멜론을 먹을 수 있게 해주고, 역사상 가장 싸고 맛있는 음식을 공급해 준다해도 여전히 우리와 우리의 하나뿐인 지구를 사망에 이르게 할 것이다. 미래의 후손들은 우리의 이러한 무분별한 자원소비를 범죄행위로 간주할 것이다.

여기서 끝이 아니다. 기아를 해결할 수 있는 방안은 대규모 식량생산 업체의 규모를 더 키우는 것이라고 대기업은 말한다. 그들은 세계 유통업계를 분배하려는 중소업체를 알게 모르게 계속해서 합병해 나가고 있다. 2010년 1월 24일자 〈뉴욕타임즈〉지는 대규모 식량생산 업체를 겨냥하여 '소비자를 향해 무섭게 접근하는 거인들'이라 표현했다. 그러나 대규모 식량생산 업계의 상위 4개 업체의 이름은 정확히 밝히지 않았다. 카길은 세상에서 가장 영향력 있는 회사 중 하나다. 그 회사의 식품은 우리 모두의 저녁상에 올라 있다. 그러나 우리는 그런 회사 이름을 들어본 적이 없다. 카길과 나란히 행보를 하고 있는 아처 다니엘 미드랜드, 번즈, 루이스 드레이푸스는 들어본 적 있는가?

1960년대에 극빈국에 기계와 화학약품을 이용해서 큰 농지에 다양한 먹을거리를 기르자는 녹색혁명이라 불리던 계획이 있었다. 화학처리를 통한 농업은 어느 정도 효과를 거두었다. 그러나 장기적인 관점에서 보면 우리의 건강측면이나 농업적인 측면에서도 그것은 실패였다.

녹색혁명이 더 많은 식량을 생산해내기 위해 그 주변에서 농사를 짓던 수백만 명의 소작농들은 그들의 터전에서 쫓겨났다. 집안 대대로 농사를 지어 식량을 조달해 가족과 생계를 부양했던 많은 사람들은 이제 수입식품을 살 돈조차 제대로 벌 수 없는 소비자로 전락해 버리고 말았다.

이렇게 많은 부작용과 부정적인 결과에도 불구하고 다시 이 계획을 실행하려는 움직임이 있다. 아프리카 녹색혁명연합(The Alliance for a Green Revolution in Africa)이라는 이름을 걸고 그들은 유전자 조작기술을 이용한 초대형 식물을 생산해서 지금의 식량문제를 해결하려 하고 있다. 대규모 식량생산 업체는 자신들의 입지를 더욱 견고히 다지려 하고 있을 뿐 아니라, 농부들이 회사에서 생산해 낸 종자만을 구입하도록 유도하여 농부들마저 대기업의 소비자로 만들려 하고 있음을 이제 우리는 알아야 한다.

도시농업 – 도시농업이 도시의 미래를 바꾼다

에너지 고갈, 기후변화, 기아 등 많은 세계적 문 제 가운데 어떤 것이 가장 심각하다고 생각하

는가? 그 무엇이든 간에 도시 농업은 효과적인 해결책을 지금 당장 제시할 수 있다. 음식은 우리 삶의 전부다. 우리 삶의 모든 것에 주관한다. 우리가 만약 식량문제를 해결할 수 있다면 에너지, 건강, 환경, 빈곤 등의 문제는 모두 해결될 수 있다.

우리는 지난 수천 년 동안 먹을거리를 어떻게 재배해 왔는지 알고 있다. 그것은 바로 우리의 무의식 속에 내재되어 있다. 불행히도 우리는 그 자리를 대기업의 사업적인 수완에 빼앗겨왔지만 이제는 제자리를 되찾을 때다.

도시는 쓰러져가는 농업을 되살릴 수 있는 최적의 장소다.

지방의 농장은 오랜 세월 동안 도시민들의 식량을 제공해 왔다. 이제 은혜를 갚을 때다. 도시는 충분히 해낼 수 있다. 소비자들의 힘은 이제 수백만 배 증가했다. 작은 생각이 도시를, 국가를 바꿔놓을 수 있다.

만약 우리가 먹을거리에 대한 선택권을 지역 공동체에 위임하고, 민주주의적인 식량정책으로 우리 몸과 환경을 건강하게 만들 권리를 갖게 된다면 그것이 바로 도시 농업의 시작인 것이다. 우리가 식량을 구입하고 재배하고 먹는 방법에 따라 식량이 우리 손에 오기까지 거쳐야 할 과정이 늘어날 수도, 줄어들 수도 있다. 생산자인 농부들이 직접 판매까지 함으로써 소비자와 협력하여 하나가 될 수 있다. 시 당국 관계자들이 농부들이 식량을 생산하는 과정에 대해 충분히 이해한다면 그들 또한 도시 농업의 편에 설 것이다.

즐거운 나의 집: 주방에 꾸민 텃밭

도시와 농업은 서로를 살릴 수 있다.

그렇게 된다면 도시 거주민들도 지역 농
부들의 중요성을 새로이 깨닫고 다시 그
들에 대해 관심 갖기 시작할 것이다. 도
시민들은 여러 가지 먹을거리를 직접 기
를 수 있다. 그리고 주변 이웃들과 협력
적인 관계를 맺을 수도 있다.

도시농업 - 도시농업이 도시의 미래를 바꾼다

현재 세계 곳곳의 지역 공동체들은 젊은이들에게 버림받은 처참한 환경에 놓여 있다. 도시 농업은 친환경적인 유기농 재배법 등을 통하여 지역 농부에게 도움을 줄 수 있다. 그리고 도시에는 많은 일꾼들이 있다. 도시는 여러 비영리기관, 교육기관, 개인의 교육을 통하여 답답한 도시의 빌딩숲을 벗어나고 싶어 안달난 젊은층에게 도시 농업에 대한 비전을 심어줄 것이다.

도시가 더 이상 소비자가 아닌 생산자가 된다 **심는 대로 거두리라**
는 사실이 어색하게만 느껴진다면 이러한 일은
과거에도 이미 존재했던 것임을 알아야 한다. 농업은 약 4000년 전에 티그리스 강과 유프라테스 강 주변에 형성되었던 최초의 문명도시에서 성행하였다. 제2차 세계대전 당시에는 북미 주변의 도시민들이 전쟁으로 인하여 모자란 식량의 반 이상을 직접 충당하기 위하여 직접 재배를 했다. 그리고 더 많은 사람들을 도시 농업에 참여시키기 위하여 제작했던 포스터에는 "우리의 식량이 싸우고 있다!"라는 문구가 있었고 그 결과는 훌륭했다. 1943년 미국에는 2천만 명이 넘는 도시 농부들이 활동했다.

도시 농업은 우리를 조금 더 한 발짝 진화한 인류가 되게끔 만들어 준다. 그것은 언제나 우리 곁에 있어 왔고, 앞으로도 그럴 것이다. 지금의 혼돈이 해결되는 것은 단지 시간문제일뿐이다. 그리고 그 후엔 더욱 더 공고히 우리 곁에 있을 것이다.

도시 농업의 또 다른 의미

'도시 농업'이란 정확하게 어떠한 것을 일컫는 것인지 지금 다시 한번 되짚어 볼 필요가 있다. 위키피디아에 의하면, "식량을 마을, 읍, 도시 또는 도시 주변에서 재배, 생산, 분배하는 일련의 과정"이라 정의하고 있다.

틀린 말은 아니나 '도시 주변' 등의 모호함을 더욱 명확하게 정의 내릴 필요성이 있다. 네덜란드에 기반을 둔 식품위생과 도시농업 자원센터(Resource Centres on Urban Agriculture and Food Security; RUAF)는 "도시 농업은 도시 안과 주변에서 작물을 재배하고 가축을 키우는 것"이라고 정의하였다. 도시농업 자원센터의 인터넷 홈페이지에서는 더 자세한 설명을 덧붙여 놓았다.

"지방 농업과 구분되는 도시 농업의 가장 큰 특징은 도시의 경제, 생태체계와 밀접한 관련이 있다는 것이다. 도시 농업은 도시 생태와 깊이 맞물려 있다. 이러한 관련성은, 도시 거주민들이 일꾼이 되고, 유기물 쓰레기를 비료로, 도시 폐수를 관개용수로 사용하는 등 도시 자원을 적극 사용하고, 도시 소비자들과 가까이 있으며, 도시 생태에 직접 영향을 미치고, 도시 식품체계의 일부가 되고, 도시 부지의 일정 비율을 차지하고, 도시 정책과 계획에 영향을 주게 된다. 도시 농업은 과거 이야기가 아닌 현재 도시가 비대해 질수록 더욱 강한 영향력을 행사할 것이고, 지방에서 도시로 상경한 사람들만이 하는 것도 아니다. 그것은 완전한 도시의 일부다.

이제 조금 더 명확해 졌는가. 그러나 이렇게 세밀하게 정의를 내리는 것이 독이 될 수도 있다. 왜냐하면 도시 농업은 항상 변화하고 있기 때문이다. 아마도 지금은 역사상 가장 흥미로운 순간일 것이다. 한 가지 확실한 것은 10년 후의 모습은 지금과는 확연히 다를 것이라는 것이다. 모험을 좋아하는가? 지금 당장 씨부터 뿌리기 바란다.

도시 농부는 흔히 네 가지 부류로 구분해 볼 **지역의 고유성에 맞춰나가기**
수 있다. 집에서 기르는 사람들, 공동체 텃밭에
서 기르는 사람들, 학교·병원·회사 등 공공 장소에서 기르는 사람들 그리고 마지막으로 판매를 위해 기르는 사람들이다. 그러나 명확한 구분 기준은 없다. 집에서 재배하는 사람들은 먼저 맛을 본 후에 장소를 물색할 것이다. 공동체 텃밭에서 재배하는 사람들은 자기네 집의 뒷마당에서 시작할 것이다. 그리고 몇몇 공동체 텃밭 농부들은 꿀과 잉여작물을 통해 돈을 벌 수도 있다. 즉, 이렇게 도시 농부들을 구분하는 것은 의미 없는 작업이다. 더 많은 도시 농부들이 생길수록 도시는 더 풍요로워질 뿐이다.

도시 농업의 형태는 국가에 따라 다양하다. 북미 안에서도 모두 제각각이다. 하나의 도시는 고유한 예술, 경제, 운전습관이 있기 마련이고, 도시 농업은 이 모든 문화에 깊숙이 영향을 받는다. 밴쿠버의 경우, 국토에 대한 규제가 심하기 때문에 도시 농부들은 땅을 구하기가 쉽지 않다. 그러나 아시아의 거대 도시민들이 보기에 밴쿠버는 단지 사용하고 있지 않는 부지가 많은 비효율적인 도시일 뿐이다.

디트로이트 혹은 클리블랜드와 같이 부동산 가격이 낮게 평가

된 도시의 경우는 아주 쉽게 부지를 확보할 수 있다. 몇몇은 미국인들이 도시의 버려진 공간을 농장으로 변화시켜 농가를 꾸미자는 운동을 벌이기도 했다. 이러한 운동은 도시 내의 직업을 창출할 수 있고 더욱 믿을 만한 지역의 먹을거리를 생산할 수도 있다. 물론 쉽지는 않을 것이다. 그러나 현재 텔레비전과 연예인들로 인한 자극적인 문화가 넘치기 이전에 미국은 땀 흘려 농사짓고 수확하여 자연의 관대함을 누리며 살아왔다. 다시 이러한 때로 돌아가지 말라는 법은 없다.

지금 여기에서 우리가 반드시 알고 넘어가야 할 개념이 있다. 그것은 바로 '작물재배권(usufruct)'이다. 우리는 이 단어를 사전에 추가해야 한다. 이 단어의 뜻은 도시처럼 공동으로 이용할 수 있는 공

가정에서 도시 농업을 시작해야 하는 8가지 이유

1. 좋은 음식을 먹으면 장수할 수 있다.
2. 세계에서 아무리 유명한 식당의 샐러드라도 당신이 직접 재배한 채소로 만든 샐러드보다 싱싱하지 않다.
3. 가정에서 재배한 것이 맛도 더 좋다.
4. 평균크기의 가정용 재배틀은 1년에 식비를 500달러나 줄여줄 수 있다.
5. 신체, 정신 그리고 영혼이 좋은 기운을 받을 수 있다.
6. 잔디를 깎기 위해 더 이상 애쓸 필요가 없다.
7. 질 좋은 음식은 지역환경을 개선시킨다.
8. 도시 농업을 통하여 생물종 다양성을 향상시킬 수 있다.

도시농업 – 도시농업이 도시의 미래를 바꾼다

간 내에 빈 공간을 활용할 수 있는 권리를 뜻한다. 이 말은 라틴어의 'usus'와 'fructus'에서 유래한 말이다. 각각은 영어의 'use'와 'fruit'과 뜻이 동일하다. 쿠바 정부는 작물재배권을 도시 내 빈 공간을 이용해 농사를 짓고 싶어 하는 사람들에게 모두 부여했다. 공공 공간에서는 사냥과 어획이 가능한 일부 원주민 민족에 의하여 프랑스와 캐나다는 작물재배권을 도시 내의 유산을 특정인이 소유하는 것이 아닌 모두가 공유할 수 있도록 본 개념을 사용한 바 있다.

　도시 농업의 진행 상태는 도시에 따라 판이하다. 중국 대도시의

도시 농업을 직업으로 선택해야 하는 9가지 이유

1. 단지 취미로 하던 도시 농업을 직업으로 삼을 수 있는 선택권이 당신에게는 있다.
2. 당신은 공장에서 생산된 식품과는 비교도 안 될 정도의 질 높은 싱싱한 먹을거리를 생산할 수 있다.
3. 잠재 구매자가 무한히 많다.
4. 도시의 변화된 미기후환경과 열섬현상으로 인하여 수확기간이 길어졌다.
5. 도시에는 활용 가능한 공간이 많다.
6. 청결하고 검증된 수원이 당신의 집에 공급되고 있다.
7. 도시 농업을 통하여 지역경제를 활성화시킬 수 있다.
8. 녹색 작물은 도시 경관을 향상시킨다.
9. 당신과 공동체를 위하여 긍정적인 영향력을 끼칠 수 있다.

경우 도시민의 3분의 2 혹은 4분의 3은 도시 내 혹은 도시 주변의 농장에서 생산되는 식량을 섭취하고 있다. 중국인들은 지난 수천 년간 도시 내에서 자급자족하며 살았다. 중국 상하이 주변의 시 관계자들이 밴쿠버가 어떻게 도시 농업으로 인해 발생된 냄새와 경관을 관리하는지 배우기 위하여 밴쿠버를 방문한 것은 여전히 의아하다. 그리고 농장 주변의 땅에 집을 산 사람들이 농업을 하찮게 여기는 것도 이해가 안 된다.

라틴 아메리카는 빠르게 이러한 경향에 편승하고 있다. 러시아에서는 약 70%의 가족들이 그들 스스로 작물을 재배하고 있음이 밝혀졌다. 아프리카 도시들은 분산되어 있기는 하지만 전반적으로 도시 농업 인구가 눈에 띄게 증가하고 있다. 하라레(아프리카 동남부, 짐바브웨에 있는 도시 – 역자 주)는 1990년과 비교하여 4년 만에 2배의 성장세를 보였다. 소말리아 난민촌에서는 작물을 재배하여 새로운 공동체의 식을 형성하고 있다. 싱가포르는 약 만 명의 도시 농부들이 도시의 총 소비량 중 80%의 가금류를 생산하고 25%의 채소를 재배한다.

음식에 대한 뜨거운 관심　도시들은 엄청난 잠재력을 가지고 있다. 런던 시민들은 232,000톤의 과일과 채소를 재배할 수 있고, 전체 도시 인구의 18%의 영양을 충족시킬 음식을 생산해 낼 수 있다. 대도시이지만 단 15%의 먹을거리만 생산해 내고 있는 매사추세츠 주는 35%까지 더 생산해 낼 능력이 충분히 있다고 전문가는 얘기한다.

북미 대륙에서 도시 농업은 상당히 큰 화두다. 농업센터에서는 꽃 종자보다 채소 종자를 더 많이 판매함으로써 큰 영향을 끼쳤다. 국제원예협회는 2008년과 비교하여 2009년에 가정에서 작물을 재배하는 비율이 19%나 증가했다고 밝혔다.

이러한 결과가 생긴 원인은 다양하다. 미디어를 통해 종종 비춰지는 음식으로 인한 사망이나 질병 등이 사람들 사이에 음식에 대한 불신을 초래했다. 2010년 8월에는 도시로 유통되었던 달걀 중의 반 이상이 회수 조치되었는데, 그 이유는 아이오와에 있는 2개의 달걀 생산공장에서 살모넬라균이 검출되었기 때문이다. 옛날 싱싱하고 건강하게 재배되었던 토마토의 맛을 잊지 못해 대량 생산식품의 맛에 불만을 품고 있는 사람들도 많다. 산업화된 식품생산이 수질오염, 지방 인구 감소, 지표면의 표토 손실에 주요한 원인이라는 사실에 마음이 동요한 사람도 있다. 이유가 어찌되었든지 간에 사람들이 직접 자신이 먹을 음식을 길러보자는 마음이 들게 하는 데는 충분할 것이다.

그렇다면 이 책을 읽고 있는 당신은 도시 농부인가.

바로, 당신부터 시작하기

만약 당신이 도시나 도시 주변에서 식량을 재배하고 있다면 답은 그렇다일 것이다. 당신은 도시 농부다. 적어도 내 사전에는 그렇다. 그러나 혹자는 다르게 설명할 수도 있을 것이다.

만약 당신이 도시민이 아니라면 상황은 어떨까? 80%의 북미 주민들은 포장된 도로가 있고 가로등이 있고 편의점이 있고 주변에 이웃이 있는 장소에 거주하고 있다. 그렇다면 그들은 내가 생각하기에 모두 도시민이다.

'농부'라는 단어는 나에게 매우 큰 의미가 있다. 농부의 정의는 무엇일까? 전문가? 아니면 작업복을 입고 일하는 사람? 생계를 위해 농사만을 짓는 사람?

만약 그들이 이익을 최우선으로 추구하거나 고약한 흉년을 겪어 빚을 잔뜩 졌거나 농사 외의 직업을 병행하길 원한다거나 돈으로 사람을 사고 싶어 하는 사람이라면 위의 정의가 맞을 수도 있다.

몇몇은 농부는 자신의 모든 시간에 농사만을 짓는 사람이기 때문에 우리가 원예가와 농부를 구분지어야 한다고 주장한다. 그러나 우리는 농사 외의 일도 하거나 다른 직업을 갖고 싶어 하는 농부들을 위해 아예 새로운 분류를 추가해야 한다.

그리고 또 누군가는 '농부'라는 단어는 다른 사람을 위해 먹을거리를 생산하는 사람들을 일컫는다고 말한다. 그러나 여기에서 '다른 사람들'이란 가족 식비를 줄이기 위해 작물을 재배하여 가족 구성원에게 제공하는 것도 포함될까? 그렇다면 생산한 식량을 친구, 이웃, 지역 식품업체에 판매, 유통, 거래하는 사람들은 여기에 분류해 넣을 수 있는 것인가?

내가 공동체 텃밭 가꾸기 모임에서 회원들을 맞이할 때는 자주 그들을 '농부'라고 불렀다. 그들은 그러한 호칭에 가벼운 미소로 답했지만 나는 단지 미소 이상의 진지한 의미를 부여한 것이었다. 나는 그 단어를 통해 그들이 소속감을 갖기를 바랐다. 나는 전통적

도시농업 – 도시농업이 도시의 미래를 바꾼다

으로 식량을 제공해 온 그 심각한 중요성을 희석시키고 싶지 않았다. 나는 '농부'라는 단어의 정의를 이러한 식으로 넓힘으로써 그들이 더욱 단결하게 될 것이라고 생각했다. 도시 농업을 지지하면서 나는 점점 더 많은 사람들이 이에 동참하기를 원했다. 재배가, 생산자, 포장판매 유통자, 재활용자, 소비자 등 모두가 우리의 먹거리를 스스로 통제하게 되기를 바랐다. 이것은 독립적인 재배가들이 더 많이 생긴다면 가능하다. 왜냐하면, 지역 생산식량의 풍부한 잠재력을 발견하는 데는 그들이 직접 재배를 하는 것보다 좋은 방법은 없기 때문이다.

자, 이제 농부가 된 여러분을 진심으로
환영하는 바이다.

바로 당신부터 시작하기:
그로잉 파워 단체의 회원들.

순서 정하기　　　지금까지 충실히 이 책을 읽었다면 당신은 도시
　　　　　　　　　농업에 대한 도전의식이 충분히 생겼으리라 믿
는다. 그러나 아직 무엇을 어떻게 시작해야 좋을지 모를 것이다.

　답은 간단하다. 이 책을 읽는 사람은 누구나 도시 농업을 할 수
있다. 사람들은 수천 년 동안 이 직업을 이어왔다. 당신이 여태껏
씨앗 한 번 뿌려보거나 나무 한 그루 길러본 경험이 없을지라도 충
분히 도시 농부가 될 수 있다. 물론 배워야 할 것은 많지만 차근차
근 모두 해나갈 수 있다. 그러므로 두려워 하거나 불안해 할 필요
가 없다. 무엇인가를 재배한다는 것은 전혀 어려운 일이 아니다. 대
자연은 이미 우리와 하나이기 때문이다. 당신은 그저 자연이 하는
일을 돕기만 하면 된다. 식물이나 피조물에 그들이 자연적으로 원
하는 것을 주면 당신은 식량을 답례로 받게 될 것이다.

　만약 당신이 그 일에 적합한 성격이 아닐지라도 걱정할 필요 없
다. 선생님, 지질학자, 음악가 등 어떤 종류의 직업을 가진 사람이
든 재배가가 될 수 있다. 이 책을 저술하면서 내가 생각하기에 가
장 큰 장점은 바로 다양한 농부들을 만날 수 있고 그들의 삶을 배
울 기회가 있었다는 것이다. 천성적으로 그들은 모두 다르다. 그러
나 농부라는 직업군으로 그들을 분류해 보았을 때 공통적으로 나
타나는 특징이 몇 가지 있다. 농부는 일반적으로 사리분별 능력이
뛰어나고, 완고하고, 지혜롭고, 겸손하고, 잘 참고, 긍정적이며 관
대하다. 그리고 다른 사람들이 이상하게 볼 정도로 자신의 일에 적
극적이다.

　아마 도시 농업을 처음 시작하려는 사람들 중에는 농업을 단지

가정에서 소규모로 하는 것이 아니라 직업으로 삼으려 할 정도로 적극적인 사람이 있을 것이다. 이러한 적극성은 앞으로 우리에게 가장 필요한 것이다. 정부는 기업의 이익을 채우기에 급급한 채 시장의 상황은 뒷전으로 밀어놓았고 소작농들은 설자리를 잃고 있다. 이러한 상황에서도 '그게 무슨 상관이야. 어쨌든 먹을거리는 충분히 공급되고 있잖아'라는 태도로 일관하는 사람들이 많은 시대에, 전 세계의 먹을거리에 깊은 관심을 가지고 있는 사람들에게 나는 존경을 표하는 바다.

존 티스크(Joan Thirsk)는 《대안농업: 흑사병에서 지금까지(Alternative Agriculture: A History from the Black Death to the Present Day, Oxford University Press, 1997)》에서 "역사상 큰 변화는 소수의 참을성 있고 이상이 있으며 완고한 개인에 의하여 이루어져 왔다. 그들은 개인의 신념을 끝까지 지켰던 사람들이다."라고 하였다.

새로운 도시 농부들은 선봉자다. 만약 당신이 창의적이고 에너지 효율적이며 열정적이라면, 지금까지 농업을 하나의 산업으로만 보아 왔던 시각을 바꿔놓을 수 있다. 매일 도시에서 소비되는 무와 당근은 태양과 누군가의 헌신으로 인해 열매 맺은 것들이다. 그것들은 어디론가 유통될 운명이 아닌 당장 식탁 위에 오르기 위해 재배된 것들이다. 이것들은 공동체와 그들을 둘러싼 환경과 미래에 대한 희망의 승리다.

경제적 문제　　　　모든 농부들은 제각각의 동기가 있다. 이제 막
　　　　　　　　　　농업을 시작해보려는 사람에게는 그다지 큰 매
력요소가 아닐 수도 있지만, 돈을 벌기 위해 시작한 사람도 있고 세
상을 더욱 살기 좋게 만들기 위해 농업을 시작한 사람도 있다. 또
어떤 이들은 농업이 다른 이들의 삶에 큰 도움이 된다는 점에 이끌
리기도 한다. 그리고 단지 농업은 꼭 필요한 것이라는 사실 자체를
무시하지 못해 농사를 짓는 이들도 있다.

　도시 농부들의 성별, 인종, 배경은 매우 다양하다. 이들 중 대부
분은 농업이 여러 활동을 수반하기 때문에 매력적이라고 느낀다.
도시는 좋은 생각들이 싹트고 번영할 수 있는 여러 문화가 섞인 곳
이다. 예술가, 기술자, 시인, 무용수, 배관공, 목수 그리고 선생님
등 모든 사람들이 지방 농장과는 또 다른 분위기의 농업을 해 나간
다. 이러한 분위기는 몇몇 생계유지를 위해 농업을 하는 도시 농부
들에게 주변의 소비자들에게 어떻게 홍보하고 판매할 것인지 전략
을 짜는 데 큰 도움이 된다.

　마이크 레번스톤은 도시 농업이 지금처럼 알려지기 훨씬 전에 도
시 농업을 시작한 사람이다. 그는 1978년 밴쿠버에서 도시 농업을
대외적으로 홍보하고 지지하기 시작했다. 그는 여전히 도시 농업의
재미와 정보를 공유하는 인터넷 웹사이트를 운영하고 있다. 또한
레번스톤은 도시민들에게 도시 농업을 어떻게 하는지 알려주는 유
기농 텃밭을 관리하고 있다. 그는 지난 수십 년 동안 도시 농업의
동향이 어떻게 변화하는지 지켜봐 왔다.

　"작물을 재배하는 것은 단지 농부들만의 일이라고 뒷전으로 미

뤄뒀던 사람들이 이제는 직접 작물을 기릅니다. 계획가와 기업체들이 모두 농사를 짓기 시작했죠. 지난 5년 동안 지금까지보다 더 많은 사람들이 도시 농업의 세계에 뛰어들었습니다. 이 흥미로운 현상이 앞으로 어떻게 전개될지 참으로 기대됩니다.

그러나 한편으로는 1800년대에 밴쿠버 주변에 중국식 텃밭이 있었는데도 새삼스럽게 지금의 도시 농업을 새롭다고 여기라는 건지 의아해 하는 사람들이 있습니다. 하지만 그들은 정치적으로, 경제적으로, 지금의 상황과 같은 조건을 가진 사람들이 아닙니다. 그리고 새로운 도시 농업의 일부로써 함께 하지도 않았습니다."

레번스톤은 오늘날 도시 농업의 경제적 효과에 대하여 다음과 같이 말했다.

"저는 제가 경제적인 이득을 고려한 것이 아니라 환경적인 측면에서 이 일을 시작했기 때문에 다른 사람들에게도 이 일을 하도록 권하는 건 아니에요. 그러나 안 하는 것보다는 하는 것이 분명 도움이 될 것이라고 믿어요. 만약에 당신이 큰돈을 벌길 원한다면 다른 직업을 찾아보라고 하겠어요."

대의를 위해당근 한 개 더 기르기.

싹 틔우기　　　　　만약 당신이 작게 시작하길 원한다면, 아주 작

은 크기로도 시작할 수 있겠지만, 그 시작이 갖

는 힘은 대단할 것이다.

왜 망설이는가? 만약 당신의 주방 창틀에 약한 빛이라도 든다면 매일매일 집에서 키운 싱싱하고 맛있는 채소를 먹을 수 있다. 주방 창틀에 전혀 햇빛이 들지 않는다면 밴쿠버에 오길 바란다. 빛을 끌어올 수 있는 다양한 방법들을 소개해 줄 수 있다.

이렇게 시작된 아주 작은 싹 틔우기는 엄청난 촉매제가 되어 심심하고 맛없던 식탁에 놀라운 변화를 가져올 것이다. 이러한 변화의 세계는 그 어떤 것보다도 흥미로울 것이다.

만약 뉴스에서나 들어봤을 법한 무시무시한 이름의 세균이 직접

종자농장을 운영해야 하는 8가지 이유
1. 적은 투자금으로도 시작할 수 있다.
2. 큰 면적이 필요하지 않다.
3. 가위만으로 수확이 가능하다.
4. 수확기간이 짧아서 혹시 재배틀이 가지고 있을 수도 있는 문제에 영향이 적다.
5. 수익을 수개월이 아닌 단 몇 주 만에 얻을 수 있다.
6. 한 해를 통째로 쉬는 것이 아니고 재배를 계속하면서 필요할 때 쉴 수 있다.
7. 실내에서 일 년 내내 재배할 수 있다.
8. 시장경제에서 경쟁자들이 적다.

재배한 작물을 통해 감염되지 않을까 걱정할 필요도 없다. 사실 식물의 싹이 사람들에게 안 좋은 영향을 미치거나 질병에 감염시킬 위험성이 어느 정도 있기는 하다. 하지만 이것은 집에서 재배한 것들이 아닌 공장에서 제조되어 알 수 없는 경로로 유통되어 온 것들의 경우다. 물론 당신은 좋은 위생을 위해 노력해야 한다. 하지만 좋은 씨앗으로 재배를 시작한다면 음식으로 해를 입을 가능성은 외식을 했을 때보다 훨씬 줄어든다.

씨앗은 영양성분이 가득한 얇고 긴 다발로 이루어져 있다. 밥 러스트는 국제종자협회의 홈페이지에 "채소에서 발견되는 대부분의 식물 화학성분들은 씨앗에서 발견됩니다. 식물 화학성분의 양은 채소가 다 자랐을 때와 처음 씨앗 상태일 때 큰 차이가 없습니다."라고 게재하였다. 식물 화학성분은 암을 포함한 질병을 예방하는 효과가 있는 성분이다. 러스트는 28g의 양배추 씨앗은 약 천 개의 양배추로 탈바꿈할 수 있으며 그 각각은 놀라운 영양 덩어리라고 말하였다.

"여러분이 양배추 씨앗 하나를 먹고 얻은 영양은 다 자란 양배추 한 통을 먹은 것과 맞먹습니다. 이것이 바로 28g의 씨앗이 같은 무게의 다 자란 채소보다 천 배 이상의 잠재력을 갖고 있는 이유입니다."

위의 러스트의 말이 사실이든 아니든, 당신이 천 개의 양배추를 먹든 안 먹든 그것은 중요하지 않다. 나는 씨앗이야말로 가장 아름다운 작물 그 자체라는 것을 강조하고 싶다. 씨앗을 심는 행위는, 어렸을 때 완두콩 하나를 컵에 심어놓고 하루가 멀다 하고 들여다보며 씨앗이 싹을 틔우는 모습에 흥분을 감추지 못했던 어린 시절을 떠올리게 할지도 모른다. 작물을 기른다는 것은 씨앗을 심는 그 순간부터 놀라움의 연속일 것이며, 그 아름다움은 작물이 다 자라서 우리의 식탁 위에 놓인 순간 절정을 이룰 것이다. 종자는 장차 초록색, 노란색, 보라색 등 다양한 색깔로 우리 식탁 위를 물들일 것이다.

식물 알아가기   읽기 쉽고 좋은 사진들로 가득한 에릭 프랭크 (Eric Franks)와 자스민 리처드슨(Jasmine Richardson) 이 쓴 《《작은 녹색세계: 영양가 있는 식물 기르기(*Microgreens: A Guide Nutrient-Packed Greens*(Gibbs Smith, 2009))》라는 책을 보면 다양한 작은 식물들이 성장과정에 따라 잘 정리되어 있다.

싹은 식물 발아의 첫 단계에서 당신이 목격하게 되는 상태다. 고온다습한 환경에서 발아하자마자 수확한다. 일반적으로 부드럽게 바스러질 듯한 질감이다.

만약 싹이 조금 더 자라면 자엽이라는 첫 잎을 생성한다. 이 단계에서는 샐러드용 어린잎으로 사용되기도 한다. 왜냐하면 어린잎은 흙 속에 있는 영양분 또한 흡수한 단계이므로 싹보다 많은 영양 성분을 가지고 있기 때문이다. 그것들은 부드럽고 맛있으며 뻣뻣해 보이는 싹보다 훨씬 보기에도 좋다.

자엽이 생성된 이후에 식물은 '진짜' 잎을 만든다. 이때 생성된 잎은 식물이 자라는 내내 함께 자란다. 1~2주 후에는 작고 귀여운

도시농업 – 도시농업이 도시의 미래를 바꾼다

'어린 식물' 단계에 진입하는데, 이 단계의 식물을 식당과 소비자들이 가장 즐겨 찾게 된다.

싹을 틔워 식물을 기르는 것이 마냥 행복한 일 **맛보기**
만은 아니다. 씨앗이 발아하는 데 적합한 환경
은 병원균이 번식하기에도 적합한 상태다. 이러한 병원균들은 당신이 씨를 뿌리기도 전에 이미 씨앗에 붙어 있다가 후에 그 식물을 섭취할 때 병을 일으킨다. 지난 1996년 일본의 사카이 시의 한 학교 점심 급식시간에 무 싹과 관련된 아주 끔찍한 일이 있었다. 그 씨앗은 대장균에 감염되어 있었고, 그 결과 3명이 사망했고 9,000여 명이 심한 설사증세를 보였다. 수경재배 시설에서는 아무 이상이 발견되지 않은 것으로 보아 감염의 원인은 씨앗이었던 것으로 추정된다. 정부는 그 후 무 싹과 관련하여 철저한 위생방침을 도입하였고 그 이후로 일본에서 큰 사고는 일어나지 않고 있다.

음식의 안전과 신뢰성에 대한 우려가 커져만 가자 정부는 직접적으로 간섭하지는 않았으나 집에서 작물을 재배하는 것을 경계하는 경향을 보였다. 정부는 식물 싹을 먹음으로써 사람들이 감염될 수 있는 살모넬라, 대장균 등의 균들이 얼마나 치명적인지를 홍보했다. 캐나다의 위생당국은 노약자, 영유아, 임산부 및 면역체계에 이상이 있는 사람들은 식물 싹을 먹지 말 것을 당부했다. 유씨 데이비스의 농업 및 자연 자원센터에서는 확실히 멸균된 싹을 구입하여 전자레인지에서 5분 정도 가열하고 3% 과산화수소에 소독할 것을 권면하고 있다. 그러나 이러한 규제와 방침들은 과보호적인 측면이 있다. 이미 여러 가정과 소규모 농장에서는 싹을 훌륭하고 안전하게 지난 여러 해 동안 재배해 왔기 때문이다.

자주 씻어내기   다양한 종류의 싹을 기르는 방법은 온라인상에나 책에 많이 나와 있다. 용기에 담아서 기를 수 있는 조작이 간단하고 쉬운 단지를 primalseeds.org라는 홈페이지에서 소개하고 있지만 그것은 종자를 점점 가운데로 빠져들게 하는 경향이 있다. 씨앗보다 작은 크기의 배수구멍이 있는 납작한 상자형 틀에 펼쳐두거나 아마섬유 혹은 삼으로 만들어진 주머니에 씨앗을 담아서 걸어놓아 건조시키는 방법도 있다.

거의 대부분의 씨앗은 처음 12시간에서 24시간 동안 수분을 흡수한다. 이 시간 동안 씨앗을 한두 번 정도 배수를 통해 씻어낸다. 그 후 수분을 흡수한 씨앗을 납작한 상자형 틀이나 주머니에 펼쳐놓는다. 자주개자리와 같은 식물은 빛을 필요로 하지 않기 때문에 닫힌 공간에 두어도 상관없다.

자라고 있는 싹에 적어도 12시간마다 물을 흘려줘야 한다. 더운 날씨에는 더욱 자주 해줘야 한다. 이때에는 물이 고여 부패하지 않도록 배수에 신경 써야 한다. 만약 당신이 고무로 된 덮개가 있는 단지를 사용하고 있다면 절대로 물이 고이지 않도록 그 단지를 기울여 놓아야 한다.

싹은 점점 자라 당신이 보기에도 맛있어 보일 만큼 성장하게 될 것이다. 그러면 가위를 사용해 싹을 잘라서 플라스틱 주머니에 담아 냉장고의 채소칸에 보관한다면 약 1주일 정도 싱싱함을 간직할 수 있다. 색이 변하거나 냄새가 나는 것들은 즉시 버려야 한다.

그렇다면 어떤 씨앗을 고를 것인가? 선택사항은 매우 다양하다. 자주개자리가 대표적이다. 자주개자리(alfalfa)의 아라비아식 뜻은 모든 식물의 아버지라는 것이다. 무와 겨자는 톡 쏘는 맛이 있고 시간이 조금 더 지나면 샐러드의 좋은 재료로 쓰인다. 메밀과 해바라기가 다 자라면 더 튼튼한 씨앗을 생산해 내고 이것은 샐러드와 볶음 요리의 훌륭한 재료가 된다. 모두들 중국요리에 쓰이는 녹두씨를 알고 있을 것이다. 그리고 밀은 빵의 주재료다. 완두콩은 찌거나 기름에 볶는 요리에 쓰인다. 팥은 매운 향이 약하게 난다. 귀리는 부드러운 맛을 가지고 있으나 껍질을 벗기기 어렵다. 병아리 콩은 처음에는 쉬우나 점점 클수록 키우기 어려워진다. 만약 당신이 서인도 식품점 가까이에 산다면 벵갈 녹두도 추천할 만하다.

조금 더 큰 규모의 종자농업에 대한 조언을 얻기 위하여 나는 전문가인 크리스 소로우를 찾아갔다.

**종자 농업가:
크리스 소로우**

그는 브리티시컬럼비아 대학에서 농업생태학을 전공하는 학생이다. 그는 여름방학 동안 농사를 지으면서 돈을 벌 수 있는 방법을 찾았다고 한다. 우리는 그의 농장에서 만났다. 그의 농장은 마요네즈 공장과 샐러드 소스를 만드는 공장 사이에 위치해 있었다. 거기

에는 덮개가 있고 너비가 120cm 정도 되는 작업대가 있었다. 그는
"제 농장은 먹이사슬의 두 극단 사이에 있죠."라고 비꼬듯 말했다.
왜 종자를 키우나요?

"아무도 하지 않기 때문이죠.
전문 농부들 사이에서 살아남으려면
틈새시장을 공략해야 해요."

도시농업 – 도시농업이 도시의 미래를 바꾼다

"그리고 이 땅은 총 185㎡에요. 1㎡당 저의 수익률은 그 누구보다 높죠. 제 작업대의 면적은 총 18.5㎡에요. 저는 이렇게 면적을 줄였어요. 그 누구도 24,000달러어치의 사탕무를 뒷마당에서 기를 순 없어요. 그래서 제가 도시에서 농업을 하면서 돈을 벌기 위해 생각해낸 방법이 이것입니다."

소로우는 그래서 식물을 재배할 수 있는 작업대를 만들었다. 배수관을 만들고, 작업대를 정비한 뒤 재배에 들어갔다.

"이 작업대는 2가지 기능이 있어요. 하나는 장소에 구애받지 않고 사용할 수 있다는 것이에요. 주차장에서, 도로에서, 옥상에서, 모두 가능해요. 단지 당신이 해야 할 일은 작업대를 설치하는 것뿐이에요. 도시 농업에는 안성맞춤이라 할 수 있죠."

소로우는 샐러드와 샌드위치의 재료로 사용되는 해바라기 새싹을 기르고 있다. 그것들은 흑해바라기 씨앗에서 유래했으며, 일반적으로 오일과 새의 먹이로 쓰인다. 그는 227kg의 씨앗을 단돈 2,000달러에 사들였다. 물론 더 싼 씨앗들도 있었지만 그는 질 좋고 저렴한 것을 골랐다. 씨앗 중 90%가 발아하였지만 그렇지 않은 씨앗과 섞어서 샀기 때문에 더 싸게 살 수 있었다. 결론적으로 수확한 싹은 180g을 5달러에 팔 수 있을 정도로 맛있고 질도 좋았다. 그는 이 결과를 토대로 여전히 지금보다 더 좋은 씨앗을 찾기 위해 끊임없이 노력하고 있다.

해바라기는 씨앗 내에 충분한 영양분을 다 갖추고 있기 때문에 재배에 매우 효과적이다. 수확할 때가 되면 해바라기는 토양으로부터 아무런 영양도 흡수하지 않는다. 그래서 그 시기에는 토양에 따로 비료를 줄 필요도 없다. 그리고 그는 자신의 농장에 다양한 종을 도입하기 전에 적절한지 철저히 분석하는데, 그 결과 무를 발견했다.

종자를 심고 재배하는 것은 겉으로는 쉬워 보이지만 실상은 그렇지 않다. 소로우가 만든 작업대 같은 훌륭한 도구가 있어도 식물을 재배한다는 것은 자연이 당신에게 어떠한 결과를 가져다줄지 아무도 모르는 것이기 때문에 우리는 끊임없이 공부해야 한다.

"한 가지 비법은 어떤 식물을 기를 때 그 식물에서 고소한 맛이 날 때까지 길러보는 거에요. 만약 그것들이 너무 빠르게 자란다면 당신은 원하는 결과를 얻을 수 없겠죠. 반대로 너무 느리게 자란다면, 뭐, 원하는 걸 얻을 수 있다고 쳐요. 하지만 크고 튼실한 싹은 얻을 수 없을 거에요. 저는 무게에 따라 판매하기 때문에 싹의 본래 특성을 고스란히 간직하면서도 큰 싹을 얻을 수 있어요."

소로우는 작물을 재배하는 데 있어서 사업가적인 수완을 갖추는 것이 중요하다고 말한다.

"대부분의 도시 농부들은 돈을 위해 하는 것은 아니에요. 그들은 그저 취미삼아 애정을 갖고 하는 거죠. 그런데 저는 돈을 벌고 싶었어요. 그래서 획기적인 작업대를 제작했죠. 작년에는 꽤 수입이 있었어요. 계산해보니 시간당 평균 2.50달러를 벌었는데, 이는 농업으로 거두는 수입과 비슷한 수준이죠. 저는 그 이후로 사업을 본격적으로 시작했어요."

여전히 셈에 약한 나는 더 자세한 얘기를 듣기 위해 어설픈 계산을 그만두었다.

"그래요. 시간당 번 2.50달러는 기타 잡비를 모두 치른 후의 값이 겠죠. 나의 회계관리사는 늘 이렇게 얘기하더라고요. '항상 처음 시작할 때는 어쩔 수 없이 적자가 날 수밖에 없잖아요. 안그래요?'"

소로우는 마치 환경, 사회, 경제적 감각의 3박자를 모두 갖춘 사람처럼 완벽해 보였다. 그는 자신의 경험을 바탕으로 어떻게 환경친화적으로 작물을 재배할 수 있는지를 알고 있었다. 그리고 물을 아껴서 사용할 줄도 알았다. 경제적으로 그는 돈을 벌고 싶어 했지만 사회적으로 농업이 단지 돈을 벌기만을 위한 수단이 아님을 알고 있었다. 그가 생각한 꾸준히 할 수 있는 사업은 일주일에 70시간을 일하는 것이 아니었다. 그래서 일주일 평균 근무시간을 31시간으로 단축시켰다. 그 결과, 농장 두 군데와 식당, 채소가게 몇 군데에 납품할 수 있을만큼 수확하였다. 그는 그가 판매한 종자가 싹을 틔워 먹을 수 있는 상태가 되었을 때 소비자들이 무엇을 기대할지도 생각해보아야 했다. 비록 냉장보관을 통해 저장기간을 늘릴 수는 있긴 하지만 말이다.

이 상황은 수확시기가 아직 몇 주 더 남아 있는 9월경에 발생할 수 있는 일이다. 나는 과연 이 작업이 얼마나 많은 이익을 낼 수 있을지 궁금했다.

"저는 매 순간 제가 무엇을 하고 얼마를 사용했고 판매했는지 기록하고 있어요. 이렇게 하지 않으면 제가 성공할 수 있는 가능성이 줄어드는 것과 같으니까요. 이 방법을 통해 누구든 성공할 수 있고, 저는 이미 약간의 성공을 맛보았어요. 그러나 아직 더 욕심이 나요. 사실 작년에 저는 시간당 겨우 2달러 꼴의 수입을 거두었고,

임대료도 제대로 내지 못했지요. 그런데 지금은 시간당 7.50달러의 수입을 올리고 있고 아무런 손해도 없어요. 저는 올해 초에 모든 씨앗과 봉투, 살균제, 퇴비 등 모든 것을 사두었어요. 저는 내년에도 쓸 만큼의 씨앗과 비료를 샀어요. 따라서 지금은 흑자상태죠. 그리고 이미 손익분기점을 넘긴 상태이기 때문에 앞으로도 흑자일 거에요. 약간의 인건비는 지출돼요. 하지만 이제 제가 직접 일하지 않아도 이익을 올릴 만큼 자리를 잡았죠. 다른 수입원도 있지만 지금이 농장일이 제게는 주된 수입원이에요."

나는 그가 불과 몇 년 만에 수입을 2배 이상 증가시켰다는 점에 매우 놀랐다. 이 상태라면 그의 수입은 머지않아 시간당 14달러로 올리는 것도 문제없어 보였다. 그리고 또, 누가 알겠는가? 수입이 두 배로 증가할지.

예화와 영감

2005년 디트로이트에서 시작한 도시 농업 모임은 사람들이 먹을거리를 가장 필요로 하는 곳에 농장을 지어주는 계획을 실천해왔다. 첫해에 3개의 농장을 지었고, 그 모임은 미국의 30개주로 그 세를 확대했고 3.6㎡ 넓이의 농장을 800여개 만들었다. 그 모임의 회원 중 한 사람이 "우리 농장은 무료로 모두가 와서 즐길 수 있어요."라며 자랑하였다. 그리고 그 지역 주민들에게 그 농장에서 수확한 음식은 주변의 필요한 사람들과 나눌 것을 권했다. 주요 프로그램으로는 공동체 텃밭, 녹색과학 텃밭, 도시농업식량협회, 벽과 옥상 농장, 건강과 웰빙, 환경정의 그리고 녹색연합 사람들 모임 등이 있다.

"대부분의 도시 농부들에게 부족한 부분이 바로 사업 수완이에요. 저는 향후 5년의 계획을 세워놨어요. 작년에 비해 수확량이 두 배로 증가했죠. 작년에 11만 달러의 수입이 났으니까, 올해의 목표는 22만 달러에요. 솔직히 이 목표를 달성할 수 있으리라 생각하진 않아요. 그러나 거의 도달할 수 있을 거에요. 총 수입 중 지출액은 50% 정도에요. 즉, 계산대로라면 저는 11,000달러를 얻겠죠."

큰 액수는 아닐지라도 그는 결국 자신이 하고 싶었던 일을 하면서 돈까지 벌고 있는 것이다.

"저는 앞으로 더욱 번창하게 될 거에요. 앞으로 지금 제가 초기 단계에 투자했던 비용을 또 지불할 필요가 없으니 제 수입은 나날이 커져가겠죠. 아마 미래에 굳이 지출이 있다면 배달용 오토바이의 부품을 가는 일 정도겠지요. 그래서 지금은 총수입액 중에서 50%의 지출이 있지만 40%까지 지출을 줄이는 것이 목표에요."

과연 싹을 기르는 일은 보기만큼 실제로도 그렇게 쉬울까?

"네 맞아요. 아마도 싹을 기르는 것은 도시 농업에서 가장 미개척 분야 중 하나일 겁니다. 우리는 영양은 뒷전이고 다들 너무 칼로리에만 집중하고 있어요. 발아한 싹 한 접시는 한 사람이 일주일간 필요한 비타민의 양과 맞먹지요. 우선 손쉽게 접근할 수 있는 것은 작은 화분에 자주개자리를 키우는 거에요. 저는 많은 사람들에게 가정에서 싹을 키우는 것이 얼마나 좋은 일인지 말하고 다닙니다. 제가 해냈고, 여러분도 모두 할 수 있다고요. 물론 제가 모든 방법과 기술을 얘기하진 않았어요. 사람들이 그 비법들을 알아내려면 아마 골치 좀 아플걸요. 하지만 실상 비법이란 거 별거 아니에요. 그저 낮 시간에 자주 물을 뿌려 씻어냄으로써 싱싱한 상태를 유지시켜주는 거에요. 제 경우 아주 더운 날에는 하루에 5번 물을 뿌려 씻어내린 적도 있어요. 그렇게만 한다면 누구나 좋은 싹을 얻을 수 있는 거죠. 그런데 사람들은 좀 게으른가 봐요. 이 간단한 걸 제대로 하지 않죠. 만약 사람들이 아침 8시에 농장에 나가서 저녁 6시에 집으로 돌아온다면 아주 좋은 싹을 얻을 수 있을 텐데 말입니다."

그는 농업을 사업적인 비전을 가지고 새롭게 시작해보려는 젊은 이들을 향해 충고의 말을 남겼다.

"저는 왜 사람들이 이 좋은걸 안하는지 정말 모르겠어요. 한때 농업의 역사를 찾아본 적이 있어요. 도시 농업의 시작은 어느 정도 농업의 시작과 비슷해요. 1980년대와 1990년대의 도시 농업은 비주류적인 것이었어요. 그 당시 사람들은 그들의 잔디나 도로를 조금 갈아서 재배하는 정도였어요. 그들의 생활에 있어서 그것은 하나의 대안이었던 것이죠. 이제 많은 것이 변했어요. 마치 저처럼 농업을 하나의 사업으로 생각하는 사람들이 점차 많아지고 있어요. 그것이 제가 경제성에 집착하는 이유지요. 만약 농업을 통해 수익을 창출할 수 있다면 농업은 훨씬 지속 가능하고 안정적인 일이 될 거에요. 만약 당신이 비영리적인 일을 한다면 항상 돈에 쫓기는 신세가 되고 말겠죠. 따라서 경제적으로 안정성을 확보하는 것이야말로 도시 농업이 앞으로 해결해야 할 큰 과제에요. 우리 모두는 이 문제를 해결해야 해요."

여러 회사들이 앞 다투어 가내 농업의 추세에 **실내재배 시스템**
발맞춰가기 위해 노력한 결과, 오늘날에는 실내
재배 시스템이 매우 다양해졌다.

디자인은 미래지향적이고 재미있는 것을 선호하는 경향이 있다. 핵발전소 이후에 설계된 가마고의 발전소는 방사능 대신에 통풍구에서 자라고 있는 밀을 볼 수 있는 곳이다. 카림 래시드라는 디자이너가 개발한 화분이 있는데 이것은 마치 환자가 맞는 링거처럼 시간에 맞춰 양분이 화분에 떨어지도록 설계되어 있다. 이 외에도 여러 가지 흥미로운 화분들을 헤비 페탈의 웹사이트에서 찾아볼 수 있다.(heavypetal.ca)

창가에서 식물을 재배하는 도구는 1.2m×1.8m 크기의 창문이 있는 공간에서 25종의 식물을 재배할 수 있는 방법이다. 이 방법을 통해서 당신은 창가에 '풍부한 물이 흐르는 폭포' 같은 눈부시게 밝은 빛을 경험할 수 있을 것이다. 그것은 바로 당신의 식량이 될 것이다. 상추, 시금치, 바질, 체리토마토, 콩 등 당신이 먹을 수 있는 그 어떤 식물이라도 수경재배법을 통한다면 재배할 수 있다.

창가에서 식물을 재배하는 것을 소개하는 웹사이트(windowfarms.org)에서는 정량화된 키트도 판매하고 있다. 16종의 식물을 8개의 화분에 담을 수 있는 키트는 2시간이면 조립할 수 있고 가격은 149.95달러다. 당신 주변에 설치할 수 있는지 당장 확인해 보기 바란다. 그래서 지금까지 매년 겨울 우리의 먹을거리가 바다를 건너오는 것을 방지하도록 하자.

그 외에도 당신이 직접 자신만의 새로운 키트를 만들 수도 있다.

웹사이트를 검색하면 그 방법을 알 수 있다. 성공하기는 쉽지 않지만 다음의 웹사이트(our.windowfarms.org/tag/officialhow-tos/)를 들어가면 많은 정보를 얻을 수 있다. 이곳에 접속해서 개인 아이디를 만들면 도시에서 창가에 수경재배를 통해 작물을 재배할 수 있고 공동체 모임을 통해 여러 정보를 공유할 수도 있다.

그리고 주변의 상점을 돌며 쇼핑을 해도 유용한 물건을 많이 구할 수 있다. 물을 끌어올릴 작은 펌프, 6㎜ 튜브, 병과 점토로 된 알갱이들은 모두 재배를 위해 필요한 것들로써 원예 전문 상점에서 구할 수 있다.

나는 직접 창가에서 재배해 본 적이 있다. 그러나 지금과 같은 형태와는 조금 다른 것이었다. 지금 사용되는 키트는 직접 재배를 해 보고자 하는 많은 도시 소비자들에게 크게 사랑받고 있다. 키트는 만들기 쉽고 재밌기 때문이다.

도시농업 - 도시농업이 도시의 미래를 바꾼다

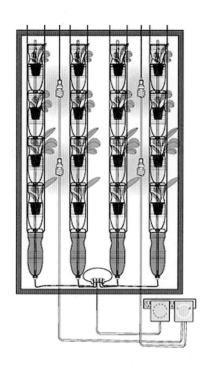

창가에 정성을 들여 만든 화분과 키트들은
마치 애완동물을 키우는 것과 비슷하다. 외
부에서 보이는 것이 다가 아니라는 것이다.
만약 당신이 재배를 시작하기로 결심했다면
재배장소를 당신이 있는 바로 그곳에 만들
고 모든 계절에 맞게 실내 디자인을 새롭게
해야 한다. 몇몇 사람들은 적극적으로 새로
운 아이디어를 만들어내고 있다.

그런데 만약 당신 주변에 창문이 없다면?(예를 들어, 만약 당신이 시끄럽고 먼지 날리는 공사장 주변이라는 열악한 환경에 있는 경우) 그렇다면 아마도 '먼지와 오염원에 끄떡없는 실내재배 시스템'인 수경재배기 정도를 생각할지도 모른다. 나는 사실 그것에 큰 매력을 느꼈었다. 이것은 수경재배 방법 중 하나로서, 자동적으로 빛을 조절해주기 때문에 따로 창문이 필요 없다. 또한 이 장치는 언제 물과 양분을 줘야 하는지도 때에 맞춰 알려준다. 스타트렉에 나오는 우주선같이 외관도 깔끔하다. 그러나 나는 과연 이 장치가 몇 달이 지난 후에도 과연 지금처럼 깨끗하고 멋져보일지 의심스러웠다. 또한 이 장치는 상당히 고가다. 내가 사고 싶었던 모델을 200달러였다. 그리고 여기서 끝이 아니다. 사람들은 이 장치를 구입하고 나서 그 주변의 실내장식을 꾸미려고 하던데 내가 보기엔 그런 것은 그리 필요치 않은 부분이다.

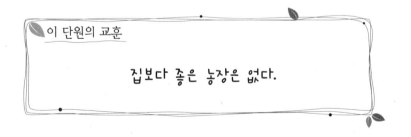

이 단원의 교훈

집보다 좋은 농장은 없다.

아파트 재배

제한된 공간에서 재배하는 방법

도시에서 단독주택에 사는 사람들은 충분한 공간이 있기 때문에 도시 농업을 쉽게 시작할 수 있다. 하지만 좁은 발코니에서 바라보이는 하늘이 전부인 아파트 거주자들은 어떻게 해야 할까?

일단 심으면 된다. 만약 햇빛이 든다면 이미 재배하기에 충분한 가능성을 가진 것이다. 하지만 빛이 안든다 해도 여전히 방법은 있다.

채소, 식용 꽃, 요리에 사용하는 허브, 딸기, 과일나무들은 모두 아름답고 영양이 풍부하지만 조금 명청하다. 이 식물들은 자신이 땅에서 자라는지 화분에서 자라는지 모른다. 이들은 지난 수천 년 동안 땅에서 자라왔다. 그러나 땅만이 유일한 재배지는 아니다. 식물은 필요로 하는 기본적인 것만 제공해주면 땅에서 수십 미터 떨어진 발코니일지라도 어디서든 뿌리를 내리고 꽃을 피워 열매를 맺는다.

일정 공간에서 재배를 시도할 때 성공의 열쇠는 식물처럼 생각하라는 것이다. 식물이 무엇을 필요로 할지 식물의 입장에서 생각하고 즉각 제공하면 된다.

이러한 접근법은 쉬운 부분도 있고 조금 복잡한 부분도 있다. 복잡한 부분은 우리가 화분이라 부르는 작은 실험실에서 일생에 걸친 원예실험을 한다는 매력이 있다는 것이다. 더 자세히 알아가기 전에 우선 쉬운 부분부터 정확히 짚고 넘어가겠다.

자, 재배하기 위해서는 무엇이 필요한가?

햇빛, 물, 양분, 공간.

각각의 요소들을 자세히 분석하기 이전에 우선 어떻게 작은 씨앗이 파릇파릇한 새싹으로 변화하는지 그 마술 같은 첫 단계에 대해 이야기해 보겠다.

어떻게 심을 것인가 흙에 당신의 손끝으로 얕은 구멍을 하나 만들고 씨앗을 그곳에 넣은 후 흙으로 그 위를 덮고 물을 준다. 그리고 이제 편히 기다리면 된다. 이게 끝이다.

이게 사실상 할 일의 전부다. 만약 당신이 처음이라면 제대로 하고 있는지에 대한 두려움이 앞설 수 있겠지만 당신은 이미 재배하기에 충분한 기본기를 갖추고 있음을 알아야 한다.

내가 도시 농부들을 양성하기 위해 교육을 할 때 가장 먼저 하는 것이 바로 이 손가락을 이용해 씨를 뿌리는 법을 가르치는 것이다. 몇몇 초보자들은 식물을 재배하는 일에 대해 지레 겁부터 먼저 먹는다. 재배는 경력이 꽤 오래된 베테랑 농부들이나 전문가들의 도움 없이는 절대 못할 것으로 생각하기도 한다. 하지만 사실은 그렇지 않다. 누구나 할 수 있고 누구나 해야만 하는 것이 바로 농업이다. 왜냐하면 여러분이 할 일은 단지 자연의 상태를 그대로 조성해주는 것뿐이기 때문이다. 그리고 무엇보다도 모든 식물의 종자는 그 스스로 어떻게 성장해 나가야 할지 이미 알고 있다.

그러나 그 사실이 모든 것을 다 해결해 주지는 않는다. 그래서 나는 몇 가지 세부사항을 이야기해 주고자 한다. 씨앗을 심기에 가장 적당한 흙 구멍의 깊이를 가늠하는 것은 아주 쉽다. 씨앗 포장지에

발코니 농업을 시작해야 하는 10가지 이유

1. 가장 가까운 곳에 있기 때문에 적극적으로 동참할 수 있다.
2. 운반과정이 간단해진다.
3. 보온, 빛, 절연 등을 통해 1년 내내 수확할 수 있다.
4. 발코니에 기둥, 격자 등을 설치함으로써 재배 가능 면적을 넓힐 수 있다.
5. 발코니를 아름답게 한다.
6. 보기 좋지 않은 짐들을 작물 사이로 숨겨놓을 수 있다.
7. 새와 벌레 등 생태계를 위해 긍정적인 영향을 줄 수 있다.
8. 발코니는 대지에 비해 관리해야 할 벌레가 훨씬 적다.
9. 토양이 오염되었을까봐 걱정할 필요가 없다.
10. 따뜻하게 보호되는 공간인 발코니에서는 기를 수 있는 식물종이 다양하다.

친절하게 적혀 있다. 그러나 나는 아직까지 씨앗을 심기 위해 흙에 구멍을 내고 자를 이용해서 그 깊이를 재고 있는 사람을 한 번도 보지 못했다. 만약 포장지에 적힌 용법을 따르기 싫거나 재배법 자체를 구할 수 없다면 씨앗 크기의 3~4배 정도 깊이의 구멍이면 충분하다. 따라서 작은 당근 씨앗은 바로 흙 밑에 심으면 되고 완두콩 씨앗은 그보다 조금 더 깊이 심으면 된다.

공간 확보하기　　　씨앗이 자랄 수 있는 공간을 확보하는 것 역시 씨앗 포장지에 상세히 적혀 있지만 실질적으로 공간을 마련하는 것은 재배가에게 달려 있다. 다 성장했을 때의 무, 사탕무, 주키니 등의 크기를 상상해보면 어떤 간격으로 씨를 뿌릴 것인지 대충 계산이 나올 것이다. 종종 초보자들이 발아하지 않을 수도 있음에도 불구하고 추후에 많이 수확하기 위해 씨앗을 드문드문 심거나, 대량으로 구매한 씨앗을 어떻게 처리할지 방법을 알지 못해서 그냥 많은 씨앗을 한꺼번에 심는 경우가 있다.(이런 문제는 전문가와 상의하여 적정량 구매해 해결하자)

　즉, 크고 질 좋은 작물을 재배해 수확하기 위해서는 충분한 공간을 확보해야 한다. 그러나 많은 초보자들이 씨앗을 드문드문 심어 때로 안 좋은 결과를 얻기도 한다. 수확량을 높이려는데 다른 싹을 뽑아버리라니 좀 어리석게 들리겠지만, 반드시 솎아내기를 해야 한다. 그렇게 하지 않으면 결국 감당하지 못할만큼 빽빽하게 자란 생산력 없는 식물로 전락해 관상용으로 끝날 것이다.

솎을 때가 되면 조금 과감해질 필요가 있다. 당신이 앞으로 얻게 될 놀라운 결과를 상상하며 그 주변의 것들을 제거해야 한다. 만약 솎아내려는 식물과 남겨두려는 식물의 뿌리가 땅 속에서 서로 얽혀 있다면 가위로 조심스럽게 뿌리를 잘라내고 솎아야 한다. 그래야만 맛있고 싱싱한 작물을 얻을 수 있다.

그럼 이제 다시 씨앗을 파종할 때의 단계로 돌아가서 이야기를 마쳐보도록 하자. 씨앗을 흙구멍에 넣고 주변의 흙으로 덮은 후 가볍게 눌러주는데, 이는 큰 공기주머니를 없애기 위함이다. 씨앗이 촉촉한 토양과 밀착되지 않으면 발아하지 않는다.

그 후 작물의 성장과정 중에서 가장 중요한 단계를 거치게 된다. 발아가 시작되면 식물이 제대로 정착하기 전까지 토양의 배수가 원활할 수 있도록 신경을 써야 한다. 토양이 건조하면 식물은 빨아드릴 수분이 부족하여 바로 말라 죽을 것이다. 특히 더운 날씨에는 화분 안의 건조현상이 생각보다 훨씬 빨리 진행된다. 따라서 각별한 관심을 기울여야 한다.

수확기간을 더 오래 확보하기 위해서는 실내에서 파종하여 어느 정도 성장한 후 성장에 적당한 기후환경이 되었을 때 실외로 옮겨 심는 것이 좋다. 캐나다인들이 가장 좋아하는 먹을거리 중 하나인 토마토는 이르면 2월부터 재배를 시작하는데, 실내에서라면 겨울에도 가능하다. 실내에서 재배하던 작물을 실외로 옮겨 심을 때는, 식물이 추위나 충격으로 스트레스를 받지 않도록 며칠 동안 안전한 곳에서 서서히 적응할 수 있도록 해야 한다.

햇빛   식물은 태양을 필요로 한다. 왜냐하면 식물은 햇빛을 먹고 살기 때문이다. 이러한 기작을 광합성이라고 한다. 이를 통해 우리가 살고, 지구가 사는 것이다. 만약 식물이 엽록체가 없고 햇빛을 식물의 에너지와 당분으로 전환할 수 없다면 지구상에는 균류만 득실거릴 것이다.

식물의 잎을 마치 태양열 발전기의 전기판으로 생각해 보자. 식물의 잎은 수없이 다양한 패턴과 모양, 크기, 질감을 가지고 있다. 각 식물이 지닌 고유한 잎은 하나의 무기가 되어 전략적으로 팀을 구성하고 일을 수행한다. 이들은 식물의 빠른 성장과 단단한 뿌리를 확보하는 것 사이에서 훌륭한 균형을 이루어 준다.

당신의 임무는 식물이 햇빛을 볼 수 있도록 해주는 것이다. 일반적으로 채소는 하루에 적어도 6시간 정도는 햇빛에 노출되어야 한다.

사실 거의 대부분의 채소는 최대로 내리쬐는 태양광 아래에서 가장 성장이 활발하다. 만약 당신이 농업을 하나의 사업으로 운영하기 바란다면 그늘진 곳은 절대로 선택하면 안 된다. 그러나 많은 도시 거주자들이 늘 햇볕이 내리쬐는 비싼 땅에서 살고 있지는 않다. 상당수 도시 아파트의 발코니는 부분적으로 혹은 전체적으로 그늘진 곳이 많다. 그래서 최소 태양광 노출시간인 6시간을 채 못 채우기도 한다.

그러나 포기하기에는 이르다. 하루에 적어도 4시간만 태양광에 노출되어도 생장이 가능한 채소도 있다. 그렇지만 4시간도 채 햇빛이 들지 않는 곳에 살고 있다면 어떻게 해야 할까?

역시 포기하면 안 된다.
4시간조차 햇빛이 들지 않는다 해도
방법은 있다.

식량을 재배할 때 우리는 모두
태양 숭배자가 된다.

첫째로 거의 다 성장을 하여 이제 먹을 수 있는 상태가 되어서 햇빛이 많이 필요하지 않은 채소를 고를 수 있다. 잎이 풍성한 상추, 시금치, 케일, 근대 등이 있다. 그것들은 모든 성장과정을 한 번에 진행한다. 뿌리를 내리는 식물(양파, 사탕무, 순무)은 충분한 에너지를 얻기 위하여 뿌리 크기만큼의 잎을 만들어야 한다. 열매를 맺는 채소류(토마토, 오이, 가지)는 많은 햇빛을 필요로 하며, 먼저 뿌리와 잎을 만든 후에 꽃을 피우고 열매를 맺는다.

만약 당신 집의 발코니가 북향이라서 실망했다면 조금만 기다려 보기 바란다. 당신이 기를 수 있는 식물이 있다. 어느 해 여름, 나는 남향인 발코니이지만 위에 커다란 나무 그늘에 가려 햇빛이 잘 들지 않는 곳에서 일정한 화분에 브로콜리를 심어 기르는 실험을 한 적이 있다. 정확히 그곳은 아침에 2시간 정도만 햇빛이 들고, 그 나머지 시간에는 계속 그늘에 가려 있었다.

그런데 브로콜리는 잘 자랐다. 이와 비교해보기 위하여 햇빛이 잘 드는 발코니가 아닌 땅에 같은 브로콜리를 심었는데, 역시 땅에 심은 브로콜리가 더 빠르고 크게 자라났다. 몇 주가 지나고 둘 다 수확해서 먹어보았더니 그늘진 발코니에서 기른 브로콜리가 꽤 맛이 좋았다. 그 후로도 연이어 수확하여 먹어보았지만 그 어떤 요리에 들어가도 손색이 없을 만큼 그늘진 발코니에서 수확한 브로콜리는 맛있었다.

사실 그 실험이 실패로 끝날 줄 알았기에 더 놀라웠고 행복했다. 어떻게 내가 이런 좋은 결과를 얻을 수 있었을까? 나는 그것이 태양광과 연관이 있다고 생각한다. 우리는 일반적으로 많은 서적들이 각 식물에 따른 적정 직사광선 노출시간에 대하여 말하고 있는 것을 볼 수 있다. 그러나 굳이 직사광선이 아니더라도 태양이 하늘에서 비치는 각도를 생각해보면 새로운 사실을 알 수 있다. 그러나 이 경우 반사되는 빛은 생각하지 않는다. 밴쿠버의 경우, 구름이 껴서 흐린 날이 많다. 흐린 날이지만 여전히 주변에는 빛이 많다. 단지 광합성의 근원이 되는 태양이 보이지 않을 뿐이지 사방에서 빛을 내리쬐고 있는 것이다. 식물은 이러한 빛을 흡수하고 이용하여 가장 최적의 상태로 이용한다.

그래서 당신이 어디에 있든지 하늘만 볼 수 있다면 그곳에서는 식물이 빛을 흡수할 수 있는 가능성이 있다. 이제 당신이 직접 실험해볼 차례다.

햇빛을 많이 볼 수 있는 유용한 기술을 하나 더 소개하겠다. 식물을 바퀴가 달린 화분에 심는다. 그래서 태양의 움직임에 따라 화분을 옮겨준다. 이 방법은 시간에 상당히 제약이 많기 때문에 가장 신경을 많이 써줘야 하는 방법 중 하나다. 하지만 세상에서 가장 맛있는 작물을 생산하고자 하는 재배가의 열정은 그 어떤 어려움도 다 헤쳐 나갈 수 있을 것이다.

당신의 식물은 지속적으로 물을 필요로 한다.   **수분**
완전히 건조되는 것은 곧 죽음을 뜻한다. 우리
는 이미 앞에서 파종하는 단계가 식물에게 있어서 얼마나 중요한 단계인지 알아보았다.

작고 신비로운 씨앗은 마치 갓난아기처럼 우리의 도움을 필요로 한다. 후에 그 식물이 성장하여 크기가 커지고 뿌리를 단단하게 내릴 때쯤이면 어느 정도 스스로 수분을 보유할 수 있을 것이다.

좋은 식량은 물을 천천히 흡수한다.

도시농업 – 도시농업이 도시의 미래를 바꾼다

뿌리, 줄기, 그리고 잎은 모두 수분을 보유하고 있으나 지속적인 공급 없이 오래 버티기 힘들다. 따라서 발코니에서 키우는 식물이 지속적으로 배수가 잘 이루어질 수 있도록 각별히 주의를 기울여야 한다. 수분보유 능력은 식물을 심어놓은 화분의 크기에 따라 달라진다. 수분의 중요성과 관련하여 여러 기능을 갖춘 화분이 많이 있다. '스스로 물을 주는' 화분도 있다. 이름만 들어보면 마치 화분이 당당하게 수도꼭지를 향해 걸어가서 물을 트는 모습을 상상할 수도 있겠지만 이 화분의 진짜 기능은 바닥 쪽에 물을 담아놓을 수 있는 칸이 하나 더 추가된 것이다. 뿌리가 그 부분에 닿아서 물을 빨아올려 식물 전체로 수분을 전달한다. 이 화분은 당신이 화분에 물을 주는 횟수를 지역에 따라 일주일에 한 번에서 두 번 정도로 확 줄여줄 수 있다. 이러한 장치는 당신이 멀리 외출하거나 조금 게으른 성격이라면 사용하기에 안성맞춤일 것이다.

또 다른 방법으로 수분을 젤 형태로 만든 제품을 흙 속에 섞어넣을 수도 있다. 녹말로 만들어진 수분 젤은 자신 무게의 수백 배만큼의 수분을 함유하고 있다가 서서히 그 수분을 흙 속에 내보낸다. 이 외에도 병에 물을 가득채운 후 병을 거꾸로 뒤집어 흙에 꽂아놓으면 병 속의 물이 서서히 토양에 흡수되는 것을 볼 수 있다. 기왕이면 예쁜 병을 이용한다면 일반 플라스틱 병을 꽂아놓은 것보다 훨씬 고급스러워 보일 것이다. 하지만 플라스틱 병도 자원 재활용적인 측면에서는 아주 훌륭한 소재다. 매년 미국인들이 사는 플라스틱 생수병은 약 298억 병이 넘는다. 나는 통계학자는 아니지만 매년 미국인들이 소비하는 이 엄청난 양의 플라스틱은 작은 국가를 묻어버릴 수도 있는 양과 맞먹는다. 수분을 보유하게 할 수 있는 또다른 방법은 표면에 짚을 까는 것이다. 퇴비, 짚, 나무껍질, 이끼 등도 토양의 수분증발 속도를 늦춰주는 데 효과적이다.

양분   식물에게 가장 필요한 것이 빛이라고 앞서 이야기했는데, 식물이 성장하는 데 있어서 또 필요한 것이 있다면 필수영양분이다. 양분은 식물이 성장하는 과정에서 흡수되어 재배 후에는 없어진다. 혹은 씻는 과정에서 떨어져 나간다. 그래서 주기적으로 토양에 양분을 보충해야 한다. 유기농 퇴비는 큰 도움이 된다. 식물이 성장하는 단계에는 2주마다 액상 퇴비를 물에 섞어서 줄 수도 있고, 흙에 넣을 수도 있다.

요즘에는 매년 원예 상점에서 새로운 종류의 퇴비가 등장하고 있다. 상점에는 소비자들이 많이 찾는 퇴비 위주로 갖춰놓기 마련이므로 주변 상점에 퇴비의 종류가 적다면 가게 주인에게 요청하면 된다. 만약 가게 주인이 귀찮아 하며 흔한 합성 퇴비를 추천해 준다해도 화석연료나 온실가스 등을 들먹이며 그와 논쟁을 벌이지는 않길 바란다. 그저 근처에 유기농 퇴비를 판매하는 가게를 알고 있는지 물어보는 것이 낫다.

토양 배합하기   당신의 발코니를 식물로 가득 채울 수 있는 가장 쉬운 방법은 지역의 원예 상점에서 화분에 담을 흙 포대와 좋아하는 식물 씨앗을 사는 것이다. 이것들은 들고 옮기기에도 쉽고 흙이 화분에 들어갈 때까지 신선함을 유지할 수도 있다. 그러나 이러한 재료를 원예 상점에서 사지 않고 직접 준비해본다면 돈도 절약할 수 있고 스스로 어느 정도 통제력도 키울 수 있다.

우리는 이 모든 것을 식물의 입장에서 생각해야 한다. 식물은 무엇을 필요로 할까? 뿌리를 지탱시켜주고 물과 산소를 보유하고 있고 영양분을 전달할 수 있는 무언가일 것이다. 이것을 가능케 해줄 것은 많다. 그것들 중 흙은 오히려 차지하는 비중이 적을 수도 있다. 왜냐하면 식물에게 도움이 될 성분들이 반드시 흙과 함께 있어야 하는 것만은 아니기 때문이다.

표토는 구하기 쉽고 저렴하다. 그래서 사람들은 흔히 다른 여러 요소들을 조합해 보기보다는 접근하기 쉬운 표토를 이용하곤 한다. 그러나 그것보다 더 쉬운 방법은 모종삽을 하나 들고 정원으로 가서 그곳의 흙을 파오는 것이다. 그러나 야외 정원의 흙은 시멘트와 같은 성분이 있을 수도 있는 점토를 많이 함유하고 있기 때문에 식물에 해가 될 수도 있다.

그래서 도움이 될 만한 조합을 지금 알려주고자 한다. 4분의 2만큼은 퇴비 혹은 화분용 흙으로 채우고, 4분의 1은 버미큘라이트 혹은 펄라이트(배수를 돕기 위한 것으로 높은 온도에서 가열하여 팝콘처럼 입자의 부피가 팽창한 상태의 중성 입자), 4분의 1은 유기농 비료로 채운다. 어떤 사람들은 버미큘라이트와 펄라이트 대신에 이끼를 넣으면 스펀지처럼 물을 흡수하여 수분을 보유시켜주는 역할을 한다고도 한다. 그러나 또 다른 사람들은 이끼는 요즘 너무 과잉 생산되었기에 부적합하다고도 한다. 그리고 수분 흡수력이 좋아 서양에서는 상당히 비싸게 거래되는 야자 껍질의 섬유나 코코넛 섬유는 스리랑카와 같은 지방에서는 굉장히 흔하기 때문에 거의 쓰레기처럼 취급된다.

만약 당신이 펄라이트와 버미큘라이트 중에서 무엇을 고를지 결정하기 어렵다면 인터넷을 검색해 보기 바란다. 간단히 말하자면, 버미큘라이트는 실리카와 비슷한 재질의 질석으로써 남부 아프리카, 중국, 브라질 등지에서 생산된다. 오렌지 빛을 띤 버미큘라이트는 흙과 섞이면 짙은 갈색이 된다. 펄라이트는 진주암으로써 물 위에 뜨는 성질이 있다.

몇몇 재배가들은 두 가지를 섞기도 한다. 버미큘라이트는 수분을 보유하는 기능이 있다. 반면에 펄라이트는 물을 효과적으로 배수시키는 능력이 있다. 그런데 어떤 이는 버미큘라이트를 과하게 첨가하면 물을 너무 많이 흡수하여 화분 내 토양이 지나치게 축축해진다는 이유로 그것을 첨가하지 않기도 한다. 한때 몬태나 주 리비 광산이 수백 명의 사람들을 질병과 사망으로 이르게 한 석면으로 오염되었다는 뉴스를 접하고 버미큘라이트를 꺼려하기도 했다. 그러나 몬태나 지역의 광산은 이미 문을 닫았으며 그 외의 지역에서 생산된 버미큘라이트는 석면에 오염되었을 가능성이 매우 희박하다. 어찌되었든 선택권은 당신에게 있다. 도움이 될지 모르겠지만 나는 버미큘라이트와 펄라이트를 어떠한 배합으로 사용할 것인지 기존의 흙의 배합을 보고 결정한다. 펄라이트는 무거운 점질성 토양에 적합하고 버미큘라이트는 수분 보충이 필요한 건조한 토양

도시농업 – 도시농업이 도시의 미래를 바꾼다

에 적합하다. 마지막으로 이러한 성분들을 이용하여 장시간 노동을 할 때는 먼지를 먹지 않도록 마스크를 꼭 쓸 것을 당부하는 바이다. 아니면 바람을 등지고 서는 것이 좋다.

당신이 자신만의 흙을 배합할 수 있다면 무엇을 얼마만큼 사용했는지 기록하도록 하라. 결과가 좋다면 계속 반복할 수 있기 때문이다. 성분들을 조금씩 조절해가면서 최상의 배합을 찾아나가는 과정은 농업에서 느낄 수 있는 또 하나의 묘미다.

만약 식물이 자랄 공간이 있고, 배수가 잘 되 **다양한 화분**
는 것이라면 그 어떤 것도 화분의 역할을 할
수 있다. 비록 보기에 훨씬 좋긴 하겠지만 굳이 원예 상점에서 비싼 돈을 주고 전문적인 화분을 구입하지 않아도 된다. 즉, 다시 말해서 플라스틱 김치통도 당신이 어떻게 관리하느냐에 따라서 매우 훌륭한 화분이 될 수 있다. 만약 비슷한 것도 없다면 아무 통이나 골라서 바닥면에서 1.3cm 위쪽에 물이 빠져나갈 수 있는 배수구멍을 뚫는다. 아무리 부지런한 재배가라 할지라도 배수구멍이 없는 화분은 관리하기가 쉽지 않기 때문에 이 구멍은 매우 중요하다. 하지만 구멍을 뚫는 것이 다가 아니다. 그 후에 적당한 시간에 적당량의 물을 흘려보내주는 당신의 민첩한 관심이 있어야 이 모든 단계가 완성된다.

병 이용하기　　　　일본 이치노미야에 있는 환경그룹인 미도리류 세이카츠의 요이치 다니구치가 고안해낸 병을 이용할 수도 있다. 2010년 나고야에서 생물다양성에 관한 국제학술대회가 있었다. 다니구치의 그룹은 가지고 다니기 편리하며 재료가 되는 자원이 고갈될 염려가 거의 없는 플라스틱을 이용하여 채소 재배용 병을 만드는 법을 소개했다.

다니구치는 우선 병의 마개쪽 부분을 절단하고 병아래 쪽에 물이끼(만약 이끼가 없다면 야자 껍질의 섬유 혹은 돌이나 자갈을 이용해도 된다)를 깔았다. 행주나 흡습지를 빨대 속에 길게 넣은 후 천의 끝이 빨대의 양 끝으로 충분히 길게 나오도록 한다. 그리고 빨대를 한쪽은 병의 바닥 쪽으로 꽂고 한 쪽은 병의 바깥쪽으로 나오게 꽂아서 공기에 노출시킨다. 그리고 유기농 퇴비를 병에 넣고 씨앗을 그 위에 심는다. 그러면 완성이다. 배수구멍 없이도 채소 재배용 병은 어디로든 간단히 가지고 다닐 수 있기 때문에 햇빛을 잘 볼 수 있도록 옮기기 쉽다. 빨대와 천은 수분과 접촉하여 식물이 적절하게 수분을 머금을 수 있도록 조절한다. 그리고 산소를 뿌리 부근까지 전달하는 역할도 하여 식물생장에 큰 도움이 된다. 다니구치는 채소 재배용 병이 큰 인기를 누릴 것으로 예감했다. 왜냐하면 이것은 어린이들도 1시간도 채 안 걸려서 쉽게 만들 수 있고 집에 가져가서 그들만의 작은 농장을 만들 수 있기 때문이다.

혹은 전형적인 화분모양을 갖춘 것이 아니어도 된다. 주머니도 흙을 담을 수만 있다면 가능하다. 주머니의 위쪽을 열어두고 식물을 심으면 간단히 화분이 되는 것이다.

화분의 크기는 매우 중요하다.
작은 화분은 흙이 적어 빨리 건조되기
때문에 화분이 클수록 배수 등 그리 세
심하게 신경 쓰지 않아도 되는 장점이
있다. 식물의 뿌리도 일정 크기만큼 자
라서 퍼지기 때문에 화분의 크기를 잘
골라야 한다.

채소재배병

페트병 안에서 채소가
자란다.

일본 종이나
부직포

파이프(빨대)
넘친 용액은 이를 통해
증발하고 공기는 들어간다.

물이끼

일본의 또 다른 훌륭한 아이디어.

가지나 호박 같은 크기의 채소는 19리터 크기의 화분이 필요하다. 4리터 짜리의 화분에서는 2개 혹은 3개의 당근을 심을 수 있다. 상추, 시금치, 샐러드용 채소 같은 경우는 어릴 때 재배하여 수확하려 한다면 아주 작은 화분이나 흙이 얕게 깔린 넓은 틀에서도 재배할 수 있다.

늘 모든 조건을 식물의 입장에서 생각하고 영양분을 제때 공급해 주기만 한다면 땅 위에서 기를 수 있는 작물은 모두 화분에서도 기를 수 있다.

허브 키우기　　　지중해 지방에서 자생하던 허브 종류는 원래 덥고 건조한 기후에 잘 적응해 있기 때문에 화분에 심어도 잘 자란다. 바질, 마저럼, 층층이꽃, 백리향, 오레가노 등 많은 종류가 이에 속한다. 크게 키우고 싶다면 큰 화분을 사용해도 좋지만 10~13cm의 너비와 깊이의 작은 화분도 허브를 키우기에는 충분하다.

화분을 사기 전에 고려해야 할 것
1. 구매 대신에 재활용할 만한 것은 없는가?
2. 큰 화분이 뿌리가 성장하고 식물이 생장하는 데 도움이 된다.
3. '스스로 물을 주는' 시스템이 있는 화분은 일거리를 줄여준다.
4. 적절한 배수가 중요하다.
5. 바퀴가 달린 화분은 작은 공간에서 효율적이다.

월계수, 라벤더, 레몬 라벤더, 세이지, 사철쑥 등의 관목성 허브류는 너비와 깊이가 23㎝ 정도인 화분이 적절하다. 아니스 히솝풀, 회향, 미나리과 식물 등 키가 크게 자라는 허브류는 깊이와 너비가 45㎝ 정도되는 화분을 고르되 위로 똑바로 자랄 수 있도록 지지대가 필요하다. 쪽파, 레몬밤, 민트, 파슬리 등의 허브는 영양분을 잘 공급해주고 특히 배수에 신경을 쓴다면 화분에서도 건강하게 잘 자란다. 캐러웨이, 딜, 고수(미나리과의 식물 – 역자 주)는 흙이 얕게 깔린 재배틀에서도 생육할 수 있다.

채소 키우기

사실상 당신이 원하는 그 어떤 채소라도 화분에서 키울 수 있다. 가지과 식물인 가지, 토마토, 고추 등은 햇빛을 많이 받을 수 있는 화분을 더 선호한다. 사람들은 콩, 양배추, 케일, 마늘 등을 화분에서 길러 왔다. 시금치나

화분에서 기를 때 생기는 문제들

1. 길고 가늘어진 식물: 햇빛이나 질소의 부족
2. 노랗게 변한 식물: 수분 과다, 양분 결핍
3. 물을 충분히 줬음에도 시든 식물: 배수 불량
4. 타들어 말라버린 식물: 염분이 있으므로 물로 씻어야 함
5. 성장이 느린 식물: 광합성 부족, 저온
6. 잎에 구멍이 생긴 식물: 벌레
7. 잎에 점, 죽은 부분, 하얀 먼지가 낀 식물: 병

미나리와 같이 샐러드에 들어가는 채소들은 그 어떤 모양과 크기의 화분일지라도 매우 잘 자란다. 딸기를 심은 테라코타 화분 여러 개만으로도 근사한 농장이 될 수 있다.

과일 키우기　　　발코니에 과실수를 심은 화분이 있다면 상당히 신기한 광경이 연출될 것이다. 지중해산 허브는 제한된 공간에서도 잘 자랄 만큼 튼튼하다. 올리브, 무화과, 서양모과, 뽕나무, 포도, 오렌지, 레몬, 라임 등이 그에 속한다. 물론 당신이 어디에 살고 있든지 겨울의 상태를 고려해야 한다. 따라서 추운 날씨 속에서도 잘 견딜 수 있도록 큰 전구 등 열이 발생하는 것을 설치하거나 두툼한 천으로 덮거나 바람을 막고, 때에 따라서는 차고나 실내에 들여놓는 방법을 사용해야 한다. 사과, 배, 체리, 건포도, 복숭아, 블루베리, 승도복숭아 등 과일이 열리는 나무는 보통 실외에 두어야 한다. 그 외에도 감, 파파야, 비파 등의 과일 나무도 키워봄직 하다.

꽃 키우기　　　식용 꽃을 키우는 일은 입과 눈이 동시에 즐거운 일이다. 국화, 원추리, 서양지치, 후크시아, 한련, 팬지, 제라니움, 매리골드, 제비꽃 장미 등 다양한 것들이 이에 속한다. 꽃잎은 펜케이크 혹은 와플, 수프, 샐러드, 아이스크림, 젤리, 케이크와 차 등 다양한 요리에 쓰인다.

아파트 발코니는 항상 당신 곁에서 가장 가까운
곳이기 때문에 진딧물이 식물의 잎에 기어올라
피해를 주기 전에 즉각 제거하기가 그리 어렵지는 않을 것이다. 그
리고 매일매일 잡초를 제거하고 죽은 가지나 잎을 제거하는 등의 접
촉과 관심을 보여준다면 식물은 매우 잘 자랄 것이다. 이러한 사람
과 식물의 부드러운 접촉이 식물 성장에 큰 도움이 된다는 것은 기
계적으로 증명이 되었다. 자연에서 바람이 그러한 역할을 하듯, 사
람이 부드럽고 사랑스런 손길로 식물을 어루만지면 줄기를 더욱 튼
튼하게 하는 데 도움이 된다.

예화와 영감

클론다이크 강에 한때 불었던 금광 열풍은 수만 명의 사람들을 끌
어들였고 실제로 그들 중 몇몇은 부자가 되었다. 그리고 또 부자가
된 이들 중 몇몇은 캠핑 장비점을 하거나 장비 유통점을 했던 이들
이었다. 여기에서 도시 농업과 관련하여 교훈을 한 가지 얻을 수 있
다. 워싱턴 D.C.에 본점이 있는 '도시의 지속성'이라 불리는 가게다.
창업자이자 매니저인 맷 도얼티는 그 가게에서 수경재배 시스템, 유
기농 씨앗, 비료, 가정재배 시스템 등을 판매한다며 "현재 우리의
식량조달 과정은 너무나도 신뢰하기 어렵습니다."라고 덧붙였다. 그
는 가정 텃밭과 더 신선한 먹을거리를 만들기 위해 새로운 가게를
열 계획도 가지고 있다.

곡물 자루 이용하기   다층 텃밭은 땅도, 장비도, 기구도, 아무것도 없이 영양실조에 허덕이는 아프리카 난민촌 사람들을 위해 야심차게 생각해 낸 아이디어다(케냐에 있는 난민촌 두 곳에서는 여성과 어린이 중 70%가 빈혈증을 앓고 있다). 도시농업 자원센터에서 〈도시농업〉지에 기고한 기사를 보면 다층 텃밭은 난민들에게 부족했던 식량을 가장 효과적으로 생산할 뿐 아니라 고용창출의 효과까지 있다고 한다.

재료는 50kg짜리 곡물 자루, 빈 깡통 여러 개이고, 방법은 다음과 같다.

빈 깡통의 옆면과 바닥면에 배수용 구멍을 여러 개 뚫는다. 깡통을 돌로 채운다. 곡물자루의 중간까지 오도록 돌을 채운 깡통을 자루에 차곡차곡 넣는다. 깡통 사이의 빈틈을 퇴비와 유기농 비료로 채운다. 자루의 윗부분에 식물 씨앗을 심는다. 식물이 어느 정도 자라면 자루를 잘라서 식물을 꺼내 옮겨 심는다. 토마토나 가지 같이 키가 큰 식물을 심어도 좋다. 관수는 5리터를 맨 위 칸에 있는 깡통에 흘려 부어준다.(난민들은 보통 깨끗하지 않은 물을 사용한다)

수경재배   수경재배 시스템은 어떠한 형식의 체계, 순환이 갖추어진 상태에서 싱싱한 채소와 어류가 동시에 존재함으로써 최신의 기술과 자연이 공존하는 모습인데 이는 사람들을 매혹시키기에 충분하다.

수경재배는 어류를 키우는 것과 동시에 적은 양의 흙으로도 재배가 가능한 식물을 기른다. 식물이 심겨져 있는 화분에 공급하는 물을 순환하는 펌프와 어류가 함께 있는 것이다. 어류의 배설물은 식물의 퇴비가 되고 식물은 물을 정화시키는 상호 작용을 한다. 그리고 사람은 먹을거리를 풍성히 얻는다. 이 체계가 제대로 활성화될 때 크고 맛있는 수확물을 얻을 수 있다.

　적은 경험과 노력만으로도 집에서 훌륭한 수경재배틀을 만들 수 있다면 참 좋을 것이다. 처음부터 높은 생산량을 얻기는 어렵겠지만 말이다. 이것은 나의 개인적인 경험이 아니라 여러 사람들이 수행해온 결과를 보고 말하는 것이다. 새로 수경재배를 시작하는 사람들에게 어린 물고기를 희생시키는 것은 그리 쉽지 않을 것이다. 그러나 이것은 그들이 무책임해서가 아니라 수질을 검사하고 산도

수경재배를 해야 하는 6가지 이유

1. 유기농 작물을 1년 단위로 재배할 수 있다.
2. 신선하고 독성에 대한 노출이 없는 어류를 얻을 수 있다.
3. 차도, 지하실 등 식물이 자라기 어려운 곳이라도 가능할 만큼 장소에 구애를 받지 않는다.
4. 환경에 대한 영향력이 적다. 더 이상 하수구에 폐수를 버리지 않아도 된다.
5. 자원을 절약할 수 있다.(보통 농업에서 사용하는 물의 6분의 1만큼만 사용해도 된다)
6. 생태계에 이득이 되는 일을 할 수 있다.

를 측정하고, 암모니아, 질소의 수준을 알기 위해서 수행하는 것이다. 식물과 어류가 만들어낸 작고 신비로운 생태계는 아주 작은 화학적인 변화에도 민감하고 큰 결과를 초래할 수 있으므로 세심한 관리가 필요하다. 한번 엎질러진 물은 다시 담을 수 없다.

만약 수경재배를 시도해 보고자 마음먹었다면 반드시 땜질과 수리, 문제 해결에 관한 능력을 어느 정도 갖추고 있어야 한다. '당신은 펌프를 수리하는 데 뛰어난 능력이 있다'는 말은 밀워키(미국 위스콘신 주 남동부 미시간 호반의 도시 – 역자 주)에 있는 대규모 발전소의 수경재배 시스템을 잘 조작할 수 있는 능력을 갖춘 것과 같다. 그 어떠한 것도 그에게 걸림돌이 되지 않는다. 왜냐하면 대규모의 온실은 보통 마구잡이로 자란 식물과 어류 탱크로 인해 꽉 차 있는 경우가 많기 때문이다.

그런데 왜 꼭 어류와 함께 수경재배해야 하는가? 우선 어류는 어디서나 물만 있으면 어렵지 않게 키울 수 있는 훌륭한 단백질 공급원이고, 맛도 좋으며 돈벌이가 된다. 틸라피아(아프리카 동부, 남부 원산의 양식어 – 역자 주)는 아무거나 가리지 않고 먹으며 빨리 자라고 수질에 민감하지 않아서 수경재배를 하는 농부들이 선호하는 종이다. 또한 어린 종은 8센트이지만 다 자란 후 어장에서는 6달러를 받고 팔 수 있다. 1,900리터 용량의 탱크(당신과 여러 명의 슈퍼모델 친구들이 들어가도 끄떡없을 만한 크기를 상상해 보라)에는 4리터당 1마리씩만 가정해도 500마리의 틸라피아를 키울 수 있다.

이러한 환경에서 재배한 작물의 신선함은 굳이 말하지 않아도 충분히 알 수 있을 것이다. 샐러드용 양갓냉이는 수경재배 하기에 아주 훌륭한 작물이다. 그 외에도 양배추와 동양에서 요리에 주로 쓰는 다양한 작물들도 가능하다.

조디 피터의 소규모 수경재배를 위한 재료
- 38리터 수조
- 재배틀(플라스틱 저장고 50cm×30cm×10cm)
- 펌프(40~60gph 용량)
- 호스(펌프에 꼭 들어맞는 것)
- 호스 마개(스테인리스스틸 소재로 펌프에 꼭 맞는 것)
- T자형 마개(호스와 직경이 같은 것)
- 재배할 식물이 자라날 장소(자갈, 펄라이트, 하이드로톤)
- 공기 펌프/돌

도구
- 드릴
- 1mm 배수 호스
- 1.5mm~2mm 호스 구멍이 뚫린 재배틀
- 2mm~2.5cm 호스/튜브를 꽂을 구멍
- 납작 머리 드라이버

예상비용: 120달러

어류 기르기 나는 밴쿠버에 있는 윈드미어 고등학교에 학생
들이 직접 수경재배를 하고 있는 것을 보러 간
적이 있다. 교내 캠퍼스의 중앙에 위치한 온실에는 지금 가동되고
있지는 않지만 중력과 테이프 등으로 만든 것 같아 보이는 시스템
과 펌프 등으로 이루어진 유기농 농장이 있었다. 채소를 키우고 있
는 곳에는 싱싱한 토마토와 여러 채소들이 있었는데 수경재배용으
로 선택한 물고기가 금붕어였다. 조금 의아하긴 했지만 학생들은 틸
라피아, 메기, 농어류 등의 어류보다 향후 훨씬 값어치 있는 어류를
개발하기 위한 하나의 실험을 하고 있는 것이었다.

조이 피터라는 사람은 밴쿠버에서 수경재배 초보자들을 대상으
로 하여 그것에 대하여 제대로 알고 있는지, 작은 발코니에서 재배
하기 위해 필요한 것들은 무엇인지 설명할 기회를 얻었다. 다음에
나오는 설계도는 밀워키에 있는 그로잉 파워에서 개발한 대형 수경
재배 시설이다. 이 시설을 통해서 어류를 키워 판매할 수 있고 다
른 농부들에게 본보기가 될 수도 있다. 이 시설은 대형이라 발코니
에 설치하기는 적합하지 않지만 여러 가지 아이디어를 얻을 수 있
다. 당신이 한 번 기본 시스템에 관한 아이디어를 얻으면 시설의 크
기는 얼마든지 당신의 환경에 맞게 바꿀 수 있을 것이다.

마지막으로, 굳이 당신이 무리하게 수경재배 시설물을 직접 만
들 필요는 없다. 시설을 조립·설치까지 다 해주는 회사가 이미 많
이 있다. 위스콘신에 있는 넬슨과 페이드 수경재배 회사에서는 다
양한 크기의 시스템을 가지고 있다. 가정재배용으로 190리터 탱크
와 1.2m×1.8m짜리 식물 재배틀이 갖추어져 있다. 이 시설을 설치

하려면 가정에 3.6m×7.3m의 공간이 필요하다. 가격은 5,795달러다. 그 외에 조명을 설치하려면 추가로 500달러를 지불해야 한다. 그리고 수경재배에 관한 여러 가지 유용한 정보가 있는 인터넷 웹사이트도 운영하고 있다(aquaponics.com). Backyardaquaponics.com에서도 많은 정보를 공유할 수 있다.

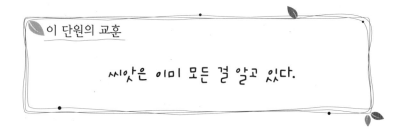

이 단원의 교훈

씨앗은 이미 모든 걸 알고 있다.

그로잉 파워 단체의 수경재배 시스템 디자인

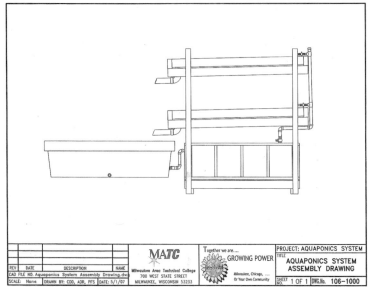

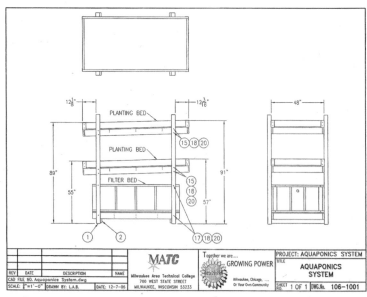

도시농업 – 도시농업이 도시의 미래를 바꾼다

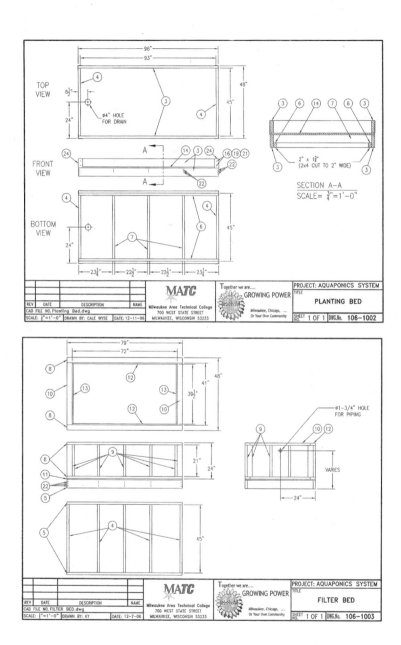

Item #	Quantity	Description	Material	Sub-Assembly
1	4	4" x 4" x 8'	Lumber	Aquaponics System Main Assembly
2	2	2" x 4" x 55"	Lumber	Aquaponics System Main Assembly
3	8	2" x 6" x 8'	Lumber	Planting Bed
4	13	2" x 6" x 45"	Lumber	Planting Bed and Filter Bed
5	2	2" x 6" x 79"	Lumber	Filter Bed
6	4	2" x 1-1/2" x 93"	Lumber	Planting Bed
7	6	2" x 4" x 45"	Lumber	Planting Bed
8	4	2" x 4" x 79"	Lumber	Filter Bed
9	22	2" x 4" x 21"	Lumber	Filter Bed
10	4	2" x 4" x 41"	Lumber	Filter Bed
11	1	48" x 79" x 3/4" Plywood	Plywood	Filter Bed
12	2	24" x 72" x 3/4" Plywood	Plywood	Filter Bed
13	2	24" x 39-1/2" Plywood	Plywood	Filter Bed
14	2	4' x 8' x 3/4" Plywood	Plywood	Planting Bed
15	16	1/2" x 6" Long, Carriage Bolt	Steel	Aquaponics System Main Assembly
16	40	5/16" x 2" Long, Carriage Bolt	Steel	All
17	8	1/2" x 9" long, Carriage Bolt	Steel	Aquaponics System Main Assembly
18	48	1/2" Flat Washer	Steel	All
19	16	5/16" Flat Washer	Steel	All
20	48	1/2" Hex Nut	Steel	All
21	16	5/16" Hex Nut	Steel	All
22	214	3" Deck Screws	Steel	All
23	144	1-1/2" Deck Screws, used for attaching plywood to frame	Steel	All
24	8	3" x 3" x 3/16" - 6" Long, Corner	Angle Iron	Planting Bed
		EPDM, 45 mils thick, Liner for planting beds and filter beds, available from Nursery, Pet Shop, Building Supply, and Pond Supply stores.	EPDM	Planting Bed and Filter Bed
		Caulk for planting beds drain	100% Silicone	Planting Bed

도시농업 – 도시농업이 도시의 미래를 바꾼다

먹을 수 있는 땅

가정 텃밭 만들기

도시 농업을 시도해 보고 싶은 사람들은 농장을 만드는 데 필요한 모든 설비를 구입하기 전에 우선 자기 집 뒷마당에 무엇이 있는지 확인해보기 바란다.

바비큐 장비가 있고, 잔디밭이 있고, 흔들 그네가 있는 여러분의 가정 정원의 모습을 그대로 유지하면서도 다채로운 채소를 키울 수 있다. 다음 단원에서는 잔디밭을 다 들어내고 재배할 수 있는 공간을 만드는 것에 대해 다루겠지만, 이번 단원에서는 현재의 정원 모습을 있는 그대로 유지하면서도 도시 농업을 해 볼 수 있는 방법에 대해 이야기해 보겠다.

경고! 한 번 농사에 발을 들여놓으면 빠져나오기 어렵다. 사탕무만 조금 심었을 뿐인데 이것들은 금방 그 특유의 에너지로 싹을 틔우고 뻗어나갈 것이다. 마치 마약과 같다고 생각하면 된다. 한번 시작하면 더 하고 싶어지고 더 많이 수확하고 싶어지고 결국 당신의 집 뒷마당 전체가 텃밭이 될 것이다. 그 후엔 집 밖에서 또 땅을 구하기 위해 안달할 것이다. 나는 분명히 경고했으니 나중에 나를 원망하지 마시길 바란다.

식물의 아름다움   이 단원의 주제는 '먹을거리는 그 자체로 아름답다'이다. 재배와 수확의 과정을 거친 농부와 사람들 모두가 알고 있다. 대지의 표면을 뚫고 파릇한 새싹이 나오고 작고 푸른 잎들은 빛을 찾아 움직이고 꽃은 보이지 않는 향과 아름다운 모습으로 날개 달린 수분자들을 유혹하고 아름다운 색채를 띠며 한껏 부풀어 오른 열매, 그리고 식물성장의 마지막 단계에 이르러서 흙으로 돌아가기까지. 이 모든 단계는 고유의 마음과 정신, 아름다움을 가지고 있다. 따라서 이러한 아름다운 과정을 하나도 보지 못한 도시민들은 참 불행한 사람들이 아닐 수 없다. 따라서 이제 우리는 먹을 수 있는 아름다움을 재배하기 위한 길을 떠나고자 한다.

이렇듯 도시 농업을 시작하려는 움직임은 사람들의 선택 혹은 필요에 의하여 더 인기를 얻고 일반화되게 해줄 것이다. 우리는 식량을 더 투명한 과정으로 쉽게 구하고 흥미롭고 아름다운 모습 그대로 생산함으로써 이러한 변화에 일조할 수 있다. 이제 당신이 기르는 채소가 더 이상 화려한 꽃 뒤에 몰래 숨어있게 할 필요가 없다. 따라서 이제 우리의 채소와 도시 농부들에게 제자리를 찾아줘야 한다.

자랑스럽고 당당하게 집 마당의 가장 좋
은 곳에서부터 도시 농업을 시작해보자.

포타제(potager)는 프랑스어로 주방 텃밭이라는 **먹을 수 있는 풍경**
뜻이다. 이는 작은 화분에서 기른 허브를 수프
에 넣어 요리하는 것에서 유래했다. 누군가는 조잡하고 초라해 보
인다고 할 수도 있지만 많은 이들이 식물을 심는 것을 꼼꼼하고 품
위 있는 행위로 보았다.

　프랑스 루아르 계곡에 있는 빌랑드리 성을 떠올릴 때 그것의 화
려함에 주목하기 전에 유럽에서는 텃밭과 주택의 정원을 어떻게 잘
혼합했는지 살펴볼 필요가 있다(chateauvillandry.fr/). 중세의 수도사가
처음 만들기 시작했고, 이제는 음악의 정원, 사랑의 정원 등이 있지
만 여전히 가장 눈에 띄는 것은 100㎡ 면적의 텃밭에 식물이 기하
학적으로 심겨져 있고 대비되는 색깔로 줄을 맞춰 심겨져 있는 것
이다. 긍정적으로 보자면 이 텃밭은 고대의 수도사들이 사용하던
유기농 재배법으로 점점 돌아가고 있는 추세다.

빌란드리 성은 또한 로스마리 베리가 정원을 설계한 반슬리 하우스(Barnsley house)의 작은 텃밭에도 큰 영감이 되었다. 베리는 여전히 많은 사람들이 방문하는 영국의 글로시스터셔 주에 그녀가 직접 설계한 정원이 있는 유명한 원예가다. 총 대지 면적은 4.5에이커다. 텃밭 면적은 테니스 코트의 크기보다 작지만 그것의 색과 배치 등은 상당히 높게 평가되고 있다.

이러한 다양한 예시들을 따라해 보는 것도 좋은 경험이 될 수 있다. 그러나 그전에 작물들이 잘 가꾼 정원처럼 예뻐 보이지 않다는 생각부터 바꿔야 한다. 또한 시 당국자들은 도시가 할 수 있고 해야만 하는 일에만 관심 가져온 지난날의 좋지 않은 관습을 깨버려야 한다. 그리고 우리들 개개인은 천편일률적으로 다듬어진 잔디밭 대신에 우리가 함께 만들어낸 살아있는 생태계를 통하여 정치인이 아닌 우리들 모두가 이익을 함께 가질 수 있는 세상에 대한 독립적인 사고방식을 가져야 한다.

장소 고르기　　　　우선 햇빛이 잘 드는 곳을 골라 식물을 심는다. 유독 햇빛을 좋아하는 식물을 위해 그늘이 없어야 하고 빗물통, 퇴비통, 도구를 보관할 헛간 등이 필요하다.

작물을 심는 위치는 당신이 주로 행동하는 반경 안으로 정할수록 좋다. 특히 주방 창문에서 보이는 곳이라면 더욱 좋다. 작물을 가장 양지바르고 왕래하기 편리하고 잘 보이는 장소에 심으면 이해하기 힘든 아주 큰 문제가 발생하는 것을 방지할 수 있다. 나는 매년 사람들이 봄과 여름에만 작물이 부패하는 걸 방지하고 충분히 익을 수 있도록 몇 시간씩 정성과 노고를 아끼지 않다가 가을에는 지쳐서 식물을 방치하는 경우를 볼 수 있다. 아마 심리학자도 이러한 이상한 현상에 대하여 숨은 이유를 찾기 어려울 것 같은데 나는 찾아냈다. 아마도 이는 계절이 바뀌면서 기운의 흐름도 변하기 때문인것 같다. 내가 생각하기엔 식물을 그저 심어놓고 방치하는 것이라는 사고방식을 버리고 식물의 온전한 생장주기를 이해해야 문제가 풀릴 것 같다.

작게 시작하라

보통 초보자들은 열정이 많이 앞서는 편이다. 물론 이해는 한다. 그 열정을 꺾고 싶지도 않다. 슌류 스즈키 씨는 외부 환경을 깔끔하게 정리하는 것의 중요성

뒷마당에서 작물을 재배해야 하는 7가지 이유

1. 먹을거리를 단순한 소비재 이상의 것으로 발견할 수 있다.
2. 창밖의 텃밭을 보면서 저녁식사를 무엇으로 할 것인지 아이디어를 얻을 수 있다.
3. 가까운 곳에 텃밭이 있으면 관리하기 편하다.
4. 작물을 심음으로써 뒷마당의 정원을 다채롭게 가꿀 수 있다.
5. 친구와 이웃에게 '먹을 수 있는 풍경'에 대해 자랑할 수 있다.
6. 바비큐에 쓸 수 있는 채소를 가까운 데서 얻을 수 있다.
7. 생산적인 텃밭은 당신의 소득을 증대시켜줄 수도 있다.

에 관한 책을 저술한 바 있다. "초보자의 마음에는 많은 욕심이 있지만 숙련자들의 마음에는 아주 적은 욕심밖에 없다." 그러나 이것은 당신이 다룰 수 있는 능력을 과소평가할 수도 있다. 작물을 재배하는 것은 아주 큰일이다. 농부들을 봐라. 그들은 절대로 게으른 사람이 아니다. 당신이 식물을 재배할 때 모든 시간을 그에 집중해야 한다. 당신의 작물, 잡초, 해충 등등 한시도 긴장을 늦출 수 없다. 처음부터 너무 많은 것을 시도해서 기운을 빼는 것보다는 감당할 수 있는 만큼만 시작하여 결실을 맺도록 해야 한다.

식물을 키우는 것은 계절적이지만 장기적으로 본다면 일생을 바쳐 일하는 것이다. 내가 진행하는 식물이식 세미나에 참석하는 사람들에게 나는 사과와 작은 접목을 접붙이는 과정은 기다림의 연속이라고 항상 말한다. 그러면 사람들은 으레 묻는다. "언제쯤 사과를 딸 수 있죠?" 나는 그들에게 이른 수확에만 관심을 갖지 말고 튼튼한 가지를 뻗을 수 있도록 가지치기에 정성을 쏟는다면 몇 해 후에는 많은 과일을 수확할 수 있을 것이라고 이야기한다. 그러면 청중들은 약하게나마 고개를 끄덕인다. 다시 "여러분은 2~3년 안에 사과를 딸 수 있을 겁니다."라고 이야기하면 그때서야 청중들은 행복해 한다. 이것은 당신의 뒷마당에서 앞으로 일어날 일과 별 차이가 없다. 아주 작은 면적이라도 이번 수확기에는 당신에게 먹을거리를 제공할 것이다.

1.2m×2.4m의 텃밭은 당신이 소유하고, 관리하고, 기술들을 시험해 본 끝에 수확한 먹을거리로 뿌듯함을 느끼기에 충분한 공간이다.

일상이 바쁜 사람들에게는 적당한 크기
이지만, 당신이 농업에만 전념하려거나
더 좋은 세상을 위해 제대로 된 식량을
생산하려는 포부가 있다면 규모를 더 늘
려도 무방하다. 수확물을 나눠먹을 사
람들은 주변에 넘쳐난다. 너무 많이 수
확할까 걱정하지 않아도 된다.

재배틀 안과 밖의 상추의 크
기를 비교해 보라.

작물을 키우기 위한 기반을 준비하는 데는 시
간과 노력이 든다. 그렇지만 특히 뒷마당이라는
제한된 공간이라면 충분히 그럴만한 가치가 있다.

농업전문가인 스테판 코벌트는 미국농업인연합회에서 이렇게 연
설했다.

"제발 제가 다시는 이 일을 하게 하지 말아 주십시오. 이건 정말
이지 너무 힘듭니다. 콩 한 알을 얻기 위해서 하루 종일 허리를 굽
힌 채 일을 해야 했습니다. 모든 흙은 발밑에 있더군요. 달에도 갈
수 있는 세상인데 왜 밭을 사람 허리 높이까지 올리지 못하는 걸
까요?"

내구성이 좋고 오래가는 목재를 골라야 한다. 세코이야류는 가
문비나무, 소나무, 참나무류보다 비싸긴 하지만 오래도록 변질이 적
기 때문에 장기적으로 보면 돈을 아낄 수 있는 수단이다. 오랜 시
간이 지난 후에 소나무 상자는 썩지만, 천연 살균성분을 많이 함유
하고 있는 세코이야로 틀을 짜면 더 오래 사용할 수 있을 것이다.
가장 저렴한 것은 아마 당신이 원하지 않을 것이다. 압축목재는 식
물이 자라기에 부적합하다. 목재에 방부처리를 하면 그 화학성분이
토양에 영향을 주고, 식물에도 흡수되어 당신이 섭취하게 될 수도
있다. 그러나 몇몇 영업상들은, 예전에 목재를 방부 처리할 때 쓰던
화학성분인 CCA는 미국환경보호협회에서 사용을 금지하였고 요즘
에는 ACQ와 CA-B를 방부제로 쓰기 때문에 인체에 무해하다고 말
하기도 한다. 하지만 여전히 화학성분으로 방부 처리를 하는 것인
데 어떻게 완벽하게 안전할 수 있을까. 벌레를 쫓아내는 중금속인

구리는 토양에서 매우 유해한 성분이다. 화분 내에서는 그리 높은 수치로 발견되지 않을 수도 있지만 그래도 천연성분으로 대체하는 것이 낫지 않을까?

대체물은 분명히 있다. 재활용한 플라스틱 재목은 세코이야류보다 가격이 두 배 비싸고 잘랐을 때 뒤틀릴 수 있다. 하지만 좋은 점도 있다. 플라스틱은 생각보다 단단하다. 그리고 생산자의 말에 의하면 세코이야보다 두 배 이상 오래간다. 그리고 환경 유해 쓰레기인 플라스틱을 재활용할 수 있기 때문에 환경에 도움이 된다. 공동체 텃밭 계획에서 내가 사용했던 방법은 매립지로 가서 묻혀버릴수도 있었던 프린터 토너를 재활용하는 것이다. 2년이 지난 지금, 여전히 그것은 제 역할을 충실히 하고 있다. 진흙으로 살짝 뒤덮으면 아무도 그것이 나무가 아님을 눈치 채지 못할 것이다.

작물 재배틀의 장점 8가지

1. 흙의 온도가 높아 작물의 성장기간이 길다.
2. 잡초를 제거하기 쉽다.
3. 주어진 땅의 토질과 관계없이 땅 위에서 틀을 만들어 재배할 수 있다.
4. 토양의 구성성분을 더 세밀하게 관리할 수 있다.
5. 재배틀의 토양은 답압의 피해를 입을 걱정이 없다.
6. 배수가 좋다.
7. 뒤틀리지 않는다.
8. 보기에 좋다.

간단한 화분   화분은 매우 간단하고 유용하다. 화분의 다양한 디자인은 인터넷을 통하여 손쉽게 볼 수 있다. 아니면 직접 만들 수도 있다. 흙을 담을 수 있게 둘레를 두르면 된다. 직사각형의 판 4개를 수직으로 세우면 화분이 된다. 똑같은 직사각형 판 4개를 그 위로 붙이면 더 높이가 높은 화분이 된다. 만약 이렇게 가장 간단한 형태의 화분을 만들기로 결심했다면 각 모서리와 중간에 180㎝ 이하로 지지대를 설치하여 나중에 화분이 휘거나 분리되는 것을 방지해야 한다. 각 면에 4×4, 2×4 크기의 못을 박아 고정한다.

재배틀을 설치하면 식량을 자랄 것이다.

화분에 좀더 장식을 하고 싶다면, 모서리에 조임새를 추가할 수도 있고, 화분을 꾸밀 수 있을 만한 것이라면 무엇이든지 벽면에 부착할 수도 있다.

화분의 종류와 상관없이 10㎜ PVC 파이프를 구부려서 양면에 연결하고 탈부착 가능한 플라스틱 시트를 덮으면 작은 온실을 만들 수 있다.

목수들을 위한 영국의 한 출판사에서 만든 목수연합에서는 짚을 이용하여 화분을 만들 수 있는 방법을 소개하고 있다. 재료비용은 고작 5유로 정도로 완성되었을 때 훨씬 근사하다. 그러나 목재를 다루는 데는 전문가의 도움이 필요하다. 이음새가 잘 맞는 디자인도 필요하다. 더 간단한 방법을 추가적으로 알고 싶다면 다음의 웹사이트를 참고하면 된다.(woodworkerinstitute.com/page/asp?p=884)

허리 높이의 화단을 만들 때는 단지 화단의 높 **최적의 화단 만들기**
이를 조정하는 것에 만족하지 말기를 바란다.
25㎝의 판자를 둘레에 붙여서 벤치로 사용할 수도 있다. 갖가지 도구와 장비들을 넣을 수 있는 공구상자를 만들어도 좋다. 콩과 식물들이 타고 오를 수 있도록 격자를 달 수도 있다. 포도나 키위 덩굴을 심기 위해 4×4 크기로 기둥을 세울 수도 있다. 이 모든 것을 갖추도록 만들어도 좋다. 인터넷을 통하여 두 개의 벤치(하나는 공구상자용), 3개의 화단, 격자와 축 등의 디자인을 3D로 제작할 수 있다.

사물함, 벤치, 격자형 덩굴틀, 나무를 심은 재배틀.

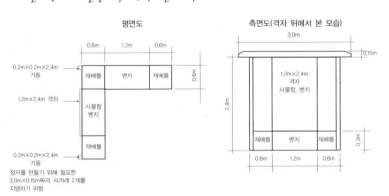

재배틀 + 벤치 + 사물함 + 격자형 구조물 + 나무.

평면도

0.6m 1.2m 0.6m

0.2m×0.2m×2.4m
기둥

| 재배틀 | 벤치 | 재배틀 |

0.6m

1.2m×2.4m 격자

사물함
벤치

재배틀

0.2m×0.2m×2.4m
기둥

정자를 만들기 위해 필요한
3.0m×0.15m짜리 서까래 2개를
지탱하기 위함

측면도(격자 뒤에서 본 모습)

3.0m

0.15m

1.2m×2.4m
격자
사물함, 벤치

2.4m

| 재배틀 | 벤치 | 재배틀 |

0.3m

0.6m 1.2m 0.6m

도시농업 – 도시농업이 도시의 미래를 바꾼다

어디에서 재배를 시작할 것인지 장소를 정하고,
화단 혹은 토양에 직접 심는 방법 등을 결정했
다면 이제는 흙을 준비할 차례다. 이번에는 흙에 대하여 알아보도
록 하자.

당신은 아마 대형마트에서 '검증된 유기농'이라는 문구를 쉽게
볼 수 있었을 것이다. 가장 널리 알려진 의미는 좋은 뜻이지만, '유
기농'은 '지속 가능한'이라는 쉬우면서도 종종 정치인들 혹은 개발
자들이 약탈을 정당화하기 위해 쓰는 가증스러운 단어다. 하지만
유기농 검증과정은 3년이 걸리고 엄청난 서류화 과정과 비용이 들
기 때문에 유기농으로 재배를 하고 천연퇴비를 사용하더라도 '검증
된 유기농'을 일반농부들이 작물에 표기하기는 쉽지 않다.

유기농 제초제를 사용하거나 제초제를 사용하지 않는 것이 아주
이상적일뿐 아니라 환경을 위해서도 올바른 선택이라고 생각한다.
미국 농업국에 따르면, 과일이나 채소 10개 중 7개에서 남아 있는
농약성분을 검출했다고 발표했다. 가장 끔찍했던 경우는 한 과일
에서 13가지나 되는 농약성분이 검출된 경우였다. 당신을 겁주려는
의도가 아니라 단지 조금 더 과일을 세심히 닦을 것을 권하는 바이
다. 이러한 검사는 우리가 평소 섭취하는 경우와 똑같은 조건에서
이루어진 것이다. 즉, 바나나의 경우는 껍질을 벗긴 후, 브로콜리의
경우는 한 번 씻은 후에 검사하였다. 따라서 앞으로는 평소보다 더
욱 주의를 기울여 과일을 닦아 먹어야 한다.

그렇다. 유기농이 가장 좋은 것이다. 거대 식량생산 산업이 무분
별하게 시장을 잠식함으로 인하여 유기농이 처음 시장에 도입되었

을 때만큼의 영광은 아니지만 여전히 유기농이야말로 당신이 할 수 있는 가장 최상의 선택일 것이다. 소비자들은 사용하기 편리하고 가격이 적당한 선에서 가장 좋은 질을 추구한다. 대부분의 사람들은 유기농과 유기농이 아닌 쪽 모두를 사먹지만 그래도 유기농이 조금 더 비싼 것을 알고 있다. 그러나 우리가 직접 키운다면, 이 모든 과정이 유기농이 된다. 그렇기 때문에 도시 농업은 아무리 강조해도 지나치지 않은 것이다.

건강한 관계 회복하기   이제 막 도시 농업에 입문한 사람들을 위하여 유기농 농업에 대해 간단히 정의해 보겠다. 합성 제초제나 농약을 사용하지 않고 작물을 재배하는 것이다. 나는 왜 우리가 몇몇 사업가들이 우리가 우리 땅에 쏟아붓도록 설득하고 있는 화학적으로 합성된 독과 폭탄에서 나온 암모니아 잉여물과 인공 합성품들을 사용해서는 안 되는지 앞서 설명한 바 있다.

그러나 유기농 재배라는 것이 비단 이 모든 것을 포기한 채로 현실에 뒤처지는 것은 아니다. 할 것은 하는 것이다. 최신식 재배법은 아니지만 우리 조상이 지난 수천 년 동안 해왔던 방식을 그대로 따라하면 된다. 화학적으로 합성된 이상하고 괴상한 합성품을 땅에 쏟아붓는 행위는 고작 지난 1세기 동안 일어났던 일일뿐이다.

개개인에게 있어서 유기농의 의미는 검증을 받기 위함보다는 조금 더 철학적이고 인류학적인 이야기 같다. 무 자르듯이 정확한 정의는 아니지만 긍정적인 단어임에는 틀림 없다. 살아 있다는 것 자체에 뿌리를 두고 있는 단어다. 우리는 생명을 유지시키기 위해 모든 노력을 한다. 유기농은 여러분 주변의 자연생태계와 소통함을 의미한다. 유기농의 목표는 자연과 조화를 이루고 투자한 만큼의 수확을 정직하게 얻으며 영양분이 어떻게 순환하는지 알고, 식물을 더 이상 소비재로 보지 않고 생태계의 흐름 중 하나로 보는 시각을 갖는 것이다.

토양에 유기적으로 접근한다는 것은 땅이 살아있음을 인식한다는 의미다. 유기농은 우리의 대지가 단순히 지탱해주는 지지대가 아닌 생태계 그 자체이며 모든 것을 연결하는 다리가 되는 곳임을 이해해가는 긴 여정이라고 볼 수 있다. 유기농법은 상호간의 교류를 제대로 이해하여 잘 살게 하는 것이다. 우연히도 유기농은 앞으로 미래에 도시 농업이 해 나가야 할 방향과 일치한다. 그것은 바로 건강한 교류를 형성하는 것이다.

헤럴드 스티브는 브리티시컬럼비아 대학에서 **유기농법**
농업과학을 전공하고 리치몬드에서 가족농장
을 어떻게 경영하는지 배웠다. 스티브는 머지않아 기존의 농장들과 농부를 지원하는 정책 등에 있어서 새로운 영웅으로 떠올랐다. 그는 북미에서 가장 진보적인 농지보호 정책 중 하나인 브리티시컬럼비아의 농지보존법을 만드는 데 큰 공을 세웠다. 스티브는 그의 가족농장이 1877년 그의 증조부로부터 시작된 유기농법을 하고 있다고 했다.

"모든 사람들이 와서 저에게 이렇게 묻더군요. '우리는 이제야 막 유기농에 관심을 갖고 배우기 시작했는데 스티브 씨 당신은 어떻게 유기농을 시작하게 된 거죠?' 저는 유기농 이외에 다른 농법을 시행해 볼 생각은 단 한 번도 한 적이 없어요. 저는 그저 항상 작물을 잘 돌볼 뿐이에요."

그렇다면 그는 브리티시컬럼비아 대학 재학시절에 최신식 농법을 배운 적이 없다는 것인가?

"아, 당연히 배웠죠. 하지만 개개인은 서로 다른 멘토를 만나요. 저에게 있어서 멘토는 저의 아버지셨고 제 아버지께서는 화학합성품을 절대 사용하지 않으셨어요. 제가 대학에 입학했을 당시에는 녹색혁명이 극에 달했을 시기였어요. 저는 제초제와 농약을 사용하는 법을 가르쳐주는 과목을 수강한 적이 있어요. 그때는 변변한 교재도 없었죠. 그래서 수업은 기름과 석유로 화학약품을 합성하는 캐네디안 인터스트리 회사에 대한 것들로 진행됐었죠. 그런데 마지막 졸업학기에 저는 다들 괴짜로 생각하는 멕켄지 교수님의 조교를 하게 되었어요. 멕켄지 교수님은 아주 구세대적인 분이셨죠. 그분은 모든 최신 농법을 거부하셨어요. 그분이야말로 2, 30년 동안 유기농법을 지도해 오신 마지막 교수님이셨어요. 제가 그분의 조교로서 했던 일은 실제로 농장에서 하는 일을 보조하는 것 외에는 아무것도 없었어요.' 저는 잡초를 제거하는 농약에 대해 수강하는 동시에 그분의 유기농법에 대해 조교를 하고 있었죠. 아마도 제초제 수업 때였을 거에요. 그때 담당교수님께서 이렇게 말씀하셨죠. 농약이 필요한 이유는 1950년대나 1960년대의 농장 모습으로는 지금의 진화된 수많은 벌레들을 견딜 수 없기 때문이라고요. 글쎄요. 제초제와 농약을 듬뿍 뿌렸던 농장이 모두 망해갈 때 저는 여전히 높은 수확을 얻었답니다."

스티브의 노력으로 도입된 농지보존법 정책이 1970년대에 생긴 대형 농장들이 더 이상 수익이 나지 않는다는 이유로 주변 지역의 대지를 모조리 사들여 공장으로 만들려던 움직임을 제지할 수 있었다. 그로 인한 결과 중 하나는 지역 소비자들이 더 건강한 식품을 얻게 되었다는 것이다.

"이곳의 농부들은 제초제나 농약을 사용할지라도 작은 농장 안에서 작물들을 번갈아 가며 재배하기 때문에 공장처럼 토양의 질을 무너뜨리지 않아요. 그래서 이곳의 식량을 산다는 것은 대형공장이나 기계적인 농장과는 다른 건강한 토양을 사는 것과 같아요.

유기농 재배를 해야 하는 5가지 이유
1. 맛이 좋다.
2. 건강에 좋다.
3. 1달러 가치의 씨앗이 수백 달러 가치가 있는 훌륭한 식량으로 탈바꿈할 수 있다.
4. 걷고, 땀 흘리고, 노동하면서 당신은 새로운 에너지를 얻을 수 있다.
5. 지구상에서 가장 합법적으로 땅을 이용하는 행위가 된다.

다시 한 번 말하지만, 우리 농장은 항상 작물을 순환시켜가며 재배하기 때문이죠. 아마도 몇몇 농장은 화학약품을 사용하기도 할테지만 미국이나 멕시코와 같은 대형 기계식 농장과 비교한다면 정말 극소량이죠. 그래서 이곳 브리티시컬럼비아에서 키운 작물은 수입산보다 훨씬 영양이 풍부해요."

스티브는 50년 후에 농업을 하고 있을 후세에 남기고 싶은 말이 있다고 했다.

"자, 왜 유기농이어야만 할까요? 유기농이란 아주 기본적으로는 화학적인 농약이나 호르몬 스프레이를 뿌리지 않는 행위를 말하는 것이겠죠. 유기농에서 할 수 있는 것은 거름과 퇴비를 주고 작물을 돌아가며 재배하는 것이에요. 그리고 이것이 바로 제가 도시 농업 학교에서 가르치는 내용이에요.(리치몬드 시에서 지원하는 도시 농업 프로그램 졸업자들에게는 몇 년간 실력을 기를 수 있는 농장이 주어진다). 우리는 젊은 학생들을 재교육시킴으로써 화학약품으로 수확하는 작물보다 더욱 높은 수확량과 다양한 작물을 얻고자 하고 있어요. 사람들이 착각하고 있는 것이 있어요. 상업적인 농장이 성공한 것처럼 보이는 이유는 거대한 면적에서 큰 작물을 생산하여 높은 이익을 얻기 때문이에요. 하지만 여러분은 유기농법을 통해 같은 면적에서 훨씬 더 영양이 풍부한 결과물을 얻을 수 있어요."

건강한 먹을거리를 얻는 가장 큰 비밀은 바로   **토양의 기초**
토양에 있다. 현명한 농부들은 토양을 제대로
관리하는 것이 제대로 된 식물을 기를 수 있는 것임을 알고 있다.

　나는 여러분이 '토양'과 '흙먼지'를 구분하기를 바란다. 토양은 생명의 근원이고 신비롭고 경이로운 것이다. 하지만 흙먼지는 우리를 짜증나게 하고 당장에 씻어버리고 싶은 것이다. 내가 이 두 가지를 절대 혼동하면 안 되겠다는 결심을 하게 된 계기가 있다. 예전에 조경가가 나에게 대상지를 가로지르는 길의 소재를 무엇으로 정한 것인지 이상하다는 듯이 재차 물어본 적이 있다. 나는 설계도를 내려다보면서 별 생각 없이 빈칸을 그려 넣고 '흙?'라고 대답했다. 그러자 조경가는 아연실색하며 정색을 했다. 그때 깨달았다. 토양이라는 것은 우리가 당연시 취급할 것이 아니라는 것을 말이다.

　토양이란 무엇인가? 한 움큼 집어 보아라. 두려워할 것 없다. 해치치 않을 것이며 나중에 다 씻겨나갈 것이다(농장으로 일을 하러 나가기 전에 손에 로션을 바를 예정이라면 바로 씻겨나가겠지만). 그리고 당신이 토양을 만지고 퍼옮기고 냄새를 맡으며 애정과 관심을 가질 때 진정한 농부가 될 수 있을 것이다.

일반적으로 우리가 흔히 접하게 되는 것 중 하   **돌 올려놓기**
나는 바로 돌이다. 이 물체는 점토, 모래, 침적
토 등의 여러 성분들이 합성된 것으로써 다양한 색깔과 수분보유 능력을 가지고 있다. 젖은 손으로 비중이 큰 모래와 점토를 꽉 쥐

면 뭉쳐진다. 비중이 가벼운 흙으로 같은 테스트를 하면 가루가 된
다. 그리고 침적토성 토양은 그 중간 정도의 형상을 띨 것이다. 보
통 흙의 4분의 1은 공기이고, 4분의 1은 수분이다. 오직 2~5퍼센트
가 미생물과 퇴적물 등의 유기물로 이루어져 있다. 5퍼센트가 적게
느껴진다면 한 줌의 흙이 보유한 미생물이 지구상의 인간의 비율보
다 더 많다는 것을 기억하라.

   식물이 필수영양분을 얻는 것도 바로 돌이다. 비료포대의 포장지
에서 볼 수 있는 것, 질소-인-칼륨이다. 그 외에도 미량영양분들이
많다. 소량이긴 하지만 없으면 식물의 성장에 치명적인 것들이다.
이 모든 원소들을 흡수한 식물을 우리가 먹게 되는 것이다.

퇴비 만들기　　　여러분의 뒷마당에는 잔디 깎는 기계, 음식물
　　　　　　　　　쓰레기통, 정원 쓰레기 등등 많은 것들이 있을
것이다. 이제부터 가정 내에서 발생한 쓰레기가 가장 돈도 적게 들
고 지구도 건강하게 할 수 있는 퇴비로 탈바꿈할 수 있음을 알아
야 한다. 당신이 버린 쓰레기가 모여 모두의 돈을 아끼고 온실효
과를 줄일 수 있다. 쓰레기를 모아 썩히는 법을 모른다면 이제부
터 알려주겠다.

   우리는 부엌 싱크대 밑에 뚜껑이 있는 통을 하나 두고 과일 껍질
과 커피 찌꺼기, 차 잎, 계란 껍데기, 음식물 쓰레기 등을 모은다.
단, 고기나 생선 등은 피한다. 금속 소재로 된 통이 씻기에도 편하
고 냄새도 덜 나긴하지만 플라스틱 아이스크림 통을 재활용하는 것

도 좋다. 며칠 지나면 그 통은 가득찰 것이고 그것을 뒷마당에 마련해둔 비료통에 담으면 된다.

이렇게 만들어진 비료는 질소와 탄소성분이 들어있는 것이어야 한다. 그렇다고 해서 이 작업이 특별한 과학적 지식을 요하는 것은 아니다. 간단히 말하자면 이 두 가지를 비슷한 비율로 섞으면 된다. 질소-초록색-젖은 것으로 대변될 수 있고 탄소-갈색-마른 것으로 구분할 수 있다(탄소가 질소보다 더 높은 비율을 요하긴 하지만 두 가지를 비슷한 비율로 섞는다는 것이 기억하기 쉽다). 따라서 주방에서 음식물 쓰레기로 질소-초록색-젖은 것을 버렸다면, 낙엽이나 마른 잔디, 색 바랜 종이 등으로 탄소를 보충해주어 젖은 질소질을 덮어준다. 그리고 주기적으로 섞어주어 공기에 노출되도록 한다. 만약 안 좋은 냄새가 난다면 그것은 산소가 모자라서다. 따라서 자주 뒤집어 주어야 한다. 썩는 과정이 끝나고 나면 비로소 흙 고유의 좋은 냄새가 날 것이다.

몇몇 사람들은 이렇게 퇴비를 직접 가정에서 만드는 사람들을 보면 깜짝 놀라곤 한다. 그러나 여러 나라에서 이것은 생각보다 훨씬 심각하게 다뤄지고 있는 문제다. 북미지역에서는 음식 쓰레기를 주민들이 해결한다. 그리고 파키스탄에서는 도시 음식 쓰레기의 40퍼센트가 수집되어 동물의 사료나 토양개선에 쓰인다. 멕시코시티에서는 생활오수의 절반 가량을 자주개자리밭의 퇴비로 쓴다. 그리고 그 작물은 가축업자들에게 팔리고 가축업에서 나온 비료는 다시 식물과 꽃에게 돌아간다.

잔디밭 벗겨내기　　　거대한 잔디밭을 생산적인 텃밭으로 바꾸고 싶
　　　　　　　　　　　다면 우선 동네 원예 상점으로 가서 잔디 깎는
기계를 대여해야 한다. 그 도구를 이용해서 잔디를 깔끔하게 뿌리
까지 제거하고 순수하게 대지만 남겨놓을 수 있다. 아니면 삽을 이
용해 작은 공간만도 만들 수 있다. 조금씩 뗏장을 떠서 뿌리에 딸
려 올라온 흙을 털어낸다.

　더 쉽게 하고 싶다면 잔디밭 전체를 파내지 말고 시트 멀칭법(토
양 표면을 비닐이나 짚 등으로 덮어 식물을 보호하고 생장을 돕는 방법 – 역자 주)을
쓸 수도 있다. 라자냐 원예법이라고 부르는 이 방법은 무경간 농법
(갈지 않고 씨를 뿌리고 제초제로 잡초를 없애는 방법 – 역자 주)을 할 수 있는 한
방법이다.

시트 멀칭법의　　　1. 풀이 무성한 구역을 베어낸다.
다섯 단계　　　　　2. 만약 배수가 잘 안된다면 잔디를 들어내
　　　　　　　　　　　고 뾰족삽으로 구멍을 뚫는다.
　3. 나팔꽃과 같은 잡초류는 흙을 덮는 과정에서 다시 살아날 수
　　　있으므로 철저하게 제거한다.
　4. 카드보드나 신문지 6~8장으로 여러 겹 덮어서 서서히 젖어
　　　들도록 한다.
　5. 카드보드를 질소 혹은 탄소 성분이 함유된 대체물로 덮는다.
　　　예를 들어, 2.5~5cm의 거름을 마른 잎과 음식 쓰레기, 짚 등
　　　으로 덮어서 원하는 높이만큼 쌓는다. 높을수록 좋겠지만 90

㎝ 정도가 시작단계에서는 적당하다.(점점 높이가 낮아질 것이다) 그 보다 조금 낮아도 괜찮다. 만약 높이가 많이 낮아졌다면 그 위에 더 덮어 올려도 된다. 마른 탄소층으로 맨 위를 덮어서 곤충들이 알을 까거나 식물의 성장을 방해하지 못하도록 하는 것을 꼭 기억하기 바란다. 또한 토양과 내용물을 따뜻하게 해주고 분해 작용을 도와주는 검은색 플라스틱으로 덮어도 좋고 아니면 짚이나 삼베 주머니로 덮어도 좋다.

날씨와 성분에 의해 조금씩 차이는 있겠지만 6개월 안에 그 성분들은 모두 분해되어 식물을 심기에 적당한 상태가 될 것이다.

혹은 당신이 이번 주말쯤 바로 식물을 심고 싶다면, 카드보드나 신문지 위에 15㎝ 정도의 흙을 더 깔고 바로 심어도 된다. 신문지 아래의 성분들은 시간이 지나면서 순차적으로 분해 작용이 일어날 것이다.

매년 텃밭에 무엇을 심을 것인지는 아주 행복 **먹고 싶은 것 심기**
한 고민이다. 그렇다면 질문을 조금 바꿔 보자.
당신이 좋아하는 음식은 무엇인가? 당신이 좋아하는 것을 고른 후 지역 상점에서 그 씨앗을 판매하는지 알아보라. 그것은 당신이 뒷마당에서 그 작물을 키울 수 있는지 없는지 확인할 수 있는 방법이다. 인근 농업가나 원예 상점 직원이 지역 기후에 그 작물이 자랄 수 있는지 조언해 줄 것이다. 누군가는 집에서 기른 파인애플을 뉴욕의 상점에서 팔기도 할 것이다.

처음 시작하는 사람들이 기르기 쉬운 것들은 콩, 마늘, 양상추, 시금치, 무, 사탕무 등이 있다. 이러한 것들이 기르기 쉽다고 한 기준은 지역, 개인, 매년 기후에 따라 달라질 수 있다. 그러나 너무 불안해 할 필요는 없다. 그 어떤 유능한 농부일지라도 흉년과 실패의 기억은 있기 마련이니 말이다.

버섯　　　　　만약 아주 간단한 형식으로 재배하고 싶다면 아마 버섯의 유혹에 빠지게 될 것이다. 버섯이야말로 최소한의 노력이 드는 먹을거리 중의 하나다. 버섯은 햇빛이 잘 드는 공간으로 이동시켜줄 필요도 없다. 왜냐하면 버섯은 균류이기 때문에 녹색식물처럼 광합성을 하지 않고 통나무, 나무 기둥, 토양이나 나무껍질 등 다른 식물체의 영양분을 빨아 먹고 산다. 당신네 마당에 이미 나무 여러 그루가 심겨져 있었다면 이미 버섯은 그 안에서 자라고 있을지도 모른다.

그렇지 않다면, 주변 지역에 있는 버섯 농가에서 버섯을 처음 재배하려 할 때 필요한 것들을 판매하고 있는지 먼저 조사해 보아야 한다. 또한 어떤 종류의 버섯이 당신에게 안성맞춤일지 생각해야 한다. 느타리버섯은 다양한 곳에서 쉽게 자라기 때문에 초보자에게 적당하다. 표고버섯도 꽤 사랑을 받고 있는 버섯 중 하나다.

만약 이런 버섯을 작은 규모로 집 주변에서 기르고 싶다면, 버섯이 다 자라서 따 먹을 만큼 성숙할 때까지 그다지 큰 관심을 주지 않아도 충분하다. 하지만 만약 판매를 목적으로 재배하고 싶다면 기술적이고 과학적으로 꾸준히 관리해 주어야 한다.

나는 해본 적이 없지만, 인터넷을 통하여 유용한 조언을 많이 얻을 수 있다. 미코 웹사이트는 '버섯재배 시작하기'라는 페이지에서 각 단계별로 버섯을 재배하는 법과 배지 준비하는 법, 재배법 등을 소개하고 있다. 그 외에도 '단순함의 지혜'라는 페이지에서 더 쉽게 소개하고 있다.(mykoweb.com/articles/cultivation.html)

또 유용한 정보를 얻을 수 있는 곳이 있다. 국립기술센터(National Center for Appropriate Technology)는 농업정보시스템(ATTRA)에서 버섯재배와 판매정보, 균류에 있어 전문가이고 TED를 저술한 폴 스타메츠(Paul Stamets)에 관한 이야기도 제공하고 있다. 이 페이지에서는 버섯을 재배하여 산업적으로 판매하고자 할 때 장점과 단점도 말하고 있다. 사실상 상업적으로 판매를 하려고 할 때는, 균류의 생리를 잘 아는 전문가와 사업적으로 시기와 자금사정을 조절할 수 있는 전문가, 그리고 병균을 제때 퇴치해 줄 수 있는 노련함도 필요하다.(attra.org/attra-pub/mushroom.html)

"전문가가 아닐지라도 저렴한 재료와 기존의 시설을 이용하고 믿을만한 경로를 통해서 질 높은 생산물을 수확한다면 잠재능력은 충분합니다. 버섯은 규모와 상관 없이 좁은 곳에서도 재배할 수 있습니다. 영양이 가득한 먹을거리를 쉽게 버려졌던 재료를 재활용하여 재배하고 정직하게 일한다면 우리의 미래는 더욱 밝아질 것입니다. 이 일이야말로 우리 모두가 함께 도전해볼 만한 일이죠."

빛과 흙, 수분 없이도 여러분
은 버섯을 기를 수 있다.

도시농업 – 도시농업이 도시의 미래를 바꾼다

한해의 수확을 단 며칠 안에 해치워버릴 필요 **매일 새롭게**
는 없다. 따뜻한 어느 봄날, 여러 가지 작물의
씨앗을 같은 날에 뿌렸을 것이다. 그렇다면 당신의 농장을 마르지
않는 샘이라 생각하고 그에 걸맞게 수확해보자.

여러 가지 방법이 있다. 당신이 겨울에 실내에서 씨를 뿌렸다고
가정해 보자. 예를 들어 토마토를 2월에 씨 뿌리고 5월에 실외로 옮
겨 심고 그 후에 실외 작물을 유리그릇, 플라스틱, 담요 등으로 감
싸 따뜻하게 보호해 준다면 작물이 열매를 맺을 수 있는 가능성은
무한히 늘어난다. 그래서 1년 내내 수확을 기대할 수 있다. 적어도
이런 경우는 내가 사는 온화한 서부 해안 지역의 이야기다. 아래
의 예시는 여러분이 그대로 따라하거나 응용할 수 있도록 적은 것
이니 참고하기 바란다.

1월: 목표 정하기, 계획 짜기, 씨앗 주문하기
2월: 콩, 양파와 토마토를 실내에 심기. 무 등 여러 뿌리 채소들
　　을 야외에 심은 후 보온을 위해 덮어두기
3월: 케일, 양배추, 무, 시금치, 완두콩 등
4월: 브로콜리, 당근, 상추, 순무, 서양부추, 사탕무 등
5월: 당근, 양배추, 토마토, 근대, 강낭콩, 덩굴성 완두콩, 방풍
　　나물 등
6월: 옥수수, 오이, 가지
7월: 시금치, 순무
8월: 양파, 꽃양배추, 부추, 비료 주기

먹을 수 있는 땅: 가정 텃밭 만들기　　　　　　　　　　　　　　　125

9월: 무, 샐러드용 채소

10월: 마늘

11월: 퇴비 치우고 시설물 점검하기

12월: 휴식

줄 지어 심기와
블럭 심기
두 가지 중에서 어떤 방법을 사용해도 식물은 잘 자랄 것이다. 블럭 심기를 선택하면 제한된 공간에서 훨씬 효과적이고 압축적으로 잘 클 것이다. 몇몇 사람은 줄 지어 심는 것은 상업적인 농장에서 대량 생산을 위해 기계적으로 심은 것의 잔재라고는 하지만 그것이 문제가 되는가? 다시 말하지만 줄 지어 심는 것은 사실 보기에 훨씬 아름다울 뿐 아니라 심고 거두기 쉽다.

그 어떤 것을 선택하든지 간에 이 모든 작업은 작물을 위해 공간을 만드는 아주 가치 있는 일이다. 때때로 사람들은 블럭의 깊이를 2배로 확장시켜서 더욱 깊이감 있게 만드는데, 이 일은 고되지만 뿌리가 충분히 뻗어나갈 수 있는 공간을 만들어 줄 수 있다. 한 번 이렇게 만들고 나면 이 위로 걸어다니면 안 되는데, 왜냐하면 토양이 답압에 의해 지나치게 단단해 지기 때문이다. 만약 블럭으로 작물을 재배하려 한다면 너비를 팔의 너비보다 더 넓게 하지 않는 것이 좋다. 그래서 혹시라도 손이 닿지 않아서 블럭 안으로 밟고 들어가서 작업을 할 일이 없도록 미연에 방지해야 한다.

줄을 지어 심기로 작정했다면 토양의 높이를 높이기 위해서 양면에 지지대를 대야 한다. 가장 쉬운 방법은 간단하게 흙을 쌓아올려 작은 둔덕을 만드는 것이다. 그러나 만약 경계를 돌, 타일, 단단한 플라스틱 조각 등 구하기 손쉬운 물건으로 지지해 놓는다면 경계가 가파라지는 것을 방지할 수 있다. 지지대 없이 단순한 둔덕을 만들려면 모양을 약간 넓게 퍼지도록 하고 기반을 약간 단단하게 다져놓아서 둔덕이 안정적으로 쌓아 올라갈 수 있게 해야 한다.

잡초

잡초를 제거하는 일은 농사짓는 일 중에서 가장 재미없는 일이다. 하지만 꼭 해야만 하고, 여러분도 할 수 있다. 이 일을 더 열심히 할수록 후에 더 좋은 작물을 얻을 수 있다. 잡초를 마치 당신의 작물과 영양분을 모두 빼앗으려는 도둑으로 생각해보라. 그래도 별로 효과가 없다면 이렇게 생각해 보자. 침입자가 당신의 음식을 빼앗으려 하고 있다! 서둘러라!

예화와 영감

트럭 농장은 말 그대로다. 움직이는 공동체 텃밭으로 1986년 시작되었다. 영화제작자인 이안 체니가 시작했는데, 그는 농사를 짓고 싶었지만 마땅한 공간이 없어서 트럭에 심기 시작했다고 한다. 이는 점점 공공 예술 혹은 움직이는 환경교육의 장이 되었다. 체니의 동료인 컬트 엘리스는 그 트럭을 8개 주에 끌고 돌아다니며 도시 농업이 얼마나 창의적으로 변형될 수도 있는지 보여주었다.(truck-farm. com)

당장 밭으로 출동하라! 잡초를 뽑아들고 그 비참한 최후를 즐겨라. 그리고 미련 없이 거름통에 버리기를 반복하면 된다.

잡초는 어디에나 있기 때문에 큰 주의를 기울여야 한다. 혹자는 식초를 뿌리거나 뜨거운 물을 붓거나 특이한 모양의 도구를 이용한다고도 한다. 무엇이든 좋으니 시도해 보아라. 하지만 근면성실함을 따라잡을 그 어떤 마법은 이 세상에 존재하지 않는다는 것을 확신한다. 일찍 시작할수록 좋다. 여러분은 충분히 잡초와 싸워 이길 수 있다.

물주기　　만약 살고 있는 곳에 비가 주기적으로 꾸준히 내린다면 식물이 원하는 양을 충족시켜줄 수 있겠지만 그렇지 않다면 배수·관수 문제를 해결해야 한다.

뒷마당의 작은 텃밭이라면 꼭지가 달려 있는 호스가 관수를 하기에는 충분하다. 작은 텃밭은 그 이상의 부담을 주지 않는다.

드립 형식의 관수 시스템은 훨씬 수자원을 절약할 수 있는 장점이 있다(호스나 스프링클러 시스템은 물이 흐르는 과정에서 흘려버릴 수 있다). 또한 수일 간 자리를 비울 일이 있다면 타이머를 맞춰 놓을 수도 있다.

빗물 재사용　　또 한 가지 주의 깊게 고려해 보아야 할 것이 빗물로 재배하는 것이다. 비가 부족한 지역에서는 이미 빗물을 잘 저장하여 이용하는 것에 대하여 많은 관심을 기울이고 있지만, 산업적인 농장지역 등은 지하수를 끌어쓰는 것 등이 앞으로 더욱 중요한 역할을 하게 될 것이다. 하물며 강수량이 높은 밴쿠버 지역도 기상악화와 이상기후 현상 등으로 인하여 여름이면 몇 주 동안이나 비 한 방울 내리지 않는 날이 지속되고 있다. 히말라야시다는 원래 밴쿠버 지역에서 잘 자라던 나무이지만 최근 이러한 가뭄현상으로 인하여 그 세가 많이 축소되었다.

빗물을 이용한 재배법은 아마도 농업에서 가장 중요한 이슈 중 하나일 것이다. 인도에서는 약 5000년 전에 이를 이용했다는 기록이 있다. 세계에서 가장 큰 물탱크는 지금 터키에 있다. 기원 527년에 지어졌고 8만㎥의 물을 저장할 수 있는 이곳은 현재에도 많은 이들의 이목을 끌고 있다.

친환경 비영리 단체인 GrowNYC는 온라인상에서 무료로 볼 수 있는 빗물 재배에 대해 자세히 서술한 50쪽짜리 책자를 게시하고 있다. 그 책을 보면 그 시스템을 어떻게 만들고 운영하는지 알 수 있다. 직접 만들 정도의 수준은 아니더라도 시스템의 규모 등을 느껴보는 데 도움이 된다. 밴쿠버 시민들은 때때로 빗물 재배에 관한 이야기를 듣긴 하지만, 시 당국에서 200리터짜리 빗물 탱크를 운영하고 있기 때문에 이미 자신들은 지구를 위한 좋은 일에 참여하고 있다고 여기며 안심하는 경향이 있다. 그러나 그들의 기여도는 딱 200리터 만큼이지 그 이상도 이하도 되지 못한다. 초가을에서 늦봄까지 우기 때는 지역의 빗물 탱크는 200리터만 가득 차 있는 상태다. 그러나 우리가 진정 물이 많이 필요한 시기는 여름이다. 그러나 여름철에 물을 다 써버리고 나면 그저 마른 하늘을 올려다

보는 것밖에는 할 수 있는 것이 없다. 그렇다면 정답은 더 큰 규모의 물탱크를 만들어 우기에 더 많은 양의 물을 저장하는 것이다. 물탱크 4리터 당 1달러의 비용을 지불해야 한다. 그리고 이를 운반하기 위해서는 4리터 당 1달러를 추가 지불해야 한다. 그리고 배수·관수를 하려면 더 많은 비용을 들여야 한다. GrowNYC의 재배법에 따르면 2008년 당시 시가로 3,800리터 규모의 가정용 물탱크를 설치하기 위해서는 약 3,250달러가 소요된다고 한다.(grownyc.org/openspace/publications)

뿌리   물을 줄 때는 깊숙이 물이 스며들 수 있도록 해야 한다. 물을 주어야 하는 것은 잎이 아니라 뿌리라는 것을 기억해야 한다. 식물은 땅 속의 수분을 뿌리로 흡수하는 것이기 때문에 잎을 적시는 행위는 그저 균의 증식을 가속화시키는 것일 뿐이다.

물은 토양 깊이 1주일에 한 번 정도가 적당하다.(어린 식물일 경우 그보다 자주) 그러나 이는 물론 여러분의 지역 기후와 토양의 상태에 따라 달라진다. 당신이 적당히 물을 주고 있는 것인지 확인하고 싶다면 손가락을 토양에 찔러 넣어 보아라. 만약 뿌리 깊이까지 흙이 촉촉하다면 적당한 것이고 건조하다면 그 즉시 물을 더 주어라. 코넬 대학의 연구에 의하면 2.5cm 깊이의 물은 토양의 38cm 깊이까지 흡수된다고 한다. 멕시코원산의 부채선인장은 2.5cm의 물이면 충분하다.

물을 주기 가장 좋은 시간은 이른 아침이다. 그때는 식물이 물을 흡수하여 하루 종일 광합성을 하는 데 필요한 힘을 얻게 된다. 만약 식물의 잎이 시들 정도로 메말랐다면 이는 광합성을 하기 힘든 상태이므로 충분한 물을 주었음에도 식물이 정상 상태로 되돌아오지 않는다면 살아나기 힘들어진다.

만약 저녁에 물을 줄 수밖에 없는 사정이라면 그나마 서둘러주기 바란다. 밤 시간에 젖은 잎사귀는 병원균 증식의 온상이 될 수도 있고 젖어 있는 토양은 전반적인 온도를 낮춰서 발아 등을 늦추게 한다. 또한 저녁에 물을 주는 것은 빠르게 흡수 혹은 건조되지 않으므로 나무로 만들어진 화분이나 틀 같은 경우 물을 머금어 썩게 될 가능성이 있다. 그리고 더운 날 한낮에 물을 주는 것은 피하는 것이 좋다. 우선 한낮에 물을 주면 토양에 흡수되는 것보다 증발로 인해 낭비되는 물이 많다. 이러한 불필요한 소비는 어떻게 물을 주느냐가 아니라 물을 주는 시간대에 달려 있다. 또한 낮 시간에 물을 주면 태양 빛으로 인하여 젖은 잎이 큰 손상을 입을 수 있다. 그런데 나는 이 대목에 동의하지는 않는다. 만약 정말 그렇다면 기습 폭우에 항상 노출되어 있는 열대식물의 잎은 지금쯤 모두 없어야 하는 것 아닌가?

벌레 교실

앞서 수경재배 부분에서 소개한 적 있었던 윈드미어 고등학교에서는 이 외에도 벌레를 이용한 거름 만들기 프로그램도 진행하고 있는데 상당히 흥미롭다. 내가 놀란 이유는 벌레 때문이 아니다. 그 이유는, 내가 이 학교를 방문했을 때가 마침 방학이었는데도 불구하고 12명의 학생들이 학교의 온실에 남아서 땅을 파고 거름을 만지고 작물과 수경재배용 물고기, 작물을 키우는 화분 등을 손보고 있었기 때문이다. 가까운 곳에 거름을 만드는 기계가 있는데 이 기계는 하루에 7kg의 음식물 쓰레기를 해치운다. 이 기계를 작동시키기 위해서 학생들은 자전거를 타고 인근의 학교를 돌며 음식물 쓰레기를 모은다. 스마트폰에 빠져서 헤어 나오지 못하는 요즘 젊은 학생들에게 따끔한 일침을 놓고 싶다면 이곳 윈드미어 고등학교의 학생들과 한번 대화해보도록 하는 것도 좋을 것이다.

비료화 과정.

벌레는 음식혁명의 아주 훌륭한 군인이다. 벌레
군단과 함께라면 여러분은 농약을 살 필요도
없고 유기물질 쓰레기를 따로 처리할 필요도 없다. 벌레는 그 쓰레
기들을 이용해서 더욱 영양이 풍부한 질 좋은 토양을 만든다. 윌 알
렌의 농장은 이를 잘 이용하여 엄청난 양의 수확을 일구어 내고 있
다. 농장의 시금치는 억지로 작게 키우지 않고 양껏 자라도록 내버
려 둔다. 그 대신에 그는 농장의 땅을 잘 활용하여 시금치를 심은
후에 시시때때로 가위를 이용해 수확을 하기 때문에 그 농장의 시
금치는 완전히 소진되기까지 약 9번이나 새로 자란다. 그는 이러한
놀라운 수확의 결과가 모두 빨간 벌레, 지렁이 덕분이라고 말한다.

알렌의 지렁이 농법은 한 변의 길이가 10~20㎝이고 깊이가 30㎝
인 저장통에 우선 450g 정도 되는 양의 지렁이 넣는다. 그 후 2㎏
정도의 비료를 넣는다. 다음으로 지렁이들의 식량이 되는 먹고 남은
음식 쓰레기를 넣는다. 대부분의 사람들은 음식 찌꺼기를 그대로
넣지만, 알렌은 음식 쓰레기를 비료를 이용해 1차적으로 어느 정도
썩힌 뒤에 넣어준다. 이를 통해 지렁이들이 일을 하는 속도가 빨라
지고 더 탄탄한 토양조건을 갖출 수 있게 된다. 여기까지 준비를 마
친 후에 가장 윗부분에는 올이 굵은 삼베를 덮어서 해충을 견제하
고 흙의 온도도 조절한다. 그 후 저장통의 수분도를 확인해야 한다
(너무 건조하거나 더우면 안 된다). 그리고 지렁이들이 상태가 좋고 번식을 하
기 시작했는지도 확인해야 한다.(지렁이 알은 작은 금색 달걀 같이 생겼다)

지렁이들은 스크린에 있는 작은 구멍을 통해 며칠간 음식에 접
근할 수 있다. 그 후 지렁이들을 새로운 저장통에 넣고 같은 방법

을 반복한다. 스크린을 이용해 지렁이 모으는 일은 3~4번 정도 반복할 수 있고 후에는 새로운 저장통에서 시작하면 된다. 그렇다면 지렁이는 어디서 구할 수 있을까? 지렁이는 8주 동안 4배로 번식한다. 결국 큰 농장 전체로 퍼져나갈 수도 있고, 판매를 할 수 있을 정도로 지렁이의 양이 많아 지기 때문에 지렁이를 구하지 못해 걱정할 일은 거의 없다.

알렌은 이 일을 사업적으로 성공하고 싶어 하는 사람들에게 '정직한 육체 노동은 그에 대한 열정, 인내, 자신감, 체력, 지구력이 없이는 안 된다'고 조언하였다. 또한 일을 무작정 시작하지 말고 얼만큼 수확하고 재료를 얼마나 구입할 것인지 미리 생각해야 된다고 한다. 1톤의 음식물 쓰레기는 약 $0.4m^3$에 사용할 수 있는 훌륭한 퇴비가 된다. 이런 유기농 쓰레기가 나올 수 있는 곳은 푸드 뱅크를 비롯하여, 식당, 지역 농장, 지역 양조장, 채소 가게, 커피숍, 낙엽, 깎인 잔디 등에서 얻을 수 있다.

국제 활동　　　세계의 과학자들은 여러분이 농사를 짓는 것으로 지구의 온난화를 억제하는 데 큰 역할을 하고 있음을 스스로 알기 원한다. 이러한 활동에 동참하고 싶어 하는 누군가가 또 있다면 그들이 하는 제안을 잘 읽어보기 바란다.

그로잉 파워의 윌 알렌이 그의 지렁이 군단을 확인하고 있다.

**친환경적인 농사를
지을 수 있는
5가지 방법**

1. 탄소를 배출하는 활동을 자제하라. 가스로 운행되는 기계를 사용하지 말고 화학합성 비료와 농약 사용을 자제해야 한다. 몬산토 사의 제초제 라운드업은 탄소배출량이 높은 것 중 하나다.

2. 토양을 황폐한 채로 내버려 두지 마라. 황폐한 토양은 침식되기도 쉽고 탄소를 많이 배출한다. 식물을 심으면 토양이 풍요로워지고 에너지를 많이 소요하는 비료를 사용할 필요도 없다.

3. 나무를 심어라. 매년 나무는 열을 감소시키고 탄소를 줄여준다. 도시의 나무들은 집이나 자동차, 로스앤젤레스의 공업단지에서 배출하는 것보다 23톤이나 많이 없앤다.

4. 퇴비로 재활용하라. 뒷마당 계획은 좋다. 샌프란시스코에 있는 주민들은 파랑, 초록, 검정의 재활용할 수 있는 저장통을 사용한다. 도시는 매일 400톤이 넘는 음식물 쓰레기와 다른 퇴비더미가 발생한다.

5. 잔디밭을 활용하자. 미국 주택의 80%가 넘는 가정이 잔디밭을 가지고 있다. 미셸 오바마도 잔디밭의 한 귀퉁이에 유기농 채소를 재배하고 있다.

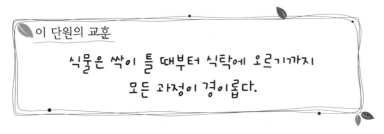

이 단원의 교훈

식물은 싹이 틀 때부터 식탁에 오르기까지
모든 과정이 경이롭다.

되돌아가기

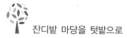
잔디밭 마당을 텃밭으로

가장 마지막에는 무엇을 얻을 수 있을까? 아마도 기쁨이 아닐까. 그전에 여기에서 미래의 세계에 관해 이야기해 보고자 한다. 적어도 미래의 식품저장고만이라도 생각해보자. 지금까지 시험삼아 키워본 양파, 브로콜리도 좋지만, 우리 입맛을 만족시키기에는 조금 부족하다. 이제부터는 좀더 과감하게 도전해야 할 때다. 여러분은 더 질 좋은 것들을 가족들에게 먹이고 싶고 더 많이 수확하길 바랄 것이다. 그럼 당장 뒷마당에서 시작하자. 뒷마당 일부가 아닌·전체를 바꿔보자.

아마 당혹스런 이야기일 수도 있다. 왜냐하면 뒷마당이란 보통 잔디밭이 넓게 깔려 있고 고기를 구워먹고 놀이를 하며 지내왔기 때문이다. 그러나 잘하지도 못하고 유용성도 떨어지는 게임을 하느니 텃밭을 가꾸는 것이 훨씬 가치 있을 것이다.(창고에서 배드민턴 세트를 마지막으로 꺼내본지 얼마나 되었는가?)

몇몇 이민자들은 그들이 북미에 오자마자 뒷마당을 개조하여 텃밭으로 이용한다. 중국인들은 격자를 이용하여 시금치를 기르고, 이탈리아인은 하키 스틱을 이용하여 토마토를 기르고 러시아인들은 감자와 사탕무를 기르고, 라틴계 사람들은 옥수수와 시금치, 강낭콩을 기른다.

마당에 대한 정의는 나라마다 다르다. 내가 얼마간 살아본 적이 있는 일본에서는 도시 농업은 밀집된 주거지역에서 일반적으로 행해지는 것이었다. 밀집된 주거지역이지만 기꺼이 무, 벼, 작은 과수원 등을 일구고 있었다. 아마도 일본의 이러한 문화는 그들이 농업 사회에 뿌리를 두고 있기 때문이며 현재 도시화가 되었음에도 불구하고 정책과 습관 등으로 유지되고 있는 것이다. 게다가 땅주인들은 땅을 농업에 이용함으로써 세금을 아낄 수 있다.

뒷마당을 텃밭으로 바꾸는 작업은 앞서 얘기한 작물을 키우는 방법 그대로 하되 영역만 넓히면 된다. 작물을 꽃과 같은 것들 사이사이에 심는 것이 아닌, 마당 전체를 텃밭으로 바꾸는 것이다.

잔디밭 마당을 텃밭으로 바꿔야 하는 4가지 이유
1. 넓은 면적에서 작물을 재배하면 더 많은 이득을 거둘 수 있다.
2. 마당에서 외부 활동을 하는 시간이 늘어나면서 건강해질 수 있다.
3. 잔디밭 관리를 더 이상 할 필요가 없다.
4. 생물종 다양성을 향상시킬 수 있으며 온실가스 배출을 감축시킬 수 있다.

도시농업 – 도시농업이 도시의 미래를 바꾼다

주위를 둘러보았을 때 전부 먹을거리와 관련된 것들뿐이라면 좋은 징조다. 이것은 당신이 드디어 잔디밭으로 일관하던 뒷마당을 떠나 텃밭의 세계로 들어갔음을 알리는 징표다. 항상 보아왔던 뻔한 마당이 아닌 도시 내의 마당이 어떤 일을 할 수 있는지 잠재력을 보여주는 마당이 되는 것이다.

지저분하고 난잡해 보이지 않을까 걱정할 필요도 없다. 자라나는 작물들은 당신이 뽐내고 싶어 하는 자랑거리가 될 것이기 때문이다.

모든 비닐하우스 안에 가득 한 식량.

무엇을 기를 것인가　　　앞 단원에서도 이와 같은 논의가 이루어졌었다.

그러나 공간이 더욱 넓어진 경우라면 더 많은 종류의 작물을 선택할 수 있다. 뒷마당을 전부 수확을 위해 이용하기로 했다면 1년 단위로 계획을 세우고 작물을 선택해 언제 파종할지를 정해야 한다. 그렇기 때문에 현재로써는 내년이 되기까지 큰 수확을 기대할 입장은 아니다.

재배 면적이 넓어져 그에 맞는 시간계획을 짜기 힘들다면 우선 큰 노력 없이 매년 수확을 안겨줄 수 있는 다년생 작물은 얼마큼 심을 것인지 정해야 한다. 기후에 따라 다르겠지만, 아스파라거스, 케일, 딸기, 과일나무, 아티초크 등을 생각해 볼 수 있다.

당귀, 마늘, 타임, 오레가노 같은 초본류는 겨울을 날 수 있을 만큼 내한성이 강하고 자가 번식하여 내년에도 볼 수 있다.

화훼류도 마찬가지인데, 원추리, 파, 지치, 한련, 매리골드 등이 있다.

디자인　　　뒷마당을 텃밭으로 개조하는 것은 어떻게 디자인을 할지 고민하게 만든다. 작은 농장은 당신이 보기에 즐거워할 수 있고 기능을 잘 수행할 수 있는 모양이면 그 어떤 것이든 가능하다. 삭업을 시작하기 전에 차분히 앉아서 당신이 원하는 것이 무엇인지 떠올려 보자. 혹은 여러 사람들이 하는 것을 따라 해도 좋다. 안 좋은 계획은 아니지만 디자인하는 시간과 노력을 적게 들인다면 나중에 당신이 원했던 것이 무엇인지 시시때때로 다시 떠오를지도 모른다.

기본적인 사항부터 확인하며 시작하도록 하자. 경쾌한 분위기가 좋은가 아니면 정돈된 분위기가 좋은가? 직선으로 디자인하면 흔히 농업에서 보아온 전형적인 모습이고, 곡선의 느낌이 들어간 디자인은 마치 바람 길을 따라 조성된 듯한 구역으로 나뉘어져 양쪽에서 작물이 자라고 있는 모습을 볼 수 있다.

정말 자연적이고 원시적으로 접근하고 싶다면 **묻지도 따지지도 말것** '무계획적인' 농법을 떠올려 볼 수 있을 것이다. 일본 농부인 마사노부 후쿠오카가 이 아이디어를 '지푸라기 혁명'이라고 하였는데 그것은 지구가 알아서 스스로 재배한다는 뜻이다. 그는 사람들이 식물을 키우는 데 참견하는 것 자체가 잘못된 것이라고 믿는다. 땅을 갈고, 씨를 뿌리고 자랄 수 있는 기회만 주면 된다(봄철에 농부들이 하는 최소한의 일). 후쿠오카는 자연으로 돌아가서 비료가 되고 잡초도 제거하는 데 도움이 되는 지피식물을 심고 시기에 맞춰 작물을 심으라고 조언한다.

자연으로 돌아가려면 층위에 맞게 심어야 한다. 과일나무, 밀 같이 키 큰 작물을 그 다음, 그 밑으로 뿌리 작물들을 심는다. 아마 이것과 비슷한 방법을 '영속농업'에서 들어봤을 것이다. 이것은 생태적인 농사기법 중의 하나다. 이제 이 모든 것들 중에서 어떤 것이 가장 당신에게 적합할지 생각한 후 결정하면 된다.

후쿠오카는 그 자신을 스스로가 조금 특이하다고 생각한다. 그러나 대부분의 일본인들이 상업적으로 생산된 식량에 열광할 때 시코쿠에 있는 그의 작은 농장은 세계 대체농업의 새로운 기준이 되고 있었다. 2008년 95세의 나이로 세상을 떠난 그의 삶에는 관찰의 힘이 그대로 반영되어 있다. 그의 철학은 그가 자연의 방식대로 나무와 작물을 키우면서 보고 느낀 그대로다. 당신의 뒷마당도 이에 못지 않은 교훈을 간직하고 당신의 손길을 기다리고 있다.

**좋은 디자인의
10가지 특징**
사람들은 자신이 무엇을 좋아하고 싫어하는지를 알고 있다. 당신의 뒷마당에 그것을 펼쳐 보아라.

- □ 통합적(부분과 전체가 소통할 수 있다)
- □ 시스템, 흐름, 패턴에 대한 존중
- □ 생물종 다양성
- □ 자연스러움
- □ 아름다움
- □ 주변과의 조화
- □ 적절한 크기
- □ 간결성
- □ 효율성
- □ 탄력성

안 좋은 디자인은 어떤 것일까. 주변을 둘러보아라. 아마 쉽게 찾아 볼 수 있을 것이다. 경제적 이익을 얻는 것 외에는 그 어떤 것도 생각하지 않고 싸구려 소재로 만들어진 건물, 사람들의 허리는 전혀 생각하지 않은 공공 벤치, 괴기스러운 모양으로 잘리고 내버려진 가로수, 목적지 주변을 뱅뱅 돌기만 하는 무계획적으로 설계된 도로, 사람 사이의 소통은 무시된 채 자동차들로 꽉 들어찬 도시, 더 이상 이런 실패한 도시에 머물러 있지 말자. 디자인을 새롭게 해보자.

꼭 필요한 작업은 아닐지 모르지만, 디자인을 해보는 것은 스케일감을 향상시켜준다. 미리 해봄으로써 실제 공사에 들어갔을 때 왜 2.4미터짜리 벤치가 좀더 넓어야 하는지 이유를 체감할 수 있다.

1:100 스케일의 도면 정도면 당신의 뒷마당을 종이 한 장에 축소해 넣기에 적당할 것이다. 물론 1:50 스케일이라면 더 자세히 묘사할 수도 있지만 벤치나 화분의 배열 같은 세부사항은 1:20이나 1:10 스케일이 적당하다. 이 비율은 당신이 종이에 무엇을 그릴 것이냐에 따라 달라진다. 그러므로 1㎝는 1:100 스케일에서의 100㎝ 또는 1m인 셈이다. 사무용품점이나 제도기구 판매점에서 사용하는 삼각비율법은 한 번에 사이즈를 측정하기 쉬우며 모눈종이를 이용해서 칸 수를 세어가며 그려도 된다.

집, 길, 차고, 나무 등을 포함하여 뒷마당의 기본 외곽선을 그리면 트레싱지(제도용지)를 그 위에 붙이고 당신의 아이디어를 그려본다. 트레싱지는 전혀 비싸지 않으므로 마음에 드는 디자인이 나올 때까지 그렸다 찢고 버리는 과정을 맘껏 반복해도 좋다. 또한 3D 작업이 가능한 스케치업과 같은 디자인 프로그램을 이용해서 작업을 해도 좋다.

종이나 컴퓨터상에서 디자인을 마쳤다면 본격적으로 더욱 재미있어진다. 실내에서 디자인하는 것도 행복한 일이지만 밖으로 나가서 실제 땅을 보며 상상하는 일은 더욱 신이 난다. 받침대를 공간의 열쇠로 사용하여 상상력을 펼쳐보자. 나무젓가락이나 끈, 테이프 같은 것들로 화단을 만들어보고, 대나무 작대기를 과일나무라 생각하고 꽂아보고, 두 개의 의자와 널빤지를 이용하여 벤치의 모양도 잡아보자. 그 후 각각의 물건들을 이리저리로 옮겨가며 어떠한 배치가 가장 좋을지 느껴보자.

디자인 아이디어를 그려볼 수 있는 방법은 다양하다. 다양한 방법을 다 사용해보면 어떤 것이 가장 적합한지 느껴볼 수 있다. 좋은 아이디어가 떠오를 때까지 마음껏 휘갈겨 써보자. 원, 삼각형, 사각형 등을 그려가며 테마를 먼저 정해볼 수 있다. 그리고 모눈종이에 스케치를 해서 정확한 각도를 파악한다. 당신의 생각이 폭포처럼 쏟아져 나올 수 있게 자유롭게 작업하라.

밭고랑 몇몇 사람들은 원형 자와 같이 정확한 제도 도구를 가지고 디자인을 하는데 이는 매우 중요한 요소다. 왜냐하면 지금 디자인한 길이 후에 내가 무거운 자루나 농기구들을 가지고 걷게 될 고랑이 되기 때문이다. 그리고 어떤 식물을 기르든지 간에 잡초를 제거하고 수확하기 위하여 밭으로 가는 가장 빠르고 효과적인 동선이 필요하다.

고랑은 직선 혹은 격자형, 커브형, 조금 더 복잡한 의외성을 가지는 거미줄 형식 등 다양한 패턴이 가능하다. 재배가들은 보통 고랑의 너비를 좁혀서 작물을 수확할 수 있는 대지 면적을 더 확보하려 한다. 하지만 고랑을 너무 좁혔을 때는 텃밭을 돌아다니기가 매우 불편해 진다. 고랑의 폭을 30cm보다 좁히면 빠르게 걷기 힘들어 진다. 주요 고랑은 너비를 70cm 정도 확보하여 수레 등의 도구가 이동할 수 있게 디자인해야 한다.

텃밭을 꾸며놓은 지역이 한참 작물이 성장하는 시기에 장마가 들지 않더라도 고랑을 맨땅으로 내버려두면 안 된다. 만약, 물이 잘 빠지지 않는 땅이라면 고랑이 진흙길이 되어 장화를 신지 않고서는 걸을 수 없게 만들 수도 있다. 이런 낭패를 보지 않으려면 고랑에 짚, 모래, 나무껍질, 오래된 벽돌조각, 자갈, 건초 등을 깔고 고랑 양옆으로는 콘크리트, 블럭, 널빤지 등으로 막아주면 좋다. 지역 기후와 나무의 종류, 사이즈에 따라 다르겠지만, 보통은 5cm 두께의 나무껍질은 2년 정도 사용할 수 있고 7.5cm 두께는 3년 정도 사용할 수 있다. 이렇게 하면 대지의 달팽이 등이 매우 좋아하는 환경이 조성된다. 그리고 자갈은 두껍게 깔아 맨땅이 드러나는 일이 없도록 해야 한다. 4cm 두께로 깔면 적당하고 이의 2배로 깔면 더욱 오래 지속된다. 이렇게 만들어두면 처음에는 힘이 들지만 지속적으로 관리에 드는 힘은 줄어든다.

그리고 이러한 재료들을 깔기 전에 폴리프로필렌, 토목섬유 등을 바닥에 깔아 준다면 후에 잡초가 많이 올라오지 않는다. 벽돌이나 돌을 깔 경우, 그 위에 모래를 5㎝ 정도 간다. 그리고 안정성을 더하기 위해 시멘트 혹은 몰타르를 발라준다. 움푹 패여 물이 고이지 않게 고랑 바닥이 평평해지도록 신경써야 한다.

경계와 울타리　　　울타리는 텃밭을 보호해 준다. 그리고 심을 작
　　　　　　　　　물별로 공간을 구분시켜 준다. 선택은 다양하
다. 야생동물이 살고 있는 지역과 가깝다면 야생동물이 넘어오는
것을 막을 수 있도록 접근방지 전용 울타리로 전기가 흐르는 줄을
둘러 설치할 수도 있다. 미관을 고려한다면 규격화된 체인, 삼나무
줄, 개성 있는 말뚝 등 여러 가지가 가능하다.

　살아있는 울타리를 치는 것은 또 다른 방법 중 하나다. 버드나
무는 어디에 식재하든지 나무는 아치형을 이루며 자란다. 버드나
무는 돌출된 뿌리부분에서 특별한 호르몬이 분비된다.(버드나뭇가지를
잘라 뿌리 쪽을 물에 하룻밤 정도 담가두면 땅에 심기 전에 물에서 미리 자라게 할 수 있
다) 버드나무 울타리는 여름에 초록 싹이 나는데 매우 아름답다. 그
리고 여러 줄기로 뻗은 가지는 가위로 쉽게 잘려 아름다운 수형을
유지하고 관리할 수 있다.

들어오는 것과　　　이웃들이 당신의 텃밭을 어떻게 드나들지 상상
나가는 것　　　　해 보아라. 이는 분명히 고랑과 함께 고려돼야
하는 요소다. 방문자들의 인상에 가장 강하게 남는 것은 그들이 어
떻게 그곳에 들어왔는지이고, 이는 당신에게도 매우 중요하다. 넓고
아름다운 입구는 더 많은 사람들이 방문하고 싶게 만든다.

　무엇인가 더 노력을 기울이기 위해 주변을 돌아보자. 목재, 철,
재활용품, 그 어떤 것이라도 좋다. 이것들은 모두 구하고 사용하기
쉽다. 이러한 작은 노력이 큰 차이를 만들 것이다.

눈에 잘 띄는 곳에 놓아둔 의자는 방문
자들을 끌어당겨 앉고 싶은 욕구를 불
러일으킨다. 힘든 농장일 도중에 쉴 수
도 있다. 그늘막 또한 사람들을 불러모
으는 매력적인 요소다. 그리고 농장 일
을 하는 데에도 매우 필수적인 것이다.
작은 의자와 테이블 등을 배치하면 더
멋있게 만들 수도 있다.

헛간은 초점이 될 수 있다.

디자인 유연성　　　고랑과 텃밭이 될 구역을 동시에 설계하면 바꾸
　　　　　　　　　　　기가 쉽지 않다. 반면, 디자인할 때 동선만 먼
저 만들기 시작했다면 그 디자인은 1, 2년을 넘기지 못할 것이다. 전
자는 쉽게 만들 수도 있고 수년 동안 토양이 뭉개지지 않을 것이다.
그러나 후자는 디자인하는 사람이 재배할 때마다 매번 새로운 생
각을 짜내야 한다. 아마도 가장 완벽한 것을 찾을 때까지 계속 디
자인만 하게 될지도 모른다.

어떤 방법을 사용하든 간에 작물을 바꿔가며 재배해야 한다. 감
자, 토마토, 마늘을 매년 한 구역에서 재배할 때의 위험성은 바로
병원균이 발생하기 쉽다는 것이다. 올해 내가 수확한 마늘의 경우,
매년 같은 장소에서 재배하였더니 녹병에 걸렸다. 작물은 각각 요
구하는 미네랄이 다르기 때문에 작물을 바꿔가며 재배하면 토양의
균형을 이룰 수 있다. 그러므로 문제가 생기기 전에 미리미리 매년
작물을 옮겨 심도록 해야 한다.

비닐하우스　　　　비닐하우스는 실제로 많은 노력과 비용이 드는
만드는 법　　　　　온실보다 비교적 만들기 쉬운 방법 중 하나다.
비록 여전히 비용과 노력이 투자되어야 하고 구부러진 PVC 파이프
와 플라스틱 가공 과정이 필요하지만 구조체가 상당히 견고하여 여
러 달에 걸쳐 이익을 얻을 수 있다.

오클라호마에 있는 지속 가능한 농업을 위한 커 센터에서는 비닐
하우스를 어떻게 만드는지 자세한 설명서를 제공하고 있다. 이 설

명서에 첨부된 사진을 보면 비닐하우스를 짓는 데는 꽤 일손이 필요해 보이지만 지레 겁먹을 필요는 없다. 워크숍에서 기술을 배우면 된다.(kerrcenter.com/publications/hoophouse/index.htm)

비닐하우스는 적은 비용으로 높은 효과를 얻을 수 있다.

2블럭 다이어트:
품앗이

케이트 서덜랜드는 밴쿠버에서 작물을 재배할 만한 땅을 가지고 있지 않다. 그러나 그녀는 자본주의 식량생산 체제에 대한 대안으로 도시 농업을 하고 있는 몇몇 이웃을 발견했다.

그들은 혼자가 아님을 알고 있었기에 더 많은 참여를 유도하기 위해서 홍보물을 주변에 배포하고 있었다. 13명이 첫날 모임에 참석했고 2블럭 다이어트라는 이름으로 품앗이를 시작하게 되었다.

이 단체는 농사 지을 만한 땅을 서로 공유하고 만날 때마다 벌집을 설치하거나 플라스틱 온실을 만드는 등 작업을 함께 한다. 이러한 사회적인 교류는 농업 자체가 주는 이익 외에도 더 큰 이득을 가져다준다. 만약 한 회원의 남편이 아프다면, 다른 회원이 그들을 대신하여 재배를 맡아 한다.

그들의 블로그(twoblockdiet.blogspot.com/)에서는 'Two Block Diet-An Unmanual'로 링크가 걸려 있다. 처음 시작할 때는 1명에서 3명의 친구를 모아 시작하기를 추천한다. 만약 그들이 모두 동의한다면 작물을 재배하는 아이디어를 주변의 다른 사람들과 공유할 수 있다. 그때가 단체의 모임을 소집할 적기가 되고 아래의 주의사항을 따라야 한다.

- □ 회원들이 모이기 쉬운 시간을 정하라.(일요일 오후가 적당하다)
- □ 약속된 시간에 모임을 시작하고 끝내라. 예정대로 모임의 행사가 진행되면 사람들은 더 편안하고 부담 없이 모임을 즐길 수 있다.
- □ 겨울에는 2주에 한 번씩 모임을 갖도록 하고 행동을 개시해

야 한다. 사람들이 모임을 지루하게 느끼지 않도록 주의해
야 한다.

□ 모임에서 메모를 하거나 이메일을 발송하거나 블로그에 게시
글을 올리는 일을 빼먹지 않도록 해야 한다.

□ 만약 사람들이 모임에서 어떠한 제안("제 친구가 비료를 제공해 줄 수
있는지 물어볼게요.")을 하게 되면 반드시 진지하게 고려해 보아라.
이를 통해 모임이 더 존중받고 유지될 수 있다. 우리는 종종
지난 모임 이후로 각자가 어떠한 작업을 해왔는지를 먼저 얘
기하며 모임을 시작하기도 한다.

□ 경험이 많은 원예사를 영입할 수 있는지 여부를 확인해 보아
라. 지식과 정보를 교류할 수 있는 전문가가 있는 것은 매우
좋은 일이다.

□ 모두에게 편리한 모임시간을 정했다면 이제 작업을 위한 파
트를 나눠야 한다. 그 후에 한 사람의 텃밭을 선택하고 다같
이 방문하여 작업을 돕는 것이다. 그렇게 하면 혼자 혹은 둘
이서 해야 할 방대한 작업을 여럿이 하게 되므로 결과는 시
각적으로, 감정적으로 매우 놀랍다. 우리는 나누어 주는 것
의 가치를 알아야 하며, 그보다 더 중요한 것은 받는 것의 가
치를 아는 것이다. 이를 통해 사회 속에서 우리 자신의 위치
를 되돌아 볼 수 있다.

□ 지금 우리가 가지고 있는 모든 것을 활용할 수 있다. 여러분
의 이웃은 잎, 비료, 막대기, 벽돌, 파이프, 보드, 카드보드,
박스, 버려진 책장 등등 화분으로 탈바꿈할 만한 훌륭한 재

료들을 많이 가지고 있다.

ㅁ 이 프로젝트의 가장 큰 부분은 바로 당신의 이웃이 도시 농
업을 할 수 있도록 도와주는 것에 있다. 왜냐하면 우리는 이
미 얼마나 도시 농업이 간단하면서도 만족스러운 작업인지
알고 있기 때문이다. 이제는 도시 농업을 하기 전으로 돌아
가는 것은 상상조차 하기 싫다. 이제 여러분의 이웃을 동참
시킬 차례다.

빌린 땅에 농사짓기: 알지나 해미어는 밴쿠버 옆에 있는 리치몬드 식
알지나 해미어 량 안전부를 담당하는 전문 농학자 다. 3년 전
해미어는 2명의 친구와 함께 다른 사람의 토지를 이용하여 작물을
재배하고 상업적으로 판매해 볼 계획을 세웠다. 이것은 땅 소유주
가 공짜로 대지를 빌려주는 것으로 세계 도시 농업계에서 매우 혁
신적인 아이디어였다. 대게는 이용료를 지불해야 하기도 했지만 그
렇지 않은 경우도 있었다. 빌린 땅에서 식량을 생산하고 판매하는
것에 관심 있는 사람이라면 누구나 해미어의 경험에서 많은 교훈
을 얻을 수 있을 것이다.

그녀의 리치몬드 도시 농업 모임은 지역 신문에 작게 공고를 내
면서 시작되었다. 37㎡짜리 마당이 있는 수택 소유주가 땅을 세공
하겠다고 하였다. 해미어는 그들이 그 땅을 농지로 바꾸는 데 돈이
얼마나 소요되는지 정확한 계산 없이 시작된 것이라고 한다.

"앞마당을 농지로 바꾸는 데 우리가 지불한 돈은 단돈 400달러

였어요. 회전경운기와 잔디 깎는 기계를 빌리고, 9㎡ 용량의 비료도 구입했죠. 만약 그곳에서 작물이 자라나지 않는다면 우리는 그저 최고품질의 정원을 가꾼 격이었던 거죠. 우리는 작물을 심을 둔덕을 4개 만들었어요."

일단, 작물이 크기 시작하자 수확물을 어떻게 판매해야 할지 고민이 생겼고 친구에게 이메일을 보냈다. 유기농 채소 한 바구니에 10달러를 받고 판매하는 것이 노력에 대한 정당한 대가임을 확인한 후, 지금은 세상을 떠난 한 정원가가 소유했던 190㎡의 땅을 발견한 것이다. 그 정원가의 아내는 리치몬드 도시 농부에 대해 들어봤다고 하며 그 땅을 잘 사용해 달라고 부탁했다.

"저희는 이틀 내내 잡초만 걷어냈어요. 그런데 그 잡초 밑에는 놀라울 만큼 영양이 풍부한 토양이 있었어요. 그리고 저희는 그녀의 헛간에 장비를 보관하기로 했어요. 제가 생각하기에 그곳에는 자연거름이 풍부했던 것 같아요. 그곳에서 농작물들은 훌륭하게 잘 자랐어요. 그래서 바로 그 해에 목록을 뽑아 판매할 계획을 세웠죠. 그러나 15달러 이상으로 더 가격을 올릴 계획은 없어요."

정당하게 나눈 식량은 한 달에 한 번 밴쿠버의 도시 농부 시장에서 팔고 있다. 여기에서 판매되는 농작물은 때론 다른 농장의 농부들이 놀라워 할 정도로 질이 좋다.

"우리는 다양한 종류의 작물을 판매합니다. 우리가 처음 판매한 농작물도 별꽃, 쇠비름, 괭이밥이었어요. 거기에 몇 가지 채소를 더해서 한 묶음에 7달러씩 판매했죠. 그리고 밀봉식 비닐 주머니에 별꽃, 당근, 무를 담아서 정확히 기억은 안 나지만 10달러에 판매했던거 같네요. 많은 사람들이 별꽃을 먹어본 적이 없는 걸 알고 시식을 시작했어요. 반응은 예상보다 좋았죠. 우리는 별꽃 450g을 15달러에 판매했어요."

밴쿠버 시장에서 작물을 공유하는 방법이 성공을 거두었다는 것은 곧 초기 농사에서 진 빚을 모두 갚을 수 있다는 것을 의미한다. 또한 앞으로도 농사가 지속될 수 있음을 암시하는 것이다. 그 이후 그들은 계속하여 농지를 넓혀 나갈 수 있었으나 이번에는 많은 돈을 투자하고 싶지 않았다. 그래서 그들은 시트 멀칭법을 사용해서 더욱 손쉽게 작업을 진행했다.

"면적은 50㎡에요. 시트 멀칭법을 사용할 것이고요. 얼마나 많은 카드보드가 사용될지 상상이 되시나요? 50㎡는 약 1톤의 카드보드가 필요해요. 우리는 곧장 상점으로 가서 고정된 박스로 짜인 모든 재료를 사들였죠. 고정된 박스 하나는 실제로 0.5㎡ 정도를 덮을 수 있지만 그렇게 큰 면적을 덮어주는 것은 아니죠. 그래서 우리는 결국 카드보드의 원재료가 되는 물질을 찾아냈어요. 바로 신문지였죠. 신문지는 아주 훌륭한 재료에요. 게다가 공짜로 얻을 수 있어요."

여전히 거름을 주는 비용을 절감하지 못해 쩔쩔매고 있는 사람이라면 가까운 항구에서 공짜로 널려 있는 해초를 걷어 오면 된다. 그런데 해초는 보기보다 무겁다.

"해초가 건조되면 봉지에 넣어 일정 무게만큼 달아놓을 수 있어요. 해초가 젖은 상태라면 너무 무거워서 옮기다가 기절해 버릴지도 몰라요. 그것은 거의 트럭에 깔리는 것과 같아요. 또, 젖은 상태에서는 잘 펴지지도 않거든요. 솔직히 말하자면 해초 봉지 50개를 만드는 것은 그렇게 쉽지만은 않죠."

해미어와 그녀의 동료들은 해초를 깔아 도시의 쓰레기 같은 땅의 흙을 질 좋은 흙으로 개선하는 데 소형 트럭 한 대 분량당 명목상 5달러를 책정해 놓았었다. 그러나 이러한 과정을 통하여 새롭게 알게 된 사실은, 토질을 개선하는 데 얼마나 많은 손수레 바퀴 질을 해야 하며, 많은 기술이 필요한지 배우게 되었다는 사실이다. 결과적으로 적은 비용으로 세 번째 농장이 구색을 갖추게 되었지만 아주 많은 노력과 시간이 투자되었다. 그래서 네 번째 농장에 대한 계획이 등장했을 때 그들은 지금까지 계획의 장점만을 모아보기로 뜻을 모았다.

그들은 이번에도 시트 멀칭법을 사용하기로 하였지만, 바다나 토양에서 얻는 비료 대신에 지역 농장에서 배달되는 버섯으로 만든 비료를 주문하기로 했다. 이럴 경우, 돈은 조금 더 들지만 카드보드 위에 그냥 버려도 상관없고 바로 작물을 심어도 괜찮다. 그래서 현재 리치몬드 도시 농부들은 4군데에 농장 부지를 확보했다. 서로 다른 환경은 여러 종류의 작물을 기를 수 있기 때문에 나쁘지 않은 계획이다. 구렁방아벌레의 애벌레가 있었던 첫번째 농장에서는 감자가 자라기 어려웠지만 상추는 매우 잘 자랐다.

계획에 경제적인 측면이 고려되었는지 스스로 평가해볼 필요가 있다. 해미어의 동료 중 한 사람은 스핀(SPIN)법을 구입했다. 스핀은 작은 구역에서도 집약적으로 재배하는 방법의 줄임말로 서스캐처원의 농부 월리 샛위치가 발명한 것이다. 그는 2천㎡의 땅에서 5만 달러 가치의 작물을 재배할 수 있다고 한다. 해미어와 그의 동료들은 그만큼의 생산성을 담보할 수는 없지만 여전히 그 방법에 대하여 긍정적인 입장을 취하고 있다.

그들은 짧은 시간에 매우 질 높은 작물을 재배할 수 있었다. 왜 무 시장이 이렇게 큰지 알지 못했지만, 월리가 400달러어치를 생산하고 있다는 것은 알고 있었다. 연말에 계산해보니 0.1㎡에 1.50달러만큼의 작물을 수확했는데, 스핀법을 사용하면 0.1㎡에 3달러만큼의 작물을 수확할 수 있었다. 일반적으로 0.1㎡에 3달러만큼의 작물을 수확하려면 엄청난 노력을 들여야 할 것이다. 그들의 경우에는 3명이 각자 다른 역할을 수행했다. 세 명 모두 농사일에 모든 시간을 투자하고 싶어하지는 않았다. 스핀은 당신이 수확한 작물을 시장에서 가장 비싸게 팔 수 있게 도와줄 수 있는 방법이다. 밴쿠버에서는 서부 가장자리 지역이 가장 많은 돈을 받고 팔 수 있는 곳이다. 이곳 리치몬드에서는 그렇게 많은 돈을 받을 수 없었다. 그러나 조금 더 편리하게 판매할 수 있는 방법은 있었는데, 5개의 사탕무를 하나로 묶어서 무게가 아닌 개수로 판매하는 것이었다. 그들은 소비자들이 300달러라는 거금을 쏟아 붓도록 가격을 책정하여 팔지는 않았다. 모두가 이해할 수 있고 납득할 수 있도록 한 묶음에 1.50달러 혹은 3달러로 책정하여 판매했다. 그러나 시장에 내다팔기 위해서는 판매 시간뿐 아니라 준비할 시간까지 이틀이 필요하다. 아마도 월리는 한 주에 세 개의 시장을 돌면서 0.1㎡에서 재배되는 것을 3달러에 판매했을 것이다.

"스핀법을 이용한 농법에서 또 하나 필요한 것은 바로 신선하게 유지하는 것이에요. 이렇게 하면 일주일에 걸쳐 천천히 재배할 수 있어요. 우리의 경우 저녁 7시에 채소를 수확했어요. 상추와 화목류 등의 다른 작물들은 오전 5시부터 헤드램프를 켜서 밝은 환경에 두고, 어두워졌을 때 수확했고요. 그런데 솔직히 말씀드리자면 작년에 이 방법으로 재배를 하면서 만약 돈을 더 받는 것이 아니라면 다시는 이 방법을 쓰지 말아야겠다고 생각할 정도로 고생을 했답니다."

시작이 반이다.
일단 시작하라.

성공할 만한가? "우리는 20달러짜리 상자를 평균 1주일 동안 판매해서 140달러의 수익을 올렸어요. 수잔과 루크는 각각 수요일에 2시간 여기에 와서 일을 했으니까 총 4시간 일했고, 저는 목요일에 3시간 일했어요. 저는 배달을 해주기도 했고, 사람들이 직접 이곳에 와서 사가기도 했어요. 그래서 총 7시간 동안 모든 작물을 심을 수 있었어요. 우리 셋은 전혀 부담 없이 즐기면서 일했죠. 만약 우리가 매주 여기에서 15명에게 나누어 줄 수 있는 만큼의 양을 억지로 수확하려고 했다면 너무 어려운 작업이 되었을 거에요. 만약 그만큼을 수확하려면 계속 심고 거두기를 반복해야 했을 거에요. 결국 우리는 일종의 융합을 시도했고, 이것이 바로 도시민들이 할 수 있는 새로운 형식의 농업이에요. 여러분은 여전히 나쁘지 않은 정도의 수입을 올릴 수 있고, 이러한 수익을 통해 유기농 토마토, 복숭아 등과 다른 필요한 것들을 구입할 수도 있죠. 게다가 수확을 올리고 남은 여분의 신선한 채소들은 직접 먹을 수도 있고요."

내년에도 또 하실 건가요?

"우리는 이미 내년 계획까지 다 세워 놓았는걸요."

자연의 해충 제어하기 이것은 언제, 어디서든 일어날 수 있는 일이다. 푸른 하늘과 풍성한 곡식으로 가득한 당신이 꿈꾸던 에덴 동산이 갑자기 군대의 공격을 받았다면, 아마 큰 충격일 것이다. 벌레가 꿈틀거리기 시작하고 어슬렁거리며 다가오기 시

도시농업 – 도시농업이 도시의 미래를 바꾼다

작한다. 이제 당신이 할 수 있는 것은 무엇인가?

첫째, 아무것도 하지 마라. 겁 먹지도 말고, 다가가지도 말아라. 당신의 농장을 구하겠다는 의지로 그 모든 것을 뒤집어엎지도 말아야 한다.

유기농이라는 것은 우리가 생태계 그 자체인 것처럼 행동하고 생각하는 것이라고 앞서 얘기했던 것을 기억하는가? 우리는 자연과 함께 일해야 한다. 그렇다고 해서 그것이 우리가 뒷짐지고 물러서서 지켜보기만 하라는 것은 절대 아니다. 만약 당신이 진정으로 자연과 함께 일하기 원한다면 어떻게 해야 할지 알려주겠다.

여기에서 나는 우리들 가운데 조금은 게으른 이들(손을 들 것까지는 없다. 그저 조용히 고개만 끄덕여라)을 위한 최고의 방법을 알려주겠다. 그것은 바로 아무것도 하지 않는 것이다. 《셰퍼드의 방법: 유기농식 해충 방제 지침서(Shepherd's Purse: Organic Pest Control Handbook)》에서 발췌한 글을 참고하라.

"재배와 생물학적인 측면을 고려해서 해충에 대하여 몇 가지 예방법들이 필요하긴 하지만, 결국 최소한 간섭이나 아무것도 하지 않는 것이 해충을 방제하는 데는 가장 좋은 방법이며 효과적이다. 해충의 수는 이미 방제할 수 있는 범위를 넘어선지 오래이며 이에 대하여 어떠한 조취를 취해야만 한다고 생각할 수 있지만 해충의 이러한 행태는 이미 인류가 농업을 시작하기 훨씬 이전부터 있어 왔던 일이다."

통합적 해충 제거법　　그러나 세상에는 또 다른 방법도 있다. 이번에
　　　　　　　　　　　소개할 방법은 유기농식은 아니지만 일반적인
상식에는 벗어나는 획기적인 방법이다. 통합적 해충 제거법(integrated
pest massacer) 또는 IPM이라 불리는 이 방법은, 농부들이 해충에 대
해 이해할 수 있도록 돕고, 작물 주변의 해충 숫자에 대해 관찰할
수 있게 해주며, 작물이 받은 피해정도를 예측할 수 있게 해준다.
드물게 해충의 숫자가 방제 가능 범위를 넘어서는 경우도 있기는 하
다. 해충 방제 지침서에는 자연적 방제법, 재배 방제법, 선택적인 해
충제 사용법 등이 있다.

즉, 당신이 해충을 제거할 수 있는 방법
은 여러 가지가 있지만 그 선택은 매우
신중해야만 한다는 것이다.

　나는 유픽(U-pick: 소비자가 구매하기 원하는 것을 직접 재배하는 방법 – 역자
주) 딸기 농장에 방문하기 전까지만 해도 IPM법에 매우 관심이 높
았다. 근처에 유기농 딸기를 재배하는 곳도 없었고, 스프레이 농법
이 IPM법의 극히 일부 선택사항 중의 하나라는 포스터가 있었기
에 믿을만 했다. 딸기를 수확하다가 잠시 쉬는 시간에 배수구 도

랑 사이 작물 틈에 좀개구리밥이 떠다니는 것을 발견했다. 우리집 발코니에 식물과 함께 금붕어가 있는 분수가 있는데, 좀개구리밥과 잘 어울릴 것 같아서 좀개구리밥을 병에 담아 집에 챙겨왔다. 그런데 그곳에서 가져온 좀개구리밥을 풀어놓은지 하루가 지난 후에 내 분수 속의 금붕어가 모두 죽고 말았다. 이 금붕어는 2년 동안 아무런 관리를 해주지 않아도 죽지 않았었다. 아마도 금붕어의 죽음은 우연일 수도 있고, 인체에는 해롭지 않지만 어류에는 해로웠던 해충제 때문일 수도 있고, 무엇인가 흘러들어갔을 수도 있다. 나는 여전히 IPM이 좋은 방법이라고 생각하지만, 딸기는 다른 농장에서 가져왔다.

해충이 모두 나쁠 것만은 아니다.

으깨버리기　　　해충을 제거하기 위해서 독성물질을 구입하는 것보다도 당장에 으깨버리고 싶은 것이 사람들의 첫번째 본능일 것이다. 이러한 물리적인 제거방법은 농부들이 가장 먼저 하게 되는 행동이다. 그러나 이에 대한 대비를 일찍 시작한다면 모충과 민달팽이, 달팽이의 습격을 미연에 방지할 수 있다. 그러나 그전에 여러분이 그들을 손가락으로 으깨거나 비눗물 속에 떨어뜨려 넣거나 신발 바닥으로 뭉개는 그 모든 것들이 악의가 있음이 아니라 사업을 위한 것임을 해충에게 알려주어라.

또한 트랙터에 연결된 청소기를 이용하여 문제를 해결하는 캘리포니아의 딸기 재배회사의 전략을 따라서 휴대용 청소기를 이용해 해충을 빨아들이고 잊어버려도 된다. 또 다른 전문적으로 해충을 살펴볼 수 있는 방법은 나무 밑에 천을 깔아놓고 잎을 흔드는 것이다. 이른 아침에는 벌레가 느리고 둔하기 때문에 이때 하는 것이 가장 좋다. 이렇게 함으로써 떨어진 벌레를 물통에 빠뜨려 죽게 할 수도 있다. 이 방법은 모든 침입자를 막을 수는 없지만 벌레의 침입을 막기에는 충분하다. 또 다른 물리적인 제어방법으로는 보호 멀칭을 만들거나 토양 위에 규조토로 경계를 둘러놔서 해충의 접근을 애초에 방지는 방법이 있다. 날아다니는 해충은 식물 위로 망을 씌워놓음으로써 접근을 예방할 수 있다.

생물학적 무기　　　생물학적인 제어방법을 수행하기 위해서는 특정 해충에 대적할 수 있는 천적이 어떠한 것이 있는지에 관해 공부해야 할 필요가 있다. 살아있는 생명체는 당신의 식물을 해충으로부터 보호해줄 수 있는 용병으로 투입할 수 있다. 예를 들어 꽃을 심거나 그 땅에서 잘 적응할만한 식물을 심어 공생관계에 있는 포식자가 살도록 유도할 수도 있고, 토양에 사는 박테리아나 무당벌레 등을 구입하여 해충을 방제할 수도 있다.

화학적인 방법

화학적인 방법으로는 상업적으로 생산된 화학적 해충전용 세제, 님나무(Neem tree: 인도 자생 수목)의 씨로 만든 살충제, 마늘 간 것과 고춧가루를 섞은 후 하루 동안 그대로 두었다가 건더기를 걸러내고 액체만 스프레이 통에 담아 식물의 잎에 뿌리는 방법들이 있다. 그렇게 해두면 그 액체의 냄새가 잎에 남아있을 동안은 해충이 식물에 접근하지 못할 것이다.

민달팽이

서부 해안가의 농부들은 민달팽이나 진디와 매번 전쟁을 벌이는 일에 익숙해져 있다. 보통 사람들은 민달팽이를(만약 당신이 젓가락질에 능하다면, 젓가락질로 집어 올릴 수 있다) 발견하면 발로 짓이기거나 소금물이 가득한 통에 넣거나 이웃의 마당으로 슬쩍 던져버리기도 한다. 그러나 민달팽이를 퇴치하는 가장 좋은 시간은 바로 늦은 저녁이나 이른 아침에 민달팽이가 먹이를 찾으러 움직이는 때다. 밤에 정찰을 한다면 헤드램프를 착용하는 것이 좋다. 또한 맥주를 넓은 접시에 부어 민달팽이를 빠뜨리는 방법도 있다. 몇몇 농부들은 민달팽이를 찾기 위해서 이른 아침에 널빤지나 오렌지 반쪽을 작물들 사이에 거꾸로 메달아 놓고 유인하기도 한다.

진디 진디는 폭풍이 몰아쳐도 잎에서 절대 떨어지지 않는다. 진디는 그 입을 사용해 잎에 달라붙어 있는데 그 어떠한 힘도 진디를 잎에서 떨어뜨리기에는 역부족일 정도로 붙어있는 힘이 강하다. 이를 예방하는 것은 이르면 이를수록 좋다. 예를 들어, 사과나무에 새로 돋은 새 잎에 미리 진디 예방책을 쓰지 않으면 진디가 잎의 수액을 다 빨아 먹어서 새 잎은 곧 쭈글쭈글 말라버릴 것이다. 동그랗게 말린 잎을 일일이 다시 펼 수도 있겠지만 매우 번거롭다. 만약에 개미가 진디가 살고 있는 나무의 기둥을 타고 오르는 것을 발견했다면, 이는 결코 우연히 일어난 일이 아니다. 개미 또한 그곳에서 무시무시한 일을 벌이고 있다. 개미는 진디를 연한 새 잎으로 접근할 수 있도록 도와주고 진디가 잎의 수액을 다 빨아먹을 때까지 기다렸다가 진디로부터 영양분을 빼앗아 먹는다. 매우 신비로운 자연의 섭리가 아닐 수 없으나 우리에게는 아무런 도움이 되지 않는 일이다. 개미를 비롯하여 진디 모두 나무에서 퇴치하려면 두께가 15cm 정도 되는 밴드에 끈적거리는 액체를 바르고 나무의 기둥에 감아놓으면 된다. 한번 두르는 것만으로도 한 해 동안 진디와 개미가 잎으로 접근하는 길은 훌륭하게 차단하는 효과가 있다.

밴쿠버에 있는 유기농 도시 농부인 마리아 키팅 은 그녀 스스로를 '벌레 아가씨'라고 지칭한다.

**벌레 농부:
마리아 키팅**

그녀는 온실가스 사업에 관련된 생물학적인 방법에 관한 자문활동도 하고 있다. 그녀는 지난 15년 동안 벌레를 사랑하게 될 만큼 벌레에 관하여 심도 있게 공부했고 그녀의 이러한 열정은 다른 이들의 관심을 불러일으켰다. 많은 사람들이 벌레 이야기만 들으면 움찔하곤 한다. 그러나 키팅은 해충을 방제하기 위해 자연에서 일하다 보면 당신의 농장 속 자연에 대해 더 많은 관심을 가지게 된다고 한다.

"제가 벌레에 대해 이야기하는 것은 벌레가 나쁘다는 것이 아니에요. 당신도 벌레와 그들의 서식지에 대해 공부해 보면 매우 흥미로울 거예요. 벌레도 나름 사연이 있거든요. 아무 잎이나 골라서 뒤집어 보면 그곳에는 흥미진진한 판타지가 펼쳐질 거예요."

되돌아가기: 잔디밭 마당을 텃밭으로

보통 사람들이 생각하는 것과는 다르게 벌레의 세계는 매우 흥미롭고 유용한 것이다.

"진디의 천적은 단지 무당벌레만이 아니라 20여 가지가 더 있어요. 당신이 벌레에 감사할줄 안다면 아주 훌륭한 농부가 될 자질이 있어요. 그냥 자연 속에서 어떤 일이 벌어지는지 내버려 두고 관찰하고 그곳에서 배움을 얻으세요. 바로 이러한 배움이야말로 당신이 도시에서 농업을 시작하면서 느끼게 되는 가장 큰 교훈일 거에요. 저는 제 농장을 방문하는 아이들에게 제 농장을 동화 속에 나오는 곳으로 비유해서 설명하곤 해요. 만약 저기 보이지 않는 곳에서 일어나는 일들을 믿지 못한다면 실제로도 볼 수 없을 것이라고요."

그렇다면 유기농 농장은 살충제로부터 자유로울 수 있다는 것인가?

"그것은 유기농 농장에 있어서 항상 가장 큰 화두거리였어요. 사람들은 '과연 정말 살충제 없이도 농사 지을 수 있을까?'라고 늘 의심하곤 하죠. 그런데 그거 아세요? 살충제는 내성이 있어요. 그리고 부작용도 있죠. 제가 대학생 시절에 첫번째 일이 바로 캐나다 보건국과 함께 했던 일인데 바로 온타리오에 있는 농부가 살충제에 노출되었던 일에 관해 연구하는 것이었어요. 그때 정말 큰 충격을 받았어요. 저는 그 농부와 그의 아내, 아이들이 2,4-D와 같은 살충제에 노출되어 발생한 일에 대해 이야기를 들으러 그곳에 갔었어요. 실제로 들어보니 그 결과는 충격적이었어요. 저는 그들이 저를 마치 정부에서 나온 사람으로 알고 경계할까봐 걱정했지만, 오히려 그들은 저에게 그들이 살충제로 인해 생긴 암에 대해 이야기해주었어요.

제가 이전까지 알고 있었던 모든 것들과는 너무나 달랐어요."

책이나 사람들은 질 좋은 기구와 적절한 도구   **도구에 대한 이야기:**
가 매우 중요하고 말한다. 그러나 당신은 9.99   **밥 데먼**
달러밖에 안하는 싸구려 삽에 더 마음이 끌릴 것이다. 물론 이해
한다. 그러나 그 생각 또한 바꿀 수 있다는 것도 믿는다. 나는 이를
위해서 밥 데먼에게 조언을 구했다. 데먼은 바깥일을 훌륭히 해내
는 데에 도움이 되는 품질 좋은 수제 도구를 가지고 있다.(Redpigtools.
com) 그의 제품 목록에는 2,000개가 넘는 다양한 도구가 있는데, 그
중에 200여 개는 그가 직접 만들었다. 또한 상점에서 원하는 목적
에 적합한 도구를 찾지 못한 사람들을 위하여 소비자 맞춤형 도구
를 발명했다. 그리고 적절한 도구를 구매하고 사용하는 방법에 대
한 강의도 하고 있다.

요즘 도시 농부들은 도구를 올바르게 사용할 줄 모른다에 데먼
도 동의했다.

"대부분의 사람들은 어떤 도구를 어디에 사용해야 하는지 모르
더군요. 아주 일반적인 도구도 제대로 사용하는 것을 본 적이 드물
어요. 삽자루 하나를 쥐어줘도 제대로 사용할 줄 모르고 불필요한
삽질만 하다가 결국 지치고 말죠. 나는 몇몇 사람들이 도구를 올바
르게 사용하지 못하면서 어렵게 생계를 유지하는 것을 종종 보았어
요. 많은 사람들이 올바른 도구 사용법을 몰라서 고생하고 있죠."

올바르게 땅을 파는 법   데먼은 올바르게 땅을 파는 법을 비롯하여 여러 가지 기술을 알려주었다.

1. 토양이 젖어있을 때 땅을 파라. 건조하다면 물을 충분히 뿌려라.

2. 적당한 도구를 선택하라. 북미의 도구창고에서 발견되는 가장 흔한 도구는 바로 둥근 삽이다. 손잡이 길이가 당신 키에 맞는 삽을 사용하라. D모양의 손잡이를 가진 삽은 허리 건강에 좋지 않다.

3. 당신의 삽이 항상 날이 잘 서 있도록 유지하는 것에 신경 써라. 제조자들은 소비자들이 날을 잘 관리하도록 알려줘야 하지만 날 끝이 무뎌진 것도 모른 채 평생 삽질을 한다. 30~45도 각도에 손을 벨 정도로 날카롭게 날이 선 것을 사용하라. 야외에서 작업할 때도 항상 날카로운 상태를 유지하도록 노력하라. 왜 정육점 주인이 늘 칼날을 세우고 있는지 생각해보자.

4. 삽 날을 발 가까이에 두고 땅을 파라. 삽 날을 엄지발가락 앞쪽에 두고, 체중을 실어서 삽이 위치하고 있는 방향에 힘을 싣는다. 삽을 다시 꺼낼 때 삽의 오른쪽으로 들어 올리려고 한다면 허리는 쭉 펴져 있어야 한다. 쪼그리고 앉을 때는 아래쪽의 손을 이용하여 허리의 힘이 아닌 다리의 힘을 이용한다. 퍼낸 흙은 허리가 뒤틀어지지 않는 범위 내로 던진다.

5. 한 번에 너무 많은 양을 파지 않는다. 한 번에 흙을 많이 파내서 다시 잘게 부수는 것은 소모적인 일이다. 한 번에 적은 양

을 파내는 것이 훨씬 효과적이며 몸에 무리가 안 간다.

6. 만약 채소밭을 만들고 싶다면 얇은 삽으로 땅을 파라. 한 삽
(가래) 분량의 첫 시작지점을 삽질하고 한 번에 5cm씩 앞으로 나
아가며 땅을 판다. 왜냐하면 도랑은 한 번에 5cm씩 파나가는
것이 삽질하기에 가장 쉽다. 한 번에 25cm를 파고 지친 상태에
서 남은 부분을 가지고 씨름하는 것보다 얇은 삽을 가지고 조
금씩 해 나가는 것이 훨씬 능률적이다. 삽질을 통해 파낸 흙
을 도랑 멀리 던진다. 왜냐하면 도랑은 좁고 불안정한 부분이
므로 흩어질 수 있기 때문이다.

그리고 데먼에게 도시 농부들이 가져야 할 기본적인 도구를 추
천해 주기 부탁했다. 세상에는 끔찍할 만큼 적절하지 못한 도구들
이 많다며 다음과 같은 도구를 추천해주었다.

1. 흙이나 부산물을 옮기기 위한 끝이 둥글
   고 손잡이가 긴 삽.   **시작을 위한**
                                              6가지 도구
2. 밭을 개간하기 위한 가래, 바닥면이 평평하고 직사각형 모양
   의 날은 바닥을 다지는 데 도움이 된다.
3. 찰지고 단단한 토양을 삽이나 가래를 이용하여 팔 수도 있지
   만 쇠스랑을 이용할 수도 있다. 쇠스랑은 단단한 면보다 훨씬
   마찰성이 적다.
4. 1개에서 4개의 뾰족한 끝을 가진 도구를 이용하여 농부들은

토양을 개선하고 각 토양의 수분 요구도에 맞추어 일해야 한
다.(흙을 뒤집으면 그 사이에 생긴 공기 공간으로 물이 흘러들어간다. 만약 이러한
공기 공간이 없다면, 점토질 토양의 입자들이 서로 달라붙어 있어서 물은 잘 흡수되
지 못한다. 그래서 건조한 날씨에 토양의 표면이 딱딱하게 갈라지는 것이다)

5. 큰 갈퀴는 밭을 개간하는 데 쓰인다. 가벼운 것을 이용하는
   것이 더 쉬워 보일 수는 있지만, 실제로 가벼운 갈퀴는 힘이
   덜 들어가서 많은 작업을 수행하지 못한다. 다소 묵직한 갈
   퀴 압력을 제대로 받아야 한 번에 힘을 들인 만큼의 작업을
   수행할 수 있다.

6. 잡초를 제거하기 위해서는 괭이질을 한다. 괭이는 모양과 각도
   가 다양하다. 날이 지면과 거의 수평을 이루는 괭이는 잡초를
   자르는 데 유용하고, 날이 수직인 괭이는 흙을 파내는 데 좋
   다. 당신의 목적에 맞는 괭이를 선택하여 사용하면 된다.

데먼에게 도구의 적절한 사용법과 도시 농부들이 특히 더 알아
야 할 기술에 대해서도 물어봤다.

그는 손잡이가 유리섬유로 만들어진 기구는 사용하지 말 것을
당부했다. 그것은 비누나 물 또는 때때로 아세톤으로 인해 지워지
기 쉽다. 나무 손잡이로 된 도구는 작은 것에서부터 손잡이가 긴
괭이나 갈퀴에 이르기까지 다양한데, 이는 1~2년에 한 번씩 점검해
보라고 조언했다. 만약 나뭇결이 갈라지기 시작했다면 가볍게 사포
질을 해줘야 하지만 광택제까지 바를 필요는 없다. 도구가 너무 오
래되어서 뻣뻣해졌다면 페인트 상점에서 아마인 기름을 사서 바르

기보다는 테레빈유를 얇게 발라둔다. 15분 후에 테레빈유가 도구에 흡수되었다면 다시 그 위에 덧칠한다. 이 과정을 기름이 더 이상 흡수되지 않을 때까지 반복한다. 그 후 작업복을 입고 다시 작업을 시작하면 된다.

금속부분은 솔로 닦아 내면 된다. 1년에 한 번, 도구를 몇 달 동안 사용하지 않을 때는 기름칠을 한 후에 보관하여 녹스는 것을 방지해야 한다. 사용한 모터 기름을 넝마 위에 부어 놓는 것도 괜찮다. 어떤 사람들은 오래된 통에 왕모래를 채운 후 8리터 정도 사용한 모터 기름을 붓는다. 하루를 묵히고 도구를 통에 넣어 두면 도구에 충분히 기름칠이 된다. 그러나 가지 치는 도구는 이 방법을 사용하면 안 된다. 왜냐하면 모래가 도구 이음새 사이에 끼어서 도구를 망쳐 놓을 수도 있다.

나는 데먼에게 왜 사람들이 상점에서 얼마든지 싼 도구를 구입할 수 있음에도 불구하고 굳이 비싼 도구를 사용하는지 물었다.

"당신은 당신의 능력이 허락하는 한 가장 좋은 도구를 사용해야 합니다. 저렴한 도구는 일은 할 수 있지만 쉽게 고장나버리죠. 특히 농장일을 하고 있을 때는 더 쉽게 고장나죠. 수업시간에 저는 저렴한 도구들이 어떻게 쉽게 고장이 나는지 그 과정에 대해 지도합니다. 저렴한 것일수록 고장은 더 쉽게 나죠.

저렴한 도구의 손잡이 역시 당신의 작업에 큰 손해를 미칩니다. 저렴한 도구는 질 좋은 나무 손잡이보다 낮은 등급을 사용합니다. 나무 손잡이의 재료는 1등급에서 6등급으로 질에 따라 나뉩니다. 탄탄하고, 매끈하고 아주 질 좋은 것은 꽤 비싸죠.

만약 당신이 좋은 손잡이와 몸체가 갖춰진 질 좋은 도구를 구입했다면 여러 해에 걸쳐 고장 없이 오랫동안 사용할 수 있을 것입니다. 어디서 구입하고 어떤 모델을 사는지에 따라 가격은 조금 차이가 있겠지만 꽤 견고하게 만든 90달러짜리 삽을 한 자루 산다면 그것은 닳아서 없어져 버리기 전까지 3~4세대에 걸쳐서 문제없이 잘 사용할 수 있을 거에요. 만약 당신이 9.99달러짜리 도구를 샀다면 매 계절마다 새로운 것으로 바꿔야 할 수도 있고, 더 심하게는 한 시즌에 여러 개를 바꿔야 할 수도 있을 겁니다.

이것은 어떤 종류든 모든 도구에 해당되는 이야기입니다. 당신의 주머니 사정에 맞춰 가장 좋은 도구를 구입하면 아주 오랫동안 그 덕을 볼 수 있습니다. 또한 좋은 도구는 농사일을 바르게 할 수 있게 해주죠. 저는 사람들에게 좋은 도구를 직접 손에 쥐어볼 기회를 주곤 합니다. 그러면 그들은 그 도구가 얼마나 훌륭하게 거드는지 깨닫고 매우 놀라곤 합니다."

예화와 영감

동쪽 강의 물가와 맨해튼 지평선의 드넓은 조망이 펼쳐진 곳에 있는 Eagle Street Rooftop 농장은 560㎡의 유기농 옥상 농장으로써, 브루클린의 그린 포인트에 있는 창고 건물의 옥상에 있다. 뉴욕의 재배 기간에 이 농장의 농부들은 공동체 지원 농업 프로그램, 현지의 시장, 그리고 지역 식당에 신선한 먹을거리를 공급하고 있다.

가정에서 닭을 기르는 것과 관련해서 현재 여러   **도시에서 닭 키우기**
도시에서 불만이 많다. 밴쿠버는 최근에 뒷마
당에서 닭을 기를 수 있는 조례를 통과시켰지만 이를 지지하는 측
과 반대하는 측 모두에서 심각한 논쟁과 말다툼이 있었던 것은 사
실이다.

그런데 뒷마당에서 실제로 닭을 키울 사람은 그리 많지 않기 때
문에 이 조항은 사실상 비현실적인 측면이 있다. 닭 사육은 일반적
으로 사람들이 생각하는 것보다 더욱 많은 노력을 들여야 한다. 그
리고 개와 고양이도 이러한 '노력'에 동참해야 하는데, 애완동물 주
인들은 그들의 애완동물들이 닭의 배설물을 주워 먹는 것을 일일
이 감시하기 위해 따라다녀야 한다는 사실을 굉장히 못마땅해 한
다. 도시 내에서 사육하는 닭은 애완동물이면서 동시에 오믈렛도
만들 수 있게 해주는 존재라고 여길 필요가 있다. 만약 당신이 애
완동물을 잘 키운다면, 닭도 문제 없이 키울 것이다. 어렵게만 생
각했던 암탉을 기르는 일은(당신의 이웃은 당신이 수탉을 기르지 않음에 고마
워할 것이다) 오히려 재미있을 것이다. 혹 재미를 느끼지 못하더라도
달걀을 제공받는 것만으로도 암탉은 충분히 기를 가치가 있다. 그
러나 동물을 기른다는 것은 상당히 많은 주의사항과 책임이 따르
는 일이다.

최근 들어 도시에서 닭을 사육하는 것이 인기를 끌면서 사육에
관련된 정보를 인터넷이나 잡지를 통해 쉽게 얻을 수 있게 해 주었
다. 공장에서 생산되는 달걀 대신 건강을 위해 스스로 대안을 만들
고자 하는 사람들의 관심은 조류 전문 수의사나 먹이, 사육 계획,

조립식 닭장 등에 관련하여 전반적인 증가를 초래했다.

닭을 사육하면서 달걀을 얻으려면 조류의 생활패턴을 정확하게 알고 있어야 한다. 암탉은 평균적으로 3일에 2알 정도를 낳는다. 그러나 달걀을 나을 수 있는 시기는 암탉의 일생 10~12년 동안 2~3년 정도다. 그러므로 당신은 닭이 달걀을 생산하지 못하는 시기에는 닭을 어떻게 처리하고 관리할 것인지 생각해 두는 것이 중요하다. 도시 내 닭의 사육과 관련된 조례는 이와 관련된 문제에 있어서 여러 전략을 내세우고 있다. 주민들은 사육했던 닭을 직접 잡을 수는 없지만 조류관련 전문가를 초빙할 수도 있고, 늙은 닭을 위한 보호기관을 찾아갈 수도 있다. 닭을 사육할지 말지를 결정하기 전에 해당 지역의 정부 조례를 먼저 확인해야 한다.(몇몇 도시들을 닭을 사육하는 것을 금지하고 있다. 주인이 직접 사육하는 것을 허용하는 법이 제정되기 전까지만 해도 밴쿠버에서는 닭 사육이 불법이었다)

이 닭을 태리인으로 내세우자.

도시농업 – 도시농업이 도시의 미래를 바꾼다

몇 가지 고려해야 할 사항들이 있다.

닭은 밤에 잠을 잘 수 있는 집이 필요하다. 닭장은 정교하든 허술하든 예쁘게 보이든 누추해 보이든 상관없이, 개·여우·코요테·너구리·맹금류 등의 침입자로부터 닭을 보호할 수 있어야 한다. 새로운 닭장을 준비할 수 있다면, 뱀이나 설치류가 닭장 밑으로 땅을 파고 들어오지 못하도록 콘크리트 바닥을 만든다. 닭장은 반드시 깨끗하고 쉽게 접근할 수 있으며, 달걀을 안심하고 낳을 수 있도록 안정된 공간을 제공할 수 있어야 한다. 그리고 쉽게 건조하고 환기시킬 수 있어 관리하기 편하게 만들어야 한다. 닭장의 크기는 키울 닭의 수에 따라 달라진다. 암탉 1마리(혹은 그보다 더 큰 조류의 경우)는 0.1~0.2㎡의 면적이 필요하다. 암탉 4~5마리마다 둥지가 하나씩 있어야 하고, 1마리당 15~25cm의 횟대를 설치해야 한다.

닭은 어린이들과 같이 뛰고 돌아다닐 수 있는 외부 공간이 필요하다. 아이들이 하루 종일 집안에만 갇혀 있는 모습을 보고 싶지 않을 것이다. 만약에 뒷마당에 닭장을 설치하는 것이 아니라 마당에 닭을 풀어 놓고 키우고 싶다면, 땅 속으로는 발이 빠질 정도의 깊이로, 땅 위로는 15cm 정도 올라오게끔 철망을 설치하여 침입자들이 땅을 파고 마당 안으로 들어오는 것을 막을 수 있어야 한다(발이 빠질 정도 깊이로 철망을 묻는 이유는 침입자들이 땅을 파고 들어오는 것도 방지하기 위함). 어찌 보면 필요 없는 노력으로 생각될 수도 있지만, 이렇게 함으로써 닭의 주인은 너구리와 같이 땅을 파는 침입자들의 침입을 방지할 수 있다. 또한 닭이 뛰어다니는 곳에 메시 철망이나 망을 설치하여 설치류가 위에서 덮쳐서 닭을 잡아먹는 것도 예방해야 한다.

조류독감이 우려되는가? 캐나다 정부의 수의사는 뒷마당에서 기르는 닭 몇 마리는 질병에 감염된 조류와 접촉하게 될 가능성이 매우 적으며, 만약 무리 중 한 마리라도 아프다면 수백만 마리가 모여 있는 대형 공장과는 다르게 닭장 주인은 바로 알아채고 알맞은 조치를 신속하게 취할 수 있다. 게다가, 닭은 매우 강한 생물종이어서 다양한 환경에 잘 적응하고 쉽게 병에 걸리지도 않는다.

그렇다면 이제 이웃들의 불만이 걱정되는가? 이웃이 너무 화가 난 나머지 그들의 개를 담장 너머로 풀어서 닭을 공격하게 만들었다는 이야기도 심심치 않게 듣곤 한다. 이런 얘기에 관해 잠시 독설을 할테니 독자들에게 미리 양해를 구하는 바이다. 나는 이러한 헛소문이 도시 농업에 반감을 가지고 있고 그들 스스로는 매우 세련되고 교양 있다고 생각하는 도시 거주자들에게서 시작된 근거 없는 소문은 아닐까 생각한다. 닭은 촌스럽고, 냄새나고, 멍청해 보이고 시골의 요소는 모두 가지고 있는 것 같은 우스꽝스럽게 보일 수도 있다. 그럼에도 불구하고 당신이 닭장을 깨끗하고 보기 좋게 관리하면서 이웃에게 신선한 달걀을 나누어 준다면, 그들은 당장에 왜 닭을 꼭 도시에서 키워야만 하는지 수많은 주장을 펼치게 될 것이다.

당신도 할 수 있다 대량으로 재배를 시작한다면 아주 많은 양의 먹을거리를 수확할 수 있는 기쁨을 누릴 수 있을 것이다. 이웃과 이것을 나누어 먹는 것은 그들과 좋은 관계를 유

지하는 데 크게 기여할 수 있다. 또한 당신이 나중에 도움의 손길
이 필요할 때 되돌려 받을 수 있는 가능성도 제공한다. 수확물을
공유하는 것은 아주 오래 전 선조들이 사냥한 것들을 모아 동굴로
가져오는 오래된 풍습에서 기원한 것일지도 모른다.

주키니, 토마토, 오이 등 수확물을 부지
런히 나누어 주어도 당신에게는 여전히
한 자루 가득 작물이 남을 것이다.
바로 이때가 당신이 개인적인 저장소를
만들 때다.

오늘 길러서 당신이 먹고 싶을 때 언제나 꺼내 먹자.

통조림 음식은 쉽고 편리하게 1년 내내 먹을 수 있지만, 이것은 또한 당신의 목숨을 위협할 수도 있다. 조리법을 잘 따른다면 보툴리눔 식중독에 걸릴 위험성이 그리 높지 않고 그 위험을 피할 수 있지만 각별한 주의를 요한다. 시중에는 이러한 것에 대한 세부사항을 알려주는 책과 인터넷 사이트가 많다. 일반적인 지침들은 아래와 같다.

필요한 재료는 간단하다. 뜨거운 물에 조리할 통조림은 (분리된 기계를 사용하여 높은 압력에서 조리하는 통조림과는 달리) 병과 밀봉할 수 있는 뚜껑(수확기간 쯤 슈퍼마켓에서 판매한다), 병을 소독할 수 있는 큰 냄비가 필요하다. 그 외에 뜨거운 액체를 위한 깔때기, 병을 받쳐줄 통조림 받침대, 뜨거운 물 속에서 병을 꺼내 올릴 집개 등이 있으면 더 편리하다.

통조림 조리법은 매우 기본적이다. 딜로 양념한 오이피클을 만들기 위해서 오후에 얻게 될 좋은 결과를 기대하며, 나는 첫번째로 조리할 때 가장 잘 어울리는 배경음악을 골랐다. 오페라 음악과 피클은 매우 궁합이 잘 맞는 것 같다. 우선 끓는 물에 병을 소독한다. 신선한 오이가 담긴 각 통에 마늘, 고춧가루, 포도 잎(의심스럽긴 하지만 피클을 더 아삭아삭하게 해준다는 말이 있다), 피클 소스(구입하거나 머스터드 씨앗과 검은 말린 후추 열매 등을 섞어서 제조할 수도 있다), 그리고 신선한 딜을 같이 넣는다. 재료를 넣은 병에 뜨거운 피클 소스 액체를 가득 채우고 식초와 피클소스 소금을 조리법이나 통의 개수를 참고하여 적당량 준비하여 넣는다(박테리아 증식을 예방하기 위하여 적당한 산도는 매우 중요하므로 조리법에 나온 비율을 필히 지켜야 한다). 병뚜껑을 덮고 10분이나 조리법에 명시된 시간만큼 끓인다. 반대편에 아무것도 없게 정리해 놓는다. 병뚜껑에서 아주 경쾌하게 '펑' 소리가 나면 꽉 닫아둔 뚜껑은 안쪽으로 오목해질 것이다. 제대로 밀봉을 하지 않았더라도 그리 큰 문제는 아니다. 냉장고에 보관했다가 1~2주 안에 다 먹어버리면 된다. 나머지는 건조하고 서늘한 곳에서 보관하면 내년까지도 먹을 수 있다. 몇몇 사람들은 추수감사절쯤이 피클에 가장 맛이 잘 들었다고 하는데 실제로 크리스마스쯤에 더 맛이 좋다.

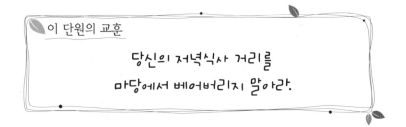

이 단원의 교훈

당신의 저녁식사 거리를
마당에서 베어버리지 말아라.

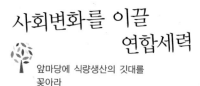

사회변화를 이끌 연합세력

앞마당에 식량생산의 깃대를
꽂아라

이제 우리는 잔디 관리의 부담으로부터 우리의 먹을거리를 재배할 수 있는 기회를 해방시킬 시간이 왔다. 우리는 우리가 직접 재배한 채소를 좋아한다. 누가 우리를 보든지 신경 쓰지 않는다. 혹은 우리 이웃들이 우리가 화학적 색조로 뒤덮인 잔디밭보다 지구와 건강에 훨씬 관심이 많다는 것을 알아주기를 원할지도 모른다. 왜냐하면 마치 사회운동과 같은 도시 농업에 참여하고 있는 우리를 보고 용기 내어 동참하기를 원하기 때문이다. 그래서 우리는 앞마당에 작물을 심는다.

우선 사회의 큰 변화를 불러일으킬 인민전선에 가입한 당신을 축하한다. 당신은 도시 농부가, 집은 또 하나의 도시 농장이 되었다. 세계의 도시에서 활약하고 있는 동지들은 두 팔 벌려 채소들과 함께 당신의 동참을 환영할 것이다.

그러나 이웃들은 어 떻게 생각할까? 몇몇은 집값이 떨어질까 싶어 당신에게 부아가 날 것이다. 여전히 20세기 잔디밭에 푹 빠져 있는 구매자들에게는 정말로 그렇게 보일 수도 있다. 반면에 유기농 흙의 가치를 아는 구매자들에게는 오히려 집값이 오를 수 있는 매력으로 보일 수도 있다.

이것은 바로 도시가 변화하고 있다는 것이다. 도시의 뒷골목일지라도 지구의 어딘가에는 변화의 바람이 일고 있다. 앞마당에 작물을 심기 시작한 많은 새로운 농부들이 미래의 도시를 먹여 살릴 수 있는 캠페인을 하고 있는 것이다. 우리가 먹는 식량은 우리가 누구인지 말해주며, 우리가 사는 곳은 우리가 무엇을 먹을 것인지 말해준다.

깨끗하게 관리하기 마당에서 공공 장소 쪽으로 노출되어 있는 곳은 미관상 더 많이 고려해야 한다. 도시 농업이 확산되면서, 깨끗하게 정돈된 이미지와 앞마당 농장이 세련되게 보이도록 하는 것은 좋은 생각이다. 아마도 도시에서 작물을 재배하는 것 자체만으로도 충분히 아름다운 광경인데 굳이 미관을 생각할 필요가 있겠냐고 할 수도 있지만, 보기 좋게 꾸미는 것은 이웃과 당신을 위해서다. 무화과 열매에 날개를 달라는 것이 아니라 다른 사람들이 따라하고 싶을 만큼 매력적이고 깔끔하게 꾸미라는 것이다.

내가 과수원으로 유기농 복숭아를 구입하러 갔을 때, 브리티시컬

도시농업 – 도시농업이 도시의 미래를 바꾼다

럼비아의 시밀카민 계곡에서 만난 유기농 농부 리 맥파디언은 '깔끔하게 농사 짓는 것은 해충과 질병을 피할 수 있는 가장 좋은 유기농법'이라고 말했다. 낙엽 퇴적물에서 벌레가 번식하기 때문에 그것을 치우는 것 만으로도 벌레가 번식하지 못하도록 막을 수 있다. 정기적으로 식물을 검사하여 어떤 질병이나 감염된 부분이 있으면 제거해 버려야 한다. 일하는 중간 중간에 식물이나 토양과 맞닿는 도구를 잘 관리하여 병원균이 농장 전체에 퍼지지 않도록 해야 한다.

거만한 비공식적인 거리 의회와 같은 몇몇 이웃들은 아마도 당신이 잔디를 존중하고 가꿀 책임을 지지 않고 있다고 비판할지도 모른다. 좀 어려운 전략일 수도 있지만, 테드 스테인버그(Ted Steinburg)의 《특별한 미국의 잔디밭: 완벽한 잔디밭에 대한 강박적인 추구 (Specifically American Green: The Obsessive Quest for the Perfect Lawn, W. W. Norton, 2006)》라는 책에서 한두 이야기를 되세겨 그들의 주장을 단념시켜 보자.

1. 북미에서는 농부가 농장에 뿌리는 제초제 의 양보다 10배가 많은 양을 잔디를 가꾸기 위해 살포했다. **잔디에 관한 8가지 경고**

2. 단위 면적 당 옥수수나 쌀을 재배하는 것보다 잔디 관리하는 데 비용이 더 많이 든다.

3. 2005년 북미에서 400억 달러가 잔디 관리를 위해 지출되었다. 이 금액은 대외 원조비용보다 많다.

4. 지나친 잔디 비료로 인해 유출된 인 성분이 강, 호수, 바다에 조류를 형성시켜 물고기들을 죽음으로 몰아넣었다.

5. 미국 동쪽 해안의 물 30퍼센트가 잔디에 사용되었다.

6. 매년 대략 700만 마리의 새가 잔디 제초제로 인하여 죽고 있다. 과학자들은 제초제와 수백만 마리의 벌이 떼죽음을 당한 것이 관계가 있는지 알아내려 노력하고 있다.

7. 대략 75,000 미국인들은 매년 잔디를 깎다가 부상당하고 있고 이는 총기 사고와 거의 같은 숫자다.

여전히 이웃들을 설득하기 어렵다면, 잭 니콜슨의 다소 음흉한 말을 빌려보아라.

8. 집주인들이 잔디 관리에 소비하는 시간도 매년 평균 150시간 이다. … 부부관계에 소비하는 시간은 오직 35시간뿐이다.

공동체의 후원을 받는 농업 공동체의 후원을 받는 농업(Community Supported Agriculture의 약자. CSA로 표기)은 재배가와 소비자가 함께 할 수 있는 매우 획기적인 방법이다. 이 방법은 중간 유통업자가 없기 때문에 양측의 돈을 모두 절약할 수 있게 해준다. 농부들은 계절이 시작될 때 수입을 보장받고, 그 돈으로 필요한 것을 구입한다. 소비자는 미리 돈을 지불하고 수확물을 매주 제공받을 수 있다. 융통성 있는 구매자가 직접 재배가에게 돈을 지불하는 구조는 서로의 관계를 매우 돈독하게 해준다.

앞마당에서 작물을 재배하는 것을 합리적이라
고 생각하는 캠 맥도날드는 앞마당에도 농사
를 시도하였다. 이 예술가와 시간제 연회업자는 최근에 상처받은 지
구를 위해 할 수 있는 올바른 생계수단을 찾기 시작했다. 유기농 먹
을거리를 기르는 것에는 관심이 많았던 그였지만 땅도 없는 이 도
시에서 언제, 어디에다가 어떻게 농사를 지을지 고민이었다.

아이디어는 바람에 옮겨 다니는 씨앗
처럼 떠올랐고, 그들이 생각해낸 재배
지는 전혀 생각지도 못한 곳이었다.

하이디 지글러와 주그 시두는 어느 날 밤 파티장에서 캠의 이야기를 듣고, 그들과 가까이 살고 있는 이웃 중에 현관문만 열면 바로 땅이 있는 사람이 있다는 것을 떠올렸다. 그곳으로 캠을 초청해서 작물을 심기로 하였고, 캠의 모험에 3명의 동료가 함께 하게 되었다.

'리얼 푸드', 즉 착한 음식을 좋아하는 사람들에게는 환상적인 결과였다. 잔디와 다년생 식물로 가득했던 마당은 순식간에 작은 텃밭으로 변하게 되었다. 감자, 시금치, 쌈채소, 양파 등이 마치 단춧구멍에 핀 꽃과 같았다.

이 실험은 모두에게 영향을 미쳤다. 캠과 그의 동료들은 수확한 작물을 팔거나 나눠 먹었고 집주인에게도 넉넉히 나눠 주었다. 그들은 이 성공을 발판 삼아 공동체의 지원을 받아 농사를 시작하게 되었다. 그 다음해에 캠과 그의 동료들은 6명의 고객을 유치했고, 그 고객들은 매 시기마다 400달러씩 지불했다. 이는 15주치에 해당하는 먹을거리였고, 따라서 그들은 총 2,400달러를 벌었다. 그렇다면 순이익은 얼마였을까?

"이것 보세요. 우리는 농부지 회계사가 아니에요. 그리고 지출도 그리 많지 않았어요."라고 캠이 웃으며 말했다. 씨앗과 토양 개선제를 조금 구입한 것 등이 전부였기 때문에 이익의 대부분이 순이익이라고 보면 된다. 캠은 그 돈이 그들에게는 큰 돈은 아니지만, 모두 농사에만 전념했다면 생산의 규모는 더 늘어났을 것이라고 말했다. 적은 돈에도 불구하고 그들은 이 경험을 통해 적은 돈으로도 결실을 맺을 수 있다는 교훈을 얻었다. 4명은 본격적으로 농사를 짓기로 결심하고 벤쿠버에 40㎢의 농장을 샀다.

하이디와 주그는 달라진 그들의 앞마당과 수확물에 감탄했다. 하이디는 늘 먹을거리가 떨어지지 않게 유지하도록 신경썼다면서, 앞마당을 텃밭으로 만들기 전에는 잘 알지도 못했던 이웃들에게까지 수확물을 나눠 주었다고 했다. "이제는 이웃들과 서로 대화할 만큼 가까워졌어요. 텃밭이야말로 진짜 공동체를 만들어 주었죠."

겨울 농장

아주 게으른 농부일지라도 여름에는 텃밭에 잡초만 제거해도 좋은 상태를 유지하여 수확을 기대할 수 있다. 이런 여유는 가을까지 지속되는데, 이때 식물은 다음해의 수확을 위해 마지막 열매를 맺고 꼬투리에 불꽃을 터뜨린다. 가장 까다로운 부분은 바로 수확기간이 지나고 나서도 앞마당을 깔끔하게 정리하는 것이다. 바로 자연이 그 본연의 초록빛을 잃는 늦가을과 겨울, 그리고 초봄이다.

내가 사는 곳은 일손을 놓을 이유가 하나도 없었다. 춥거나 눈비가 많이 오지 않는 곳이기 때문만은 아니다. 우리는 겨울에 심는 것이 아니라 여름에 일을 시작해서 겨울에 수확할 수 있는 것을 심었다. 1년 내내 우리는 집에서 재배한 것들을 즐겼다. 11월인 지금 신선한 껍질 콩으로 요리한 저녁을 먹으며 이 글을 쓰고 있다. 더 인상적인 것은 12월에 수확하는 콜라드와 1월에 수확하는 케일을 조리해서 밥과 먹을 수 있고, 2월에는 순무 속으로 스튜를 만들어 먹을 수 있다는 것이다. 당신이 기후변화가 심한 곳이나 기후대 근처에 살고 있다면 식물 위로 유리나 플라스틱 뚜껑을 덮어 길러보라. 벽돌에 붙어 있던 유리창을 이용해 태양열만으로 식물을 키우는 시설이나 PVC 파이프, 줄, 플라스틱 판으로 만든 작지만 제대로 된 온실은 1년 내내 텃밭을 활용할 수 있게 해준다.

그로잉 파워 조합은 위스콘신 밀워키에 있다. 내가 1월에 방문했을 당시, 그곳은 밴쿠버보다 훨씬 추웠다. 눈이 수북이 쌓였고 도시는 황폐하고 내가 서쪽에 살면서 거의 잊고 살았던 진짜 겨울의 모습이었다. 그러나 윌 알렌의 비닐하우스는 녹색 식물들로 가득했다.

그는 비닐하우스 앞에 서서 "사람들은 우리 시금치를 먹어보고 지금까지 먹어봤던 것 중 최고라고 하죠."라며 자랑하였다. 프록터 앤드갬블 사의 마케팅 간부로 일했던 그의 경력을 떠올려 보고는 그의 말에 동감하였다. 각 코너에 쌓인 퇴비 더미에서만 발열하는 생산적인 비닐하우스 앞에 서 있는 것만으로도 꽤 인상적이었다. 두 겹의 폴리에스테르 섬유로 덮어 철사로 고정한 작은 비닐하우스는 매우 추울 때 보호해 주기 위해 플라스틱 시트가 줄에 맞추어 감겨져 있었다.

이런 장치 때문에 시금치가 유난히 작아 보일지도 모르겠다. 분명 얼어붙어 있을 시금치가 궁금해 견딜 수가 없었다. 알렌의 자랑대로 내가 먹어보았던 시금치 중에 가장 달고 맛이 좋았다. 내 머리속은 가능한 방법들을 떠올리느라 복잡해지기 시작했다. 아마도 추운 날씨에 대한 방어기작으로 시금치가 더 많은 당을 보유하게 된 것은 아닐까? 혹시 그의 비닐하우스 전체 설비의 동력이 되었던 지렁이분 방법이 내가 구하지 못했던 미량영양소를 시금치에 공급한 것일까? 아니면 그가 처음부터 좋은 시금치 종자를 파종한 것일까? 하지만 마지막 의문은 사실이 아니었다. 그가 사용한 종자는 어디서나 구할 수 있는 씨앗 세트 안에 있는 것과 같은 것이었다.

겨울 수확에 성공할 수 있으려면 여름 파종에 신경 써야 한다. 단순하게 10월에 파종하고 크리스마스에 수확해야지 라고 결정해서는 안 된다. 거의 7월이나 8월에 심고, 몇몇 빠르게 자라는 것들은 9월이나 10월에 심는다. 작물들이 모두 성숙해지는 할로윈까지 키우는 것이 내 규칙이다. 11월이 되면 작물들은 더 이상의 성장을 멈추고 마치 냉동 보관되듯이 성장을 멈춘 채 당신이 수확하기를 기다리고 있다.

추운 계절의 작물은 브로콜리, 방울다다기양배추, 양배추, 당근, 꽃양배추, 케일, 콜라비, 리크, 파스닙, 시금치, 근대 등이 있다. 몇몇 다른 종들은 특정 작업을 위해 알려져 있고 이름에 '겨울' 혹은 '척박한' 등의 단어가 들어 있다.

겨울걷이를 할 작물을 심어야 하는 다섯 가지 이유

1. 질병과 해충이 적다.
2. 잡초를 제거하거나 물을 줄 필요가 거의 없다.
3. 토양이 유실되는 것을 작물이 방지해 준다.
4. 겨울걷이는 1년 내내 지구의 토양과 당신이 살아있는 관계를 맺을 수 있도록 해준다.
5. 서리를 맞은 특정 작물은 맛이 더 좋아진다.

추운 날씨에 재배하는 작물들 중에는 땅이 얼기 전에 뽑아야 하는데, 몇몇은 뿌리를 덮어놓으면 살아남는다. 더 쉬운 방법은 하루라도 빨리 앞마당을 텃밭으로 가꾸는 것이다. 겨울에는 짚을 덮어준다. 짚 밑에 무엇이 있는지 이웃들이 알 필요는 없지만, 계절이 바뀔 때에 맞추어 계획한 것을 심지 못했다 해도 당신이 마당에 덮어둔 짚 밑에서 무언가 대단한 일이 벌어지고 있는 것이라는 강한 인상을 남길 것이다.

종자 저장하기　　잘 자란 식물 몇 가지의 종자를 받아두는 것은 앞마당 텃밭을 운영하면서 느낄 수 있는 또 다른 신세계다. 어떤 사람들에게는 쓸데없는 행동으로 보일지도 모르지만 요령있는 재배가와 채소 마니아들은 이것의 가치를 알고 감사할 것이다. 물론 모두에게 종자를 받아두라고 강요하는 것은 아니다. 그러나 종자를 저장하는 것은, 우리가 지금 먹고 있는 것들의 종자를 저장해왔던 선조들과의 시간을 뛰어넘는 관계를 맺을 수 있게 해준다. 이것이 중요한 이유는, 단지 공장의 단일재배로 인해 멸종해 가는 종자를 보존하기 위함뿐만 아니라 위험에 처해 있는 종자 그 자체의 미래를 위해서기도 하다.

1990년대 이후로 5개의 생명공학 회사가 경쟁에서 이기고 세계의 농업을 지배하기 위해서 200여개의 종자 회사를 사들였다. 몬산토가 이러한 경쟁의 선두에 서 있다. 구글은 '몬산토 악마(Monsanto evil)' 또는 '씨앗 종결자(Terminator seeds)' 같은 우월한 회사가 드리운 공

SOS(save our seeds) 종자 구하기.

포가 왜 제지되어야만 하는지에 관해 이야기를 시작하고 있다. 20년 전, 세계에 다이옥신과 고엽제를 뿌렸던 화학 회사는 단 하나의 씨앗도 판매하지 못했다. 현재는 듀폰과 같은 경쟁사가 비합리적인 방법으로 시장을 규제한 것을 고발하였다. 몬산토 사가 권력을 남용하여 경쟁을 차단함으로써 유전자 조작 대두 시장의 93%를 점유한 것에 대하여 적어도 7개 주의 변호사들이 조사에 나선 것이다.

이런 몬산토 사의 행태에 반기를 들고 나선 일이 벌어졌다. 2010년 아이티에 지진이 나자 몬산토는 미국국제개발처와 함께 460톤의 잡종 종자를 '기부'했다. 그런데 만여 명의 가난한 농부들이 거리로 나와 자신들의 미래를 위협하는 이 기부를 거부하는 시위를 벌인 것이다. 뉴욕에서 '아이티의 씨앗'이라는 프로젝트를 총괄하던 파파이아의 소작농운동의 농학자인 바젤리스 진 뱁티스트는 다음과 같이 설명했다.

"아이티의 식량 자주권의 기본은 소작농이 그해의 작물에서 종자를 받아 다음해를 위해 저장해놓는 능력입니다. 그런데 몬산토가 기부한 잡종 종자는 다음해에 쓸 수 있는 종자를 생산하지 못하기 때문에 몬산토의 종자를 사용했던 소작농은 매년 더 많은 씨앗을 구입할 수밖에 없습니다."

종자 저장은 작물이 자라는 것을 바라보는 것만큼 쉽다. 그리고 작물이 자라면 씨앗이 바람에 실려 다른 집 마당으로 날아가기 전에 따서 모은다. 건조시킨 후에 밀폐된 병에 담거나 콩류는 통기성이 있는 주머니나 봉투에 보관한다.

중요한 것은 어떤 씨앗을 저장하고 있는지 알고 있는 것이다. 두

가지 식물에서 크기, 생기, 맛 등 원하는 특징만 골라 교배한 잡종 작물은 요즘 인기를 끌고는 있지만 '진짜'를 생산하지는 못한다. 당신은 OP(Open Pollinated: 자화 수분)라는 꼬리표가 달려 있고, 잡종도 아니며, 가보나 유산으로 여겨질 '자화 수분'되는 종자를 저장하고 싶을 것이다. 시금치처럼 타가 수분되는 작물은 주변에 다른 종의 시금치가 없다면 여전히 진짜 종자를 생산하지 못할 것이다. 토마토, 고추, 콩, 가지, 여름호박 등의 자가 수분 식물은 당신이 원하는 맛좋은 작물을 수확하게 해줄 것이다. 당신이 가지고 있는 종자 중 가장 건강한 것을 저장해야 하는 이유다.

도시 농업의 가장 핵심은 도시가 오염의 구덩 **오염에 관한 이야기**
이라고 믿는 사람들에게 보내는 경고라는 것이
다. 젊은이보다 어른들에게서 더 많이 들었던 이 말들은, 시골은 좋고 깨끗하고 순수한 반면, 도시는 나쁘고 더럽고 사악하고 해로운 장소라는 일반적인 생각에서 나오게 된 건 아닌지 궁금했다. 다른 여러 가지 상투적인 말처럼 이 말도 한때는 사실이었으나, 도시의 힘의 원천이었던 제조공장이 문을 닫거나 외곽으로 쫓겨나고, 우리가 생태에 대하여 더 배우고 지저분한 것들을 어떻게 치우는지 알게 되면서 그 말은 사실이 아닌 것이 되었다.

그러나 우리는 아직 파라다이스다운 도시에 살고 있는 것은 아니다. 따라서 도시의 먹을거리와 오염에 대해 관심을 기울여야 한다. 비록 도시의 먹을거리만 고민하는 것은 아니지만 말이다. 2007

년 공공 보건정책에서, 4명의 캐나다인 연방 정치인들이 독성 테스트를 하기 위해 혈액과 소변 검사를 지원했다. 예상한대로 모두에게서 독성이 검출됐다. 그들의 혈액에서 검출된 것은 바로 제초제, 방수제, 내연제, 비소 그리고 다른 여러 가지 화학성분이었다. 이것은 독성물질이 당신의 혈액 속에도 있을 수 있다는 것이다. 검출된 성분 리스트를 보면, 암과 관련된 독성물질, 발달장애, 호르몬 교란, 교감신경계에 피해를 입힐 수 있는 성분들이었다. 독자들 중에는 정신착란처럼 소리를 지르고 피부를 긁으며 놀라는 이도 있을 것이다. 그러나 놀라기에는 아직 이르다. 4명 중에 가장 깨끗한 사람의 정맥에서 49개의 서로 다른 오염물질이 발견되었고, 가장 높은 수치는 55개였다.

숨을 한번 깊게 쉬고, 현실을 받아들이자. 우리는 화학물질의 홍수 속에 살고 있다. 그러나 이것 또한 긍정적으로 보자. 그렇다고 해서 도시에서 키운 작물이 못 먹을 것이라는 건 아니다. 도로와 가까운 이웃의 텃밭에서 키운 작물을 꺼리는 사람들은 그들이 먹어온 캘리포니아산 식량이 세계에서 가장 붐비는 고속도로 바로 옆에서 재배된 것이라는 사실을 알아야 한다.

그러면 이제 무엇을 해야 할까? 물론 위험을 최소화해야 겠지만, 사방이 암을 유발하는 것뿐이다. 그렇다면 자포자기하고 담배나 피울까? 다행히 좋은 소식도 있다. 최근 연구자들이 캐나다인의 혈액을 검사한 결과, 모두에게서 납 성분을 검출했다. 물론 이것이 좋은 소식이 아니라 노인층으로 갈수록 납 축적량이 많다는 것이다. 물론 이것도 좋은 소식은 아니지만 정책이 상황을 조금씩 바꿔 놓고 있음을 시사하고 있다. 혈액 내의 납 축적량은 정부가 페인트와 가솔린에서 납 사용을 금지하는 등 법규를 강화한 지난 30년 동안 극적으로 감소했다. 비록 30년 전만 해도 캐나다인 4명 중 1명에게서 위험 수준의 납 성분이 축적되어 있었지만 이제는 인구의 99퍼센트가 안정권 수준의 납 축적량을 기록하고 있다. 즉, 우리는 할 수 있다. 우리가 함께 이 모든 것에 동의하고 움직인다면 우리의 도시를 더욱 안전한 장소로 만들 수 있다.

토양 알아가기

만약 당신이 농사를 지을 땅이 거쳐온 역사를 알게 된다면 얼마나 철저히 토양의 오염도를 확인해야 하는지 결정하는 데 도움이 될 것이다.

도시의 이력은 일반적으로 시청에 남아 있다. 만약 당신의 땅이 가스 충전소였거나 세탁소였다면 광범위한 독성검사가 수반되어야 한다. 오랫동안 거주지로 사용되었던 토지라면 문제가 덜 하겠지만 여전히 중금속 오염에 민감할 것이다. 주택 토지의 특별한 역사를 알기 위해서는 주변 토박이들에게 물어보는 것도 좋다. 만약 그 땅이 정원사 소유였다면 더할 나위 없이 좋을 것이다. 하지만 차를 고치기 좋아하는 아마추어 기계공 소유의 것으로 냉각수를 흘려버렸던 땅이라면 별로 좋을 것이 없다.

구청이나 농업 단과대학, 시청 등에 문의하여 어디에서 토양 오염도를 체크할 수 있는지 알아보아라. 비용은 토지의 범위와 어떤 검사를 할지에 따라 매우 다양하다. 어떤 양분을 더 추가해줘야 하는지 정확하게 알 수 있는 기본적인 토양 비옥도 검사는 가장 저렴한 것으로 거의 모든 지역에 있어서 25달러면 할 수 있다. 중금속 검사를 추가하게 되면 100달러 이상으로 비용이 올라간다. 안전작업복을 입지 않고 위험물질을 다루는 사람들을 크게 놀라게 만드는 절연유와 같은 것들을 확인하려면 비용이 더욱 높아진다.

궁극적으로, 얼마만큼 신경 쓸 것인지는 당신에게 달려있다. 도시 농민들 대부분은 아무런 검사도 하지 않은 토양에서 식량을 재배하여 먹고 있다. 위험을 평가하려면 첫째로 목표를 정해야 한다. 5세 이하의 어린이들은 가장 독성물질에 영향을 받기 쉽다. 만약 새로운 장소에서 당신의 아이와 농사를 짓고 수확하여 먹을 계획이라면 당신의 야량을 조절해야 할 것이다.

납 제거하기 　만약에 중금속 오염도를 검사해보기로 마음먹었다면, 당신의 토양이 정말로 중금속을 함유하고 있었다는 검사결과에 놀라지 말기를 바란다. 중요한 것은 바로 얼마나 함유하고 있는가다. 옛말에, 독 자체가 중요한 것이 아니라 그 양이 중요하다고 했다. 납, 카드뮴, 수은, 니켈, 구리는 일반적으로 도시 토양에서 발견되는 중금속이다. 페인트 성분인 납은 1977년 이전에는 미국에서 사용이 금지되지 않았기 때문에 그 이전에 건설된 건물은 모두 납의 위험에 노출되어 있다. 이제는 더 이상 가솔린에 납을 넣지는 않지만, 산업 배출, 차, 타이어 찌꺼기, 납 파이프, 세라믹에 사용되는 유약 등에는 여전히 납이 사용되고 있다.

만약 당신의 토양에 납 또는 다른 중금속이 안전 범위를 넘어섰다면 어떻게 해야 할까? 겁먹을 것 없다. 이사를 가지 않아도 된다. 그 땅에서 식량을 재배할 때 위험을 낮출 수 있는 또 다른 방법이 아직 남아 있다.

가장 좋은 해결법은 좋은 흙을 외부에서 가져 **들어올리기**
와서 재배하는 것이다. 가장 안전한 방법은 기
존의 오염된 흙을 연못의 방수포와 같은 불투과성 물질로 덮고, 그 위에 깨끗한 흙을 깔거나 지면 높이 이상의 화단을 설치하는 것이다. 잎이 무성한 것이나 뿌리를 깊이 내리는 채소류보다 토마토와 같은 과일 채소를 선택하라. 그리고 주변을 부엽토로 덮어 납에 오염된 흙이 넘어오거나 애완동물이 넘어가는 것을 방지할 수 있다. 그리고 재배한 것은 꼭 먹기 전에 깨끗하게 씻어야 한다.

이러한 방법이 누군가에게는 지나치게 들릴 수도 있다. 그러나 보스턴에 있는 141개의 뒷마당을 대상으로 한 연구에서 지난 4년 동안 화단에 있는 납의 수치가 토양 1그램당 납이 평균 150마이크로그램에서 336마이크로그램으로 증가했는데, 환경보호국의 안전 제한수치인 400마이크로그램에 매우 인접한 수치다. 연구자들은 이러한 문제의 근원이 바로 화단 주변의 오염된 흙에서 넘어온 납 먼지 때문이라고 생각했다. 따라서 문제는 재배용 화단 그 자체가 아니라 주변 흙인 것이다. 여기서 생산된 것을 먹는 것은 어린이가 매일 노출되는 납의 3%만을 차지한다. 연구자들은 표토 3~5cm의 흙을 매년 교체할 것을 추천한다. 어떤 것을 하든지 간에, 당신의 아이들이 먹기 전에 반드시 잘 씻어낼 것을 기억해야 한다.

만약에 당신이 중금속과 관련된 문제에 직면하고 있다는 것을 알게 되면 몇몇은 즉시 식물환경복원을 추천할 수도 있다. 이것은 식물을 이용하여 토양의 오염물질을 제거하는 것이다. 자연과 함께 일하는 것은 가치 있는 일이지만 효과적인 결과를 얻으려면 매우 오랜 시간과 많은 양의 식물이 필요하다. 아마도 앞마당 농장과 같은 작은 모험 이상의 것을 감행해야 할 것이다. 그리고 중금속은 한 순간에 없어지는 물질이 아니기 때문에 여전히 그 식물을 어떻게 처리할 것인지에 대하여 고민해야 한다. 사람들은 버려진 독성물질에 대하여 일단 겁부터 먹고 보는데, 이는 아마도 독성물질이 사람에 끼칠 수 있는 잠재적 위협보다는 변호사와 법적 책임문제를 다룰 비용에 대한 두려움 때문일 것이다.

대기오염   나는 때때로 도시의 공기는 오염되었기 때문에 도시에서 작물을 재배하는 것은 위험하고 잘못되었다는 말을 듣곤 한다. 그러면 이렇게 대답한다. 제발요! 슈퍼마켓에서 파는 채소가 어디에서 온 건지 알아요? 최근에 멕시코시티 다녀온 적 있나요? 아니면 베이징은요? 만약에 내가 정말 이 대화에서 끝장을 보려면 로즈 조지(Rose George)가 2008년에 발간한 책, 《거대 수요: 알려지지 않은 인간 쓰레기의 세계(The Big Necessity: The

Unmentionable World of Human Waste, Metropolitan Books, 2008)〉〉에 나온 대목을 언급할 것이다. 그녀는 중국은 농부들은 길가의 양배추에 화장실 오물을 자주 준다고 말한다.

"이러한 오물로 뒤덮인 거리는 공공 보건 전문가를 궁지로 몰아넣을 것이다. 그러나 중국의 배설물 90%가 그렇게 이용되고 있으며 앞으로도 영원히 그럴 것이다. 이것이 바로 중국에서 샐러드를 먹지 않고 기름에 튀기는 음식을 즐겨 먹는 이유다."

다른 한편으로는, 불완전 연소시 발생하는 발암물질로 알려진 탄화수소(PAHs)는 차도, 기찻길, 목재, 석탄 연소 지역, 1970~80년대 인기 있던 목재 방부제인 크레오소트를 바른 침목 등에서 발생할 수 있다. 탄화수소가 어떻게 인간의 건강에 영향을 미치는지 정확하게 알려진 바는 없지만 위험한건 확실하다. 도대체 우리를 가만히 내버려두는 곳은 어디일까?

나는 결국 브리티시컬럼비아 대학의 토지 식량   **야비한 거리**
시스템의 교수이자 토양 전문가로써 수천 명의
학생들을 가르치고 공동체 농업을 후원하며 도시 농업의 즐거움과 어려움을 알고 있는 아트 봄크 박사에게 도움을 요청했다. 그에게 도시의 길가에서 작물을 재배하는 것이 안전한지 물어봤다.

"상황에 따라 다릅니다. 농장이 차로와 얼마나 가까운지, 교통량은 어떠한지, 납이 첨가된 가스의 잔여물이 있는지 등을 모두 따져보아야 합니다.

저는 며칠 전에 망간이 건강에 미치는 영향과 관련된 연구를 본 적 있습니다. 망간은 식물과 동물 모두에게 필수적인 요소이지만 지나치면 독이 됩니다. 지금 이 이야기를 하는 이유는, 가스에서 납을 대체하는 물질인 망간이 가까운 차로에 있는 물질이라는 겁니다.

우리가 첫번째로 해야 할 것은 농장이 교통량이 많은 곳에 인접해 있다면 납 오염도와 탄화수소를 검사하는 것입니다. 그 다음으로는 최근의 교통으로 인하여 대기 중에서 날아 들어온 오염물질을 검사합니다. 이 물질들은 채소에 있을 수 있습니다. 안타깝게도 제가 더 이상 상세한 내용은 잘 알지 못하지만 이와 관련된 연구가 현재 많이 진행 중에 있습니다."

봄크 교수는 직접적으로 말하진 않았지만, 나는 길가 바로 앞에 있는 그의 정원에 반 원통 화분에 심겨진 감자를 보았다. 교통량이 그렇게 많은 곳은 아니었지만, 감자는 바로 저기, 차도 옆에서 자라고 있었다.

가정농부:
박인수

미성 농장은 티 하나 없이 매우 깔끔하다. 나란히 줄지어 선 쪽파, 깻잎이 만들어낸 작은 초록빛 바다 등은 모두 교외 지역의 정돈된 경관으로써 매우 깔끔하게 잘 손질되어 있다. 농부 박인수 씨는 혼잡한 고속도로 교차로에서 그리 멀지 않은 밴쿠버의 주거 지역에 20㎢ 면적에 살고 있는데, 이런 환경에서 매우 정갈하게 관리하고 있었다.

도시농업 – 도시농업이 도시의 미래를 바꾼다

많은 젊은이들이 농사의 길로 들어서고 이를 직업으로 발전시켜 보려하는 때에, 나는 우연히 이 분주한 거리 옆에서 실제로 그렇게 하고 있는 사람을 만나게 된 것이다. 그의 집은 현대적인 2층 집이고 그 앞에는 SUV와 미니밴이 도로 옆으로 주차되어 있는 매우 보기 좋은 집이었다.

그는 한국에서 체육교사로 일했었다고 한다. 그 말은 마치 그가 현재 하고 있는 농사일에 큰 도움이 되었다는 것처럼 들렸지만, 그는 한숨을 쉬며 농사일이야말로 '진짜 힘든 노동'이라고 말했다.

그는 자신의 땅 절반 정도에 농사를 짓는다. 뒷마당 쪽에 온실이 있긴 하지만 우리는 주로 그의 앞마당에 대하여 이야기했다. 그가 재배하는 모든 것은 아침 일찍 지역 상점으로 배달되어 판매된다.

내가 어떻게 이렇게 잘 정돈하고 있는지 감탄을 하니 그가 다시 한 번 강조했다. "정말 많은 노동이 필요해요." 그는 북미 농부들이 입는 옷차림보다 가벼워 보였는데, 물이 빠진 셔츠와 바지를 입고 바지의 끝단은 양말 안으로 넣어 놓았다. 그의 무릎에는 땅에서 손수 일하는 사람들에게 매우 전문적이고 유용한 무릎보호 패드를 착용하고 있었다. 그는 하루 종일 허리를 구부리고 일하는 것보다 무릎을 꿇고 일하는 것이 더 낫다는 것을 알고 있었다.

그는 이제 막 도시 농업을 시작한 사람들과는 조금 다른 열정을 가지고 있었다. 그에게 일주일에 며칠을 일하는지 묻자 "7일이요"라고 대답했다.

"오늘 저는 아침 6시에 일어나서 지금 저녁 6시인데 여전히 일하고 있어요. 지금부터 여기 있는 이 쪽파들을 모두 수확해야 해요. 만약 제가 쪽파를 한낮에 수확한다면 상점에 배달되기도 전에 다 말라버릴 거에요. 어떤 날은 4시 30분에 일어나요. 언제까지 일을 하는지는 그때그때 달라지죠. 만약 그 다음날 배달해줘야 할 수확물이 있으면 자정까지도 일하죠."

정말 많은 일과 노동임이 분명했다. 농사를 돕는 사람은 몇 명이나 되나요?

"아직까지는 그리 많은 일손이 필요하지는 않아요. 저와 제 아내, 단 두 명뿐이죠."

언제부터 농사를 직업으로 삼았죠?

"제가 처음 이곳에 오고, 땅을 소유한 이후부터 농사를 시작하게 되었어요."

다른 사람들에게 농사를 권하십니까?

"음…. 사람에 따라 달라요. 저는 한국에서 교사였어요. 체육선생님이었죠. 저는 교사가 낫다고 생각해요. 농사는 너무 일이 많아요. 모두 다 육체 노동이죠."

한 가지는 분명했다. 그는 매우 건강해 보였다.

3단원에서 유기농법을 장려했던 해럴드 스티브는 앞, 뒤, 옆 공간을 모두 이용하는 농부로 **정치적 농부:** **해럴드 스티브** 써 도시 농업을 새로운 시대로 접어들게 하였다. 그는 마지막 교외지역의 농부이자 밴쿠버 지역에서 첫번째 도시 농부가 된 사람이다. 그 모든 변화는, 그 집안의 역사에 맞춰 일어났다. 농장은 리치몬드에 있는 비옥한 삼각주 토양에서 그의 증조부가 시작한 것으로, 한때 교외 지역이었던 농장이 점차 교외 주택지로 둘러싸이게 되었다.

"스티브스톤 종자 농장은 백여년 동안 우리의 공식적인 이름이었어요. 우리도 모르는 사이 도시 농장이 되었지만, 기왕 이렇게 된거 우리가 제대로 한 번 도시 농업을 해보자는 결심을 하게 되었어요."

우리는 그의 주방에서 대화를 나누었는데, 항상 주방은 농사에 대한 이야기를 듣기에 가장 좋은 장소였다. 우리는 거짓말이 아니고 정말로 마치 파티에서 잘 차려입은 손님들같이 생긴 벨티드 갤러웨이 소에 감탄하느라 잠시 대화를 멈추었다. 스티브는 과일나무를 보여주었는데, 그 중 몇 그루는 거의 죽기 직전의 것을 원래 과일나무에 이식하여 다시 심은 것이었다. 그는 원래 나무가 얼마나 오래된 것인지는 확실치 않지만 1877년에 처음 농장을 지었을 때부터 있었을 것이라고 추측했다.

우리는 사과 와인에 대해서 이야기를 이어나갔다. 사과 와인은 사이다 대용으로, 사과를 썰어 설탕과 물을 함께 끓이고 거기서 나온 액체를 발효시켜 만드는 것이다. 그리고 그의 종자생산 공장을 둘러보았는데, 그곳에서는 발아시킨 큰 부추같이 생긴 리크, 다양한 스칸디나비아산 순무, 노란 사탕무 등등 내가 지금까지 들어본 적도 없는 다양한 것들을 포함하고 있었다. 그 후에 내가 조사해보니, 노란 사탕무는 매우 희귀한 것으로써, 스팀 엔진과 버터 만드는 기구에 대한 이야기도 실려 있는 1879년 〈미국 농업〉지의 주석에서 그 기록을 찾았다.

"노란 사탕무는 일반 사탕무와 비슷해요. 사탕무는 제2차 세계대전 당시에 설탕을 구하기 힘들었을 때부터 수확하기 시작했어요. 노란 사탕무는 노란색이 나는 큰 사탕무인데, 무게가 4.5kg이고 훨씬 더 달아요. 잎도 맛이 좋아서 시금치처럼 요리해 먹을 수도 있어요."

그런데 왜 우리는 노란 사탕무를 몰랐던거죠?

"사람들이 노란 사탕무를 잘 모르더라고요. 그래서 우리가 그것

브리티시컬럼비아의 리치몬드에 있는 스티브스톤 농장은
도시에서도 소를 키울 수 있다는 것을 보여준다.

사회변화를 이끌 연합세력: 앞마당에 식량생산의 깃대를 꽂아라

을 특화시켜서 5가지 노란 사탕무를 재배했지요. 그 중에 4종류는 소 사료용 사탕무에요. 유럽에서는 사탕무를 겨울용 가축 먹이로 수백 년 동안 사용해 왔답니다. 영국과 스코틀랜드는 소 먹이로 순무를 재배하는 것으로 유명해요. 건초와 가축의 겨울먹이로 말리지 않은 채 저장하는 풀은 그렇게 좋은 것은 아니지만 보관할 수 있어요. 가축을 기르면서 생기는 사료문제를 해결하려면 너무 힘이 들어서 건초 저장 문화가 생기게 된거죠. 그러나 원래 모든 낙농업자들은 사료용 사탕무 재배지를 가지고 있었어요. 사료용 사탕무는 소를 잘 번식시킬 수는 있지만 그 잎은 사람이 먹을 수 있을 만큼 달콤하지는 않아요. 그러나 노란 사탕무는 마치 고급 사탕무 같이 매우 맛있어요. 한번 맛을 본 사람들은 더 많은 종자를 구하려고 하죠."

당신이 더 큰 계획을 세우기 전까지는 스티브와 더 깊게 나눈 종자 이야기가 어려울 수도 있다. 스티브는 노란 사탕무가 세계적인 종자 산업으로 발전하기까지 그에 얽힌 숨은 이야기를 해주었다.

"우리가 몬산토 사와 경쟁을 하게 되리라고는 생각지 못했지만 결국 현실이 되고 말았어요. 우리가 아는 것은 대형 회사가 우리 증조할아버지가 50년 전에 가지고 계셨던 것과 똑같은 종자를 판매하고 있고 우리가 보관하던 종자는 한순간 사라져 버렸다는 것이 전부였어요. 그 종자는 백 년 전에 프레이저 벨리에서 우리 가족과 다른 농부들이 재배에 성공했던 결과였는데 말이죠. 원래 이 종자들은 이 땅과 이 기후에 알맞게 적응된 것들이었어요. 그래서 우리는 무엇인가 잘못되어 가고 있음을 깨달았어요. 만약에 세상의 모든 종자들이 대형 회사에 의해서 이곳과는 기후가 사뭇 다른 멕시코에 심겨지기 위해 판매되고, 또 그 종자에서 자란 작물들을 이곳에서 다시 기르고 싶어지면 어떻게 될까요? 우리는 그 종자들을 가져다가 여기에서 기를 수 없을 겁니다. 그 작고 약한 종자는 추위 등으로 인하여 죽고 말겠죠. 이곳에서 다시 재배하기 위해서는 이곳 북부지역에 알맞은 다양한 종자를 저장해야겠다고 생각했고 이러한 활동은 1982년에 시작되었어요. 우리는 종자 저장 교환소와 연락을 해서 75가지 종류의 채소를 구축했어요."

스티브는 생각에만 그친 것이 아니라 실천으로 옮겼다. 그가 대학교에서 수업을 마치고 집으로 온 1950년대 어느 날, 그의 아버지가 교외 지역 농장으로 주거단지가 들어서고 더 이상 농장을 유지할 수 없게 되자 그 지역 농부들과 해결책을 찾고 있는 모습을 보게 되었다. 이 사건은 결국 그를 그 지역의 존경스러운 농지보전협회(Agricultural Land Reserve)와 리치몬드 시의회(Richmond City Council)에서 일하게 만든 계기가 되었다.

그는 스스로를 정치가이기 이전에 농부라고 지칭하며 청바지와 부츠를 신고 다닌다. 그러나 나는 그가 평생을 시 당국에서 그렇게 묵묵히 자신을 희생해 온 것에 후회하지는 않는지 궁금해 졌다.

"전혀 후회하지 않아요. 그저 제가 노력한 결과가 매우 더디게 나타날 뿐이에요. 우리가 1968년에 하려고 했던 것들은 지금도 여전히 하고 있어요. 40여년은 목표를 달성하기에는 꽤 긴 시간이지만 우리에게 좋은 기회였다고 생각해요. 우리가 예측했던 많은 것들이 현실로 나타났어요. 세계 각국의 사람들은 우리가 어떻게 농장을 보존하는지 보기 위해 몰려들어요. 모두가 우리를 부러워하죠. 이제 우리는 우리가 먹는 것의 43퍼센트를 직접 재배할 수 있어요."

그러면 사람들은 다시 식량을 재배할 수 있는 건가요?

"그럼요. 이런 노력으로 우리가 다시 종자를 저장할 수 있게 되었다는 것이죠. 우리는 이곳에서 재배되는 수확물들의 종자를 저장해요. 몬산토 사는 절대 해줄 수 없는 일이죠. 몬산토 사가 유전자를 조작한 것을 골라 멕시코나 캘리포니아 등에 심은 작물을 가지고는 스스로 재배활동을 할 수 없어요. 우리는 우리 땅을 지켜야 하고 우리의 종자를 저장하여 스스로 재배할 수 있는 능력을 키워야 해요."

도시농업 – 도시농업이 도시의 미래를 바꾼다

당신은 당신이 먹는 모든 식량을 손수 재배합니까?

"지난 20~30여년간 우리가 먹는 채소 대부분을 직접 재배해 왔어요. 직접 식량을 재배하면 돈도 절약할 수 있어요. 단지 실험적인 수준에서 그치는 것이 아니라, 식량에 대한 예산을 세워보면 얼마나 많은 돈이 절약되는지 그 엄청난 수준을 느낄 수 있을 거에요."

농부들의 시장이 좋은 건 알지만 좀 비싸지 않은가요?

"맞아요. 농부들의 시장은 지역 식량을 살 수 있는 좋은 곳이고, 더 많은 사람들이 동참해야 한다고 생각하지만 가장 좋은 것은 당신 스스로 재배하는 것이에요. 만약 당신이 이 기후에 맞고 재활용한 퇴비를 토양에 섞어서 스스로 식량을 재배한다면, 화학 비료를 전혀 사용하지 않은 건강하고 신선한 영양가 많은 음식을 먹을 수 있게 되는 거에요. 장점이 너무 많은 일이죠. 돈도 절약되고, 환경도 지킬 수 있고 장점은 끝이 없어요."

어떤 사람들은 동물이 없으면 그들이 좋은 농 **양봉가:**
장에 있다고 느끼지 못한다. 내가 그들 중 하나 **아시프 케베드**
는 아니지만, 먹이사슬 관계에서 우리보다 밑에 있는 동물들이 살아 움직이는 것을 보기 좋아한다(물론 내가 먹으려는 것은 아니다). 특히 그 생명체의 배설물이 다시 토양의 영양분으로 재활용되는 선순환의 과정을 갖게 될 때 가장 이상적이라고 생각한다.

우리는 지금까지 이 책에서 어류, 닭, 벌레에 관한 이야기를 했다. 그 외에도 우리에게 도움이 될 만한 생명체는 바로 벌이다.

양봉을 한다는 것은 생각보다 더 많은
것들을 요구한다. 대부분의 초보자들은
양봉 수업을 듣는 것으로 시작한다.
기술 자체는 그렇게 어렵지 않지만 양봉
을 하려는 사람이라면 교육을 받을 필
요가 있다고 생각한다.

　　　　　　　　　도시농업 – 도시농업이 도시의 미래를 바꾼다

며칠간의 수업을 거치면 그 중 몇몇 사람들은 실제 벌집을 찾아가서 수업시간에 졸지는 않았는지, 배웠던 것들을 확인하고 당신만의 벌집을 꾸리기 위해 벌과 도구들을 준비한다.

케베드는 그의 앞마당에 있는 벌집을 보여주며 그것이 얼마나 간단한 일인지 말해주었다. 에티오피아에서 온 그는 현재 밴쿠버에서는 아프리카 음식점을 운영하고 프로젝트 담당자로 일하고 있기 때문에 그리 여유시간이 많아 보이지는 않았다. 그럼에도 그는 벌을 잘 기르고 있었다.

지금 거의 모든 것들이 최적의 상태로 돌아가고 있다면서 그가 직접 짠 벌꿀과 집에서 만든 빵을 내놓았다.

"일단 모든 것들이 제자리를 잡고 나면 벌들이 나머지는 알아서 행동해요. 특별히 문제가 발생하지 않는다면 말이죠."

최근에 브리티시컬럼비아에 있는 벌집에서 발견된 진드기는 벌에게는 치명적이다. 이 진드기는 벌집군집 붕괴현상이 일어나게 된 원인일 수도 있는데, 이 현상은 전 세계에서 벌들이 아주 괴이하게 죽어가는 것이다. 나는 최근 아시아로 여행가기 전까지만 해도 대부분 북미지역의 문제라고만 생각했는데 바로 아시아에서도 그런 문제가 발생한다는 것을 듣게 되었다. 이것은 마치 지구상에 있는 개구리가 죽어가는 것과 같은 미스터리한 현상으로써 우리가 꾸준히 관심을 갖고 지켜봐야 할 문제다.

이 외에 또 일어날 수 있는 문제는 당신이 키우는 벌떼의 습격이다. 거대한 벌떼가 윙윙거리며 소용돌이치면서 여러분 이웃의 현관 앞을 날아다니고 있는 모습을 상상해보라. 이것은 보기에도 매우 위협적이다. 벌들은 좀처럼 벌집에서 새로운 여왕과 분리되려 하지 않고 언제든 벌침을 쏠 태세를 갖추고 집을 구하러 다니느라 바쁘다. 벌들을 잡으러다니는 것은 양봉업자들에게는 당연히 두려운 일이다.

"어쨌거나 양봉을 할만한 가치는 충분해요."

나는 큼직한 빵 조각에 달콤한 꿀을 듬뿍 바르면서 케베드의 말에 동의했다. 그 어떤 것과도 비교가 안 되는 신선한 도시의 꿀을 맛본 사람들 혹은 벌집의 정치적 모습에 매료된 이들은 벌에 주목

예화와 영감

홈리스 가든 프로젝트는 농업을 통해 한 번에 두 가지 문제를 동시에 해결하는 것을 목표로 삼고 있다. 일거리 부족 현상으로 인한 노숙자 발생을 최소화하기 위하여 캘리포니아 산타크루즈의 홈리스 가든 프로젝트는 사람들이 농사를 짓고 꽃을 기르면서 새로운 기술을 배우고, 자신감을 가질 수 있도록 도와주고 있다. 이 프로젝트는 공동체의 후원을 받는 농장과 여성들의 유기농 화훼 사업을 지원하고 젊은 사람들과 다른 모임에는 교육을 제공하고 있다. 이 프로젝트의 소식지를 보면, "'1년 전만 해도 저는 모든 사람들이 고용을 꺼리는 고작 고등학교 졸업장만 가지고 있던 싱글맘이었어요. 하지만 지금은 온실의 최고 식물 번식가죠. 저는 다양한 식물을 번식시키고 여러 사람들과 고객을 도와줍니다'라는 기사를 볼 수 있어요. 위의 인터뷰는 저희 프로젝트 출신 중의 한 사람이 한 말이에요. 현재 그녀는 지역의 묘목장을 운영하고 있어요." 이 프로젝트는 얼마 전 20주년을 맞이했다.(homelessgardenproject.org)

해야 한다. 여러분의 지역에 벌에 관한 워크숍을 찾아보고 참석하라. 더 많은 사람들이 벌을 키울수록 더 많은 산업적인 작은 동료들의 연합이 구축되고, 이것은 앞으로 우리가 맞이하게 될 어려움들을 함께 극복할 수 있게 해줄 것이다.

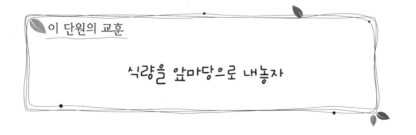

이 단원의 교훈

식량을 앞마당으로 내놓자

대중화시키기

당신의 도시를 먹어라

잔디밭이 딸린 주택의 소유자들은 미래에 도시 농부가 될 자격을 갖춘 사람들이다. 그런데 점점 마당이 없는 집이 많아지고 있다. 세계의 도시 인구는 매주 백만 명씩 증가하고 있고, 그들 중 적지 않은 사람들이 잔디 깎는 기계를 사는 데에 문제를 겪고 있다. 그래서 이 단원은 토지를 가지고 있건 없건 모든 사람을 위한 내용이 담겨져 있다.

도시를 단순히 우리가 살아가는 공간으로 보는 것을 넘어서 더 많은 식량을 생산할 수 있는 공간으로 바라보는 것이다. 많은 토지가 많은 식량을 생산하고 있기 때문에 당신은 이를 단순히 생산을 위한 방법으로 바라볼 수도 있다. 작물을 재배하는 것이야말로 미래의 도시를 구성하는 매우 중요한 디자인 요소이기 때문에 당신은 이를 정치적인 수단으로 바라볼 수도 있다. 세계를 구하고 싶어 하는 사람이라면 토지가 단지 주거공간 이상의 역할을 어떻게 해

낼 수 있는지 알아야 한다. 이 단원에서 우리는 관리되지 않은 빈 공간, 학교 운동장 등을 공유함으로써 어떻게 더 많은 식량을 생산해 낼 수 있는지 알아볼 것이다.

야생 식량 농부: 당신은 이 도시를 소유하는 것뿐 아니라, 야생
요나 시포스 의 먹을거리 채집을 통해 먹는 대상으로도 볼 수 있다. 4년 전에 내가 《게릴라 정원 가꾸기》를 집필할 때, 빈 주차공간에는 무엇이 있는지 알아야겠다고 결심했다. 나는 식물생물학자를 초빙하여 함께 빈 주차공간에 갔고, 그가 말해주는 서구문명의 역사를 거슬러 올라가서 유럽에서 온 정착민들과 그들의 농업에서 유래된 다수의 라틴어 식물명을 받아 적었다.

이 책을 쓰기 위해 나는 같은 장소에 또 다른 식물생물학자를 초청했는데, 그녀는 사람들에게 우리 주변의 먹을 수 있는 것들을 포함한 자연에 대해 가르치는 사람이었다. 요나 시포스는 브리티시컬럼비아 대학의 토양 및 식품 시스템 학부의 박사과정 학생이었다. 우리는 빈 공간 주변의 거리에 대해 이야기했다. 시포스는 자신이 근사한 도시 스타일의 외부 농장을 어떻게 만들 수 있었는지 이야기해 주었다.

"저는 야생 식량이 매우 중요하다고 생각했기에 그것을 상업적으로 활용하고자 했어요. 도시의 빈 공간에서 발견되는 식량은 매우 다양해요. 먹기에는 거북한 것들도 있지만, 양념만 곁들여도 맛있는 것들도 있죠. 저는 식물생명학과 생태학 분야에서 학사를 취

도시농업 – 도시농업이 도시의 미래를 바꾼다

득했어요. 실제 현장에서의 경험이 많지는 않지만 실험실에서 이 분야에 흥미 있는 여러 학생들과 함께 일을 많이 해보았고, 여름에는 집에 가는 길에 채취한 채소들로 샐러드를 만들기도 했어요. 길에서 배운 것들은 서로 공유하면서 말이죠. 사실 길에서 좀 떨어지려고 했었어요."

'비어 있는' 공간은 곧 축제의 장이 될 것이다.

그렇다면 도시의 길가에서 채집하는 것들은 먹기에 안전한가요?

　"우리는 도시에서 발생할 수 있는 위험성을 반드시 고려해야 해요. 매우 혼잡하고 분주한 도시의 거리에는 늘 위험성을 안고 있죠. 저는 도로 바로 옆에 있는 것은 먹지 않을 거에요. 가솔린이 묻어 있을 수도 있고 기름, 자동차 매연, 동물과 사람들의 배설물이 있을 수도 있어요. 소변이 꼭 나쁜 것만은 아니라고 해도 저라면 아주 깨끗하게 씻어낼 거에요."

　이제 많은 사람들이 역겨워 하겠네요. 그렇다면 얼마나 도로에서 멀리 떨어져야 하나요?

　"만약 우리에게 농사를 지을 기회가 생긴다면, 식물이 자체적으로 생물학적 필터가 있음을 생각해야 해요. 식물의 첫번째 층 몇 겹은 매연의 상당부분을 걸러낼 수 있어요. 마치 도로의 오염과 먼지를 막기 위해 차폐식재를 하는 농부들과 같은 원리에요."

　이 공간에서 첫번째로 심은 것이 거칠지만 달콤한 블랙베리다. 이것은 북서부 농작물계에서는 비행청소년 취급을 받지만 주변 환경이 척박해도 잘 견딘다. 공터로 들어간 우리는 오래된 담요, 고장난 비디오카메라, 여기저기 흩어진 종잇조각, 불을 피웠던 흔적들과 마주하게 되었다.

　식물은 이 모든 더러운 쓰레기들을 녹색으로 덮어주고 있었다. 시포스는 이것들을 보며 '서부 해안가 도시환경에서 흔히 볼 수 있는 빈 공간이에요. 히말라야 블랙베리는 이곳이 원산은 아니지만 이러한 공간에서 이제 쉽게 볼 수 있을 거에요. 이것은 급속히 번식하는 습성이 있지만 맛도 좋고 쉽게 죽지도 않아요'라고 덧붙였다.

불행히도 그곳에는 아삭아삭 씹어 먹을 만한 베리가 없었다. 이미 제철이 지났기 때문이다. 우리 키의 두 배 이상 커버린 어린 미루나무가 있을 뿐이었다.

시포스는 그리 놀랍지도 않다면서 말했다.

"미루나무가 있는 것 보니 습지인가 보네요. 도시 계획가나 설계가들에게는 야생식물 채집보다 더 흥미 있을 만한 정보에요. 내가 알기로 미루나무는 영양섭취 목적이 아니더라도 쓸모가 있어요. 두통에 미루나무 차가 효과적이에요. 그 속에 있는 살리실산이 아스피린의 성분이거든요."

시포스의 말을 듣고 식용 가능한 식물과 그렇지 않은 식물을 어떻게 구분하는지 의문이 들었다.

"먹을 수 있는건지 구분하는 방법은 몇 가지 있어요. 아마도 가장 간단한 방법은 먹었을 때 아프거나 죽지 않으면 그것은 먹을 수 있는 것이에요. 그런 것들은 우리가 소화시킬 수 있고, 이상적으로는 몇 가지 좋은 영양성분 혹은 의학적 기능을 가지고 있죠. 또 한 가지 형태로, 먹을 수는 있으나 원래의 것에 변형을 주어야 하는 것, 즉 반드시 익혀 먹어야 하는 쐐기풀 같은 것들도 있어요."

나는 여전히 왜 우리가 쐐기풀이나 비슷하게 생긴 다른 것들을 먹어야만 하는지 의문이 풀리지 않았다. 맛 때문일까?

"사실 맛은 매우 중요한 요소에요. 우리의 신체는 먹어도 되는지 안 되는지 잘 구분하는 편이에요. 흔히 독이 있는 것들은 맛이 쓰고 텁텁하죠. 만약에 먹어도 되는 식물인지 확신이 없으면 조금 떼어내어 씹어보고 다시 뱉으세요. 그리고 10~20분 정도 가만히 앉아서 기다려보세요. 뭔가 이상하고 거북한 느낌을 받는다면 그것을 더 이상 먹으면 안 돼요. 하지만 맛이 그리 나쁘지 않았다면, 조금 더 확인해볼 시간을 갖는 것도 좋아요."

"우리의 몸이 소화시킬 수 있고 영양분을 이용하는 화학작용(메커니즘)에 관한 것을 식물화학이라고 하는데, 이것은 사실 내 전공은 아니지만 글루코오스와 탄소가 얼마나 그 식물 안에 있는지 알게 해줘요. 또한 식물 벽을 구성하는 성분인 셀룰로오스가 많으면 소화하기 어렵다는 것도 알 수 있어요. 소는 우리와는 위장구조가 달라서 풀을 소화시킬 수 있죠."

우리는 어디서나 볼 수 있는 클로버 위를 걸어갔는데, 나는 클로버를 먹을 수 있다는 사실을 이전에는 미처 몰랐다.

"클로버는 먹을 수는 있지만 그렇게 맛이 좋진 않아요. 지금 보고 있는 것은 일반적인 레드 클로버에요. 화이트 클로버와 같이 주변에서 흔히 볼 수 있는 것이죠. 잎과 꽃은 더 어릴수록 부드러워서 신선하게 먹을 수 있는데, 레몬과 소금으로 무치면 세포벽이 물러져서 먹기 쉬워져요. 아니면 데쳐 먹어도 돼요. 클로버는 단백질의 좋은 공급원인 콩과식물에 속해 있기 때문에 샐러드 재료로 그만이죠.

저는 민들레도 많이 보았어요. 도시의 빈 공간에서 다양한 종류의 과꽃을 자주 보았을 거에요. 민들레 같은 과꽃의 잎들은 어릴 때 맛이 좋고 샐러드의 좋은 재료가 되죠. 다시 한 번 말하지만 레몬과 소금을 넣고 무치면 먹기 좋게 숨이 죽지요. 아! 명아주도 있어요. 이것은 명아주속의 일년초를 포함하는 명아주과의 식물이에요. 이 과에 속하는 많은 식물이 식용 가능한 씨앗을 가지고 있어요. 그렇지만 소화가 그렇게 잘 되는 것은 아니기 때문에 많이 먹고 싶진 않을 거에요. 도시에서도 잘 자라는 명아주는 특히 봄에 먹기 괜찮아요."

나는 시포스가 이미 3~4종류의 식물에 대해 이야기하느라 지쳤을 것이라 생각했지만 그녀는 지치지 않고 계속해서 이야기를 이어나갔다.

"그리고 차를 만들어 먹을 수 있지만 장기간 복용하면 안 되는 속새류도 볼 수 있어요. 이산화규소를 포함하고 있기 때문에 냄비를 씻을 때 사용하기 좋은 식물이에요. 그것을 물에 데쳐서 한 시간 반 동안 담가두었다 먹으면 걱정 없이 맛있게 먹을 수 있어요.

다음은 질경이에요. 이 식물은 식민지 개척자들과 함께 유입되기 시작했기 때문에 '백인들의 발자국'이라는 이름으로 불리기도 해요. 이곳에 있는 다른 많은 식물들처럼 질경이도 유럽이 원산지에요. 두통치료에 효과적이어서 백인들은 질경이를 빨간 끈으로 이마에 묶어놓곤 했죠.

고추나물도 볼 수 있어요. 잎이나 꽃을 빛에 비추어 보아 작은 점들이 보이면 고추나물이 맞아요. 노란 꽃잎이 다섯 장인데, 우려서 차로도 마실 수 있어요. 이것이야말로 웰빙의 기분을 느끼게 해주죠.

대나무도 있어요. 사실 저는 대나무에 대해서 잘 알지는 못하지만, 사람들이 봄에 나오는 신선한 죽순을 먹는 것을 보면 이것도 먹을 수 있다는 뜻이겠죠."

길가를 따라 늘어선 신비로운 희망의 포도나무를 보면서 만약에 이 근처에 가정 양조자가 있다면 꽤 그것이 잘 되었을 것 같은 기분이 들었다. 이것은 식물에 어떻게 접근해 이용할지를 설명한 가벼운 예시다. 더 적극적인 예를 들면, 레스토랑이나 식료품점이 먹을 수 있는 음식임에도 버리는 것을 잘못이라 주장하며 스스로를 프리건 족(freegans or free vegans)이라 부르는 소비혐오적 채식주의자들은 그곳에서 버려진 음식을 먹으며 활발히 활동한다. 그들은 그 공짜 음식을 거리낌 없이 먹는다.

이러한 식량 사회현상을 비난하려거든 음식물 쓰레기차 운전사를 심판하라. 그러나 그전에 당신은 재배된 식량의 절반 정도가 버려지는 식량 시스템과 사회에 속해 있는 우리를 먼저 되돌아보아야 할 것이다.

사이짓기:
토양을 보호하거나
비옥하게 하기 위해
식물을 심는 일

아무런 식물로도 덮여 있지 않은 휑한 땅은 농부나 살아있는 지구에게 아무런 도움도 되지 못하고 비가 오면 그 영양분이 다 씻겨 내려갈 뿐이다. 늦여름이나 초가을(봄에 작물을 심지 않았다면 그 시기도 가능하다)에 사이짓기하면 이 모든 것을 해결할 수 있을 뿐만 아니라 생기 없는 경관을 생동감 있는 경관으로도 바꿀 수 있다. 사이짓기는 보기에도 좋지만 이로운 곤충에게 서식지를 제공하여 토양에 영양분도 공급해주고 흙을 잘게 부수어 통풍이 잘 되게 해준다. 그래서 이들은

도시농업 - 도시농업이 도시의 미래를 바꾼다

종종 녹색 거름이라고 불린다.

몇몇 도시 농부들은 거칠고 잡초가 무성한 공간에 사이짓기할 식물의 씨를 뿌려 생산성 높은 공간으로 바꾸기도 한다. 씨앗은 비싸지 않기 때문에 나중에 그 공간을 식량과 관계없는 것으로 대체하려한다 해도 큰 손해는 없을 것이다. 오히려 초록색 파도가 넘실거리는 경관을 즐길 수 있을 것이고 머지 않아 꽃도 볼 수 있을 것이다. 산들바람에 부드럽게 흔들리고 있는 동안에도 그 중 몇몇 식물은 토양이 비옥해지도록 애쓰고 있을 것이다.

이러한 행위는 온실가스를 배출하거나 화석연료를 사용하지 않고 자연이 우리를 위해 스스로 영양분이 풍부한 토양으로 바뀜으로써 긍정적인 환경 변화를 불러일으킨다. 내가 살고 있는 지역에서는 가을 단비가 내릴 때 씨앗을 뿌려놓고 갈퀴질을 몇 번 한 후에 내버려 두면 된다. 그러면 파종하기 2~3주 전 다가오는 봄에는 사이짓기했던 식물로 뒤덮인 땅을 볼 수 있다.

사이짓기를 해야 하는 6가지 이유
1. 토양을 비옥하게 해준다.
2. 침식을 방지한다.
3. 잡초 발생을 억제한다.
4. 유기농 물질을 생성한다.
5. 미생물 활동 촉진, 토양구조 개선, 수분 침투력을 향상시킨다.
6. 이득이 되는 곤충들에게 서식처를 제공한다.

사이짓기는 종류가 다양한데, 귀리를 경작하면서 그 사이에 완두콩 종자를 심을 수도 있다. 잡초로 뒤덮이기 쉬운 땅에 봄과 여름 동안 빠르게 싹 틔워서 퍼져나가는 메밀은 꽃을 피워 벌 등의 이로운 곤충들을 유인하는 데 도움이 되는 식물이다.

붉은 토끼풀은 토양 속에 질소를 고정하여 비옥하게 만들어 비료를 사는 비용을 절감시켜 준다. 또한 6월에 만개하여 꿀벌을 끌어들이고, 그 꿀벌은 꽃가루 매개자가 된다. 재파종하고 싶지 않다면 꽃이 시들기 전에 땅을 갈아엎는다.

가을에 심는 호밀은 차가운 토양에서 싹트기 때문에 대부분의 사이짓기 식물들 중에서 가장 마지막으로 심을 수 있다. 뿌리를 활기차게 뻗어나가서 토양을 엉성하게 만들어 배수성을 증가시켜준다. 호밀은 일찍 심기만 한다면 땅을 어렵지 않게 갈아엎을 수 있다. 3월 중순이 지나면 호밀은 꽤 억세져서 갈아엎기 전에 베어야 할 수도 있다. 작물의 씨앗은 땅을 갈아엎고 나서 3주 후에 파종해야 한다. 호밀은 작물의 성장에 방해되는 식물이 자라지 못하게 하는 화학물질을 분비하기 때문이다.

**도시 농부:
도리스 초우** 유나이티드 위 캔은 밴쿠버에서 재활용을 통해서 저소득층이나 빈민계층을 도와주는 단체로 널리 알려져 있는 모임 중 하나다. 재활용 용기를 쓰레기 더미에서 찾아모아 현금으로 바꾸는 사람들은 초보자들이다.

2010년에 이 단체는 시내의 주차장을 도시 농장으로 탈바꿈시켜서 식량을 생산하고 사람들을 교육시켰다. 이러한 행위를 우리의 살아있는 식량 환경 구하기 (Save Our Living Environment Food, SOLEFood)라고 부른다.

주로 위태로워 보이는 부실한 호텔 옆에 예전에 사용되던 주차장이 대상이다. 이 단체는 사회적 사업가와 야심찬 농업가들의 모임으로, 몇몇 악덕 지주라 생각했던 땅주인에게 단기간으로 그 공간을 빌리고 그들의 토지세를 대신 내주는 형식으로 진행된다. 아직 무 하나 심겨져 있진 않지만, 재배틀을 만드는 것만으로도 환경적인 자산이 된다. 왜냐하면 아스팔트에 그대로 내렸으면 하수구를 통해 바다로 곧장 흘러갔을 빗물을 그 재배틀이 흡수해주기 때문이다. 그리고 버려진 자동차와 쓰레기로 흉물스럽던 주차장은 가지런히 늘어선 재배틀과 비닐하우스로 보기 좋게 변할 것이다.

농장 담당자 도리스 초우는 오후에 방문한 나를 반갑게 맞이하며 기꺼이 그곳의 작업에 관해 설명해 주었다. 내가 방문했던 오후 2시에서 6시 사이에는 수확물을 판매하는 시간이었다. 고용된 인부가 상추, 아루굴라, 근대, 토마토 등을 준비하고 있었는데, 그 농장에서는 자원봉사자는 받지 않는다고 했다. 그녀는 고용된 두 명의 담당자 중 한사람이고, 현재 이웃들 중에서 5명을 단시간 근무자로 고용하고 있다고 했다. 그리고 전직 캘리포니아 유기농 농부이고 현재는 강의하거나 책을 집필하지 않을 때 밴쿠버에서 멀지 않은 곳에 농장을 운영하고 있는 마이클 아벨만의 전문적인 도움도 받고 있다고 한다.

이 단체는 2,000㎡ 면적의 주차장에 150개의 대형 재배틀을 만들었다. 윌 알렌이 고안한 주차장 바닥 포장법은, 특히 빌린 땅에서 농사를 짓는 SOLEfood에게는 매우 경제적인 방법인 것 같았다. 알렌은 아스팔트 위에 나무 조각을 깔고, 벌레 퇴비를 아래와 같은 양에 맞추어 맨 위에 얹는다.

□ 나무 조각 20㎝

□ 비옥한 비료 60㎝

□ 45㎝ 통로

□ 두둑의 너비 90㎝

이제 심으면 된다. SOLEfood의 재배틀을 이용하게 되면 두 가지 장점이 있다. 하나는 몇몇 도시에서 매우 중요하게 여기는 훌륭한 외관이다. 그리고 토양과 작물을 따뜻하게 해주는 덮개를 덮을 수 있게 설치하는 PVC 파이프를 지탱할 수 있는 기반을 제공한다.

"재배된 모든 식량은 농부들이 여는 시장에서 일주일에 세 차례 판매돼요. 우리는 수확물을 팔아 식당 세 곳을 운영하고 있고 오후에는 식당에서 직접 판매하기도 하죠. 이렇게 식당에서 직접 수확물을 판매하면 사람들이 실제로 농장에서 어떤 작물이 생산되는지 볼 수 있어요. 도시에서는 농장을 보기 힘들잖아요. 이러한 행위를 통해서 사람들에게 농장이란 무엇이고 어떤 기능을 하는지, 전 세계에서 유통되고 있는 식량의 안전성을 우려할 것이 아니라, 내가 사는 지역에서 식량이 어떻게 수확되고 유통되는지 알려줄 수 있죠."

식량을 판매한 수익금으로 단시간 근무자들의 수당을 제공한다고 덧붙였다.

"기본금, 잡동사니, 토양, 파이프 등을 마련하는 데 드는 초기비용 등은 한 번에 지불해야 하지만 아직까지는 기부받은 자금으로 나눠서 지불하고 있죠. 가장 궁극적인 목표는 우리가 외부 자금에 의지하지 않고 스스로 자금을 융통하는 것이에요."

그들은 또한 농장과 도시는 공존할 수 없다는 고정관념을 깨는 데 도전하고 있다. 이러한 생각에는 적어도 상업적 기관이 이용되지 않는 도시 지역과 그 인근에 농장을 확장하기 위한 의도가 깔려 있다.

"동부 지역 사람들을 고용하기는 매우 어려워요. 사람들은 그 지역 사람들에 대한 편견을 가지고 있어요. 도심 지역에서는 일할 사람이 많이 필요함에도 불구하고, 몇몇 도심 지역 사람들은 동부 사람들보다 더 까다로우면서도 동부 사람들에 대한 편견을 버리지 못해요.

그와 대조적으로 이곳의 많은 고용인들은 정신적으로 안정된 일을 하고 있는데, 재배활동을 한다는 것은 재활과 치료의 효과가 있기 때문이지요. 그들은 다른 곳에서는 기회조차 가질 수 없었지만 이곳에서는 그들의 노동의 결과로 맺은 과일을 보게 되지요."

마늘을 심자   마늘을 재배하는 것은 사람들이 재배에 관심을 갖게 하는 데 가장 쉬운 방법이면서 그들의 먹을거리에 대해 많은 것을 배울 수 있는 기회를 제공한다. 혹자는 마늘을 그저 알싸한 맛으로만 기억할 수도 있지만 마늘은 마치 와인처럼 매우 다양한 맛으로 재배될 수 있다.

만약 당신이 원하는 맛, 매운 정도, 크기 등의 조건을 모두 갖춘

마늘을 수확했다면 마늘 한쪽을 보관해둘 가치가 있다.(종자를 얻지 못
하게 조작된 상업적 마늘이 아닌 유기농 마늘을 구입하였길 바란다)

마늘 재배는 그리 까다롭지 않다. 마늘은 해충을 쫓으며 약간
병약한 작물이 있다면 그것과도 훌륭한 친구가 되어준다. 빈 공간
으로 내버려 두지 말고 마늘을 심으면 지속적인 관심을 갖지 않아
도 잘 크기 때문에 더 효과적이다. 땅을 갈아 작물을 심는 어느 건
강한 오후는 8~9개월 후 버려진 공간을 녹색 물결로 바꿔놓을 것
이다.

마늘은 양지 바르고 배수가 잘 되는 곳에 심어야 한다. 마늘을
한 쪽씩 떼어내어서 5㎝ 깊이로 땅을 파고 그 안에 심는다. 마늘 한
쪽은 각각 마늘 한 통씩 만들어내기 때문에 다 자랐을 때를 생각
하여 공간을 넉넉하게 남겨둔다. 내가 사는 지역에서는 마늘을 9월
부터 봄 사이에 아무 때나 심을 수 있다. 마늘은 언제 심어도 추운
계절 동안 웅크리고 있다가 봄에 힘차게 싹을 틔운다. 사실상 마늘
은 7월 중순이면 다 자라기 때문에 언제 심는지는 크게 문제가 되
지 않는다. 윗부분이 갈색으로 변하기 시작하면 마늘을 뿌리째 확
뽑아 서늘한 곳에 2주 동안 걸어둔다.

농업과 원예에 대하여 가르치기 위해서는 학교   **학교 농장**
의 자갈길과 포장도로를 학생들이 직접 꾸미도
록 해보는 것보다 더 좋은 방법이 있을까?
  학교 농장의 잠재성은 너무도 풍부해서 사람들은 아이디어로 넘

처나곤 한다. 우리의 사랑스러운 아이들은 맥도날드 햄버거 대신에 건강한 먹을거리를 직접 기르고, 청소년들은 스마트폰보다 당근에 더 관심을 갖으며, 여름에는 물을 공유하는 등 주변 공동체와 학교와의 연결성을 만들기도 한다.

그런데 문제는 몇몇 몰지각한 요즘 선생님들이 식물을 심어보려 하지도 않고 학교 농장에 반기부터 든다는 것이다. 그렇지만 학교 농장은 매우 훌륭한 아이디어이기 때문에 어떻게든 이 프로젝트를 수행하려 하는 선생님을 발견할 수도 있을 것이다. 그들은 교직원, 학생, 이웃, 기부자 등 모두의 지원을 받아야 한다. 이들 모두의 동의와 지원하에 비로소 학교 농장은 시작될 수 있는 것이다. 하지만 일단 시작하기만 하면 얼마나 스스로 잘 운영되는지 놀랄 것이다. 학생들은 그동안 억눌렸던 그들의 에너지를 이 외부 프로젝트에 놀라울 정도로 쏟아 붓는다.

선생님 농부:
브랜트 맨스필드

브랜트 맨스필드는 학교 농장의 담당자인데, 그가 북미 지역에서 알고 있는 직업들 중에서 분명히 학교만이 거꾸로 된 물음표 표시가 있어야지만 그 명칭을 완성시킬 수 있는 것이었다.(왜냐하면 실제로 그것은 거꾸로 된 물음표와 닮은꼴이기 때문이다) 그는 밴쿠버 시내에 있는 그랜드뷰 초등학교(Grand view/¿Uuqinak'uuh Elementary School)에서 이제 막 유치원을 마치고 온 어린이들에게 환경교육을 담당하고 있다.

다른 도시 농업과 마찬가지로 무언가 놀라운 일, 야외 활동, 모든

도시농업 – 도시농업이 도시의 미래를 바꾼다

아이디어 등은 이듬해에 빛을 발한다. 이러한 결과 중 일부는 맨스필드의 감염성 짙은 열정 때문이다.

"작년에 다른 선생님들은 보통 이런 반응을 보였어요. '음, 어디 한 번 해보시든가요.' 그런데 올해는 우리 모두가 모여서 직원회의를 갖고 상당히 흥미로운 시간을 보냈어요. '호박을 심어볼까요! 곡식은 어때요!' 선생님들은 아주 제대로 이 프로젝트에 빠졌답니다."

그랜드뷰 초등학교는 15개의 재배틀, 민족식물학 정원, 공동체 텃밭, 다양한 과실수와 최신식 비료처리 기계(윈드미어 고등학교에 있는 것과 동일한) 등을 갖추고 있어요. 그들은 학교 농장에서 농사 지을 농부를 고용하고 1년 내내 운영하면서 매주 열 수 있는 샐러드 바를 만들고 겨울에도 재배할 수 있도록 비닐하우스를 만드는 데에 열을 올리고 있었다.

그런데 잠깐! 샐러드 바라면 아이들이 먹기 싫어하는 바로 그 녹색 채소들을 일컫는 것인가?

"사실 저는 아직 아이들이 좋아할 만한 것을 발견하지 못했어요. 하지만 아이들이 직접 채소를 심고 길러 자라는 것을 보게 된다면 즐겁게 먹을 수도 있다고 믿어요. 저는 예전에 아이들에게 이렇게 말한 적이 있어요. '이제 브로콜리 좀 그만 먹으렴. 조금은 남겨두어야지 내년에 다른 친구들과 함께 또 나눠먹을 수 있지 않겠니?' 제가 브로콜리를 가져왔을 때 아이들은 마치 메뚜기떼 같이 그 주변으로 몰려들었거든요.

어느 날 급식 아주머니께서 아이들이 모두 그 녹색 채소 주변에

몰려있는 것을 보고는 놀라서 '도대체 어떤 소스를 사용하신 거에
요?'라고 물었어요. 저는 '소스는 전혀 필요하지 않아요'라고 대답
했죠. 아이들은 아무런 소스 없이도 단순한 과일 채소의 맛을 좋
아해요.

비록 채소를 무언가 목적을 위해 이용하
는 대상으로 여기는 것이 최선의 방법은
아니지만, 학생들은 채소를 교육을 위한
하나의 도구로 생각해요.

　　　　　　　도시농업 – 도시농업이 도시의 미래를 바꾼다

이제 우리는 식량을 교육으로 끌어들일 수 있어요. 영양이 바로 그 교육 중 하나죠. 노란색과 주황색 채소에서는 어떤 영양을 섭취할 수 있을까요? 비타민 A, C에요. 그럼 녹색 채소로부터는 어떤 영양을 얻을 수 있을까요? 비타민 B, E에요. 녹색은 모든 것을 가지고 있죠. 녹색 채소는 우리 몸에 매우 이롭죠. 이걸로 수업 끝이냐고요? 아니에요. 이제 아이들이 교실 밖으로 나가서 8가지의 녹색 채소를 직접 보고 그 중에서 가장 좋아하는 것을 각자 골라요. 그렇게 고른 갖가지 채소들은 점심시간 샐러드 바에서 아이들이 먹을 수 있어요.

물론 아이들은 샐러드 바의 채소들을 잘 먹어요. 생케일, 겨자, 근대, 시금치, 5종류의 상추처럼 조리하지 않은 채소를 더 잘 먹더라고요.

우리는 여전히 실험 중에 있지만, 이런 생채소는 시기를 잘 조정해야 해요. 저는 가능한 한 늦추어서 5월~6월, 그리고 9월~10월에 먹을 수 있도록 스케줄을 짜고 있어요. 주키니는 지금도 먹을 수 있고요."

우리가 이야기를 나눌 때는 바로 학기가 시작하는 9월 중순경이었다. 그는 교실의 앙증맞은 꼬마 학생들에게 텃밭에 있는 채소가 무엇인지 물어보았다. 대부분의 아이들이 제대로 대답한 것은 바로 오이였다. 이어 그가 손가락으로 가리킨 다른 채소는 아직 열매를 맺지 않은 상태였다. "이 잎은 무엇처럼 생겼지요?"라고 묻자 꼬마 학생들이 대답했다. "오이요.", "그래요. 잎사귀가 마치 오이처럼 생겼네요. 하지만 이것은 오이 사촌이에요. 오이 사촌이 무엇인지 아는 사람 있나요? 오이랑 많이 닮았지만 똑같지는 않아요. 누가 맞춰볼까? 누구 아는 학생 없나요?" 여학생들이 매우 적극적으로 대답했다. "수세미!" 그렇게 보일 수도 있겠지만 정확하게 이것은 주키니라는 서양호박이다.

"저의 수업은 바로 이런 것이에요. 텃밭은 수업이나 학교생활의 중심이 되지 않으면 죽고 말아요. 교실에서는 배울 수 없는 것을 텃밭에서는 배울 수 있어요. 그리고 가르침 또한 매우 영향력이 크고 매력적으로 변하죠. 또한 아이들이 사회를 통해야만 배울 수 있는 것을 가르쳐요. 식량안전 문제나 지속 가능성 같은 것들이요. 텃밭을 통해 이러한 것들을 배울 수 있을 뿐 아니라, 우리의 지구와 강한 연결성 또한 느낄 수 있어요. 건강이나 영양에 대해서도 지도할 수 있어요. 이것이야말로 참여를 통한 영양학 교육이죠.

이곳의 모든 교사들은 텃밭에 발을 담그고 있어요. 수학을 가르치는 데도 효과적이에요. 아이들은 2시간 가까이 수학을 배우고 있으면서도 자신들이 공부중이라는 것을 못 느낄 정도로 재미있어 해요. 케일 씨앗을 하나 보여줘요. 그리고 이제 많은 씨앗 깍지가 달린 큰 나무처럼 자란 케일을 보여줘요. 그 다음엔 그 안에 얼마나 많은 씨앗이 있는지 추측해보도록 해요. 추측은 매우 어려운 수학 개념이지만 씨앗 깍지를 통해서라면 충분히 할 수 있어요. 깍지 하나를 열어보는 것부터 시작해요. 그런데 만약에 아이가 행동발달장애가 있다면 이 단계가 좀 힘들 수 있어요. 왜냐하면 장애아들은 작은 씨앗 자체에 집중해 버릴 수 있기 때문이에요. 그래서 여러분이 씨앗을 세고 아이들에게는 씨앗의 개수만 이야기 해주는 것이 좋아요. 다른 깍지도 몇 개 더 열어보고 그 개수들이 정말 맞는지 확인해줘요. 그렇다면 평균을 구할 수 있겠죠. 깍지당 들어 있는 씨앗이 평균 35개라고 계산이 나오면 깍지의 개수만큼 곱해주면 돼요. 우리는 25,000개의 씨앗이 있는 것으로 계산했어요. 결과적으로 성장의 신비에 대해서도 가르칠 수 있어요. 씨앗 하나가 25,000개가 되었으니 말이에요. 이것이 바로 최고의 수학공부이지요."

옥상에서

빌딩의 꼭대기나 비행기에서 거대한 북미 지역의 도시를 내려다보면 옥상 위에 버려진 공간이 얼마나 많은지 입이 떡 벌어질 것이다. 식량은 바로 이곳 가장 바쁜 도시의 거리에서 얼마든지 생산될 수 있다. 농사를 짓는 데 필요한 공간은 바로 옥상 위에 버려져 비어 있는 공간과 딱 맞아떨어지기 때문이다.

물론 말처럼 쉽지만은 않다. 대부분의 건물들이 흙, 물, 작물, 농부의 무게를 견딜 만큼 튼튼하고 견고하게 설계되지 않았다. 그러나 눈의 무거운 중량 (혹은 당신이 어디에 사는지에 따라서 태풍 등등)을 견디게 설계된 옥상이라면 식량을 담은 자그마한 화분 몇 개가 있다고 해서 건물이 무너지지는 않을 것이다.

우리는 북미의 옥상 텃밭을 만드는 데 여전히 초보적인 단계다. 유럽이 앞서가고 있고, 특히 독일이 그러하다. 일본은 그 뒤를 따르고 있으나 잘 정비되진 않았다. 나는 가장 혼잡한 거리 한복판에 있지만 옥상에 비옥한 농토를 마련해 놓은 4층짜리 건물을 방문했

도쿄(위)와 밴쿠버(아래)의 옥상 정원에서 재배되고 있는 작물들

도시농업 - 도시농업이 도시의 미래를 바꾼다

다. 주인은 시골 출신으로 논을 만들어 벼를 수확하고 있으며 논 가장자리에는 다양한 채소도 기르고 있다.

신축 건물은 작물과 그 외의 부수적인 것들의 무게를 견딜 수 있도록 설계되었다. 몇몇 정부는 건물 옥상 면적의 특정 퍼센트만큼 텃밭을 갖출 것을 법규화하고 있지만, 안타깝게도 옥상 텃밭에 무엇을 심어야 하는지는 구체화해놓지 않았다. 최근에는 좁은 공간을 효과적으로 이용하기 위하여 가벼운 재배틀에 싱싱한 돌나물을 기르고 있다. 옥상은 녹색의 식물로 물들어 미학적인 가치를 높여주고 빗물을 흡수하고 옥상의 온도를 낮춰주는 역할을 하게 된다. 그러나 이용하지 않는 텅 빈 공간을 볼 때면 그곳이 놓쳐버린 엄청난 기회에 늘 비통해 하곤 한다. 왜 텃밭으로 바꿔보려 하지 않는 것일까? 왜 식물과 사람이 함께 일할 수 있는 장소를 만들어보려 하지 않을까? 건물의 이용자들이 먹을거리를 구할 수 있고 여가도 즐길 수 있는 공간을 왜 만들지 않는 것일까?

세계에는 옥상을 텃밭으로 훌륭하게 개조한 좋은 사례가 얼마든지 있다. 우리에게는 그 중 몇 개만 있어도 된다. 아직까지 사람들은 옥상을 이용하는 데 그다지 익숙하지 않아 그냥 내버려 두곤 한다. 예전에 눈부신 태양빛과 조망이 환상적인 아름다운 옥상을 본 적이 있다. 그런데 정작 작물을 심어야 할 화분들은 새로 이사 온 거주자가 신경을 전혀 쓰지 않아 구석에서 먼지를 뒤집어쓰고 굴러다니고 있었다. 옥상에서 일어나고 있어야만 할 무언가가 빠진 느낌이었다. 나는 그들의 마음이 이미 옥상에서 멀리 떠났다라기보다는 그저 소극적인 거절의 의미가 있는 행동이라고 생각한다. 그들은 언젠가는 옥상 농부가 될테지만 아직은 아닌 것이다.

우리는 옥상을 식량을 생산하는 기지로 탈바꿈시킬 수 있다. 단지 화분에 토마토를 심는 것도 좋은 시작이 될 수 있다. 옥상 텃밭을 일구다보면 맞닥뜨리는 어려움 중 하나가 하늘과 더 가깝기 때문에 뜨겁고 바람이 세서 건조하다는, 땅농사보다 불리한 조건이다. 따라서 자동 시설을 이용하거나 배수 시설을 부지런히 점검해 잘 작동되도록 해야 한다.

이러한 어려움은 물론 장점으로 바뀔 수 있다. 내가 지난번에 참여했던 공동체 텃밭 프로젝트는 시내 병원의 옥상을 기지로 삼았다. 혼합 유기농 흙과 비료는 정원사들이 뿌렸고 무심하게 재활용된 대형 통을 이용해 옥상을 매웠다. 내리쬐는 태양과 적은 해충은 많은 작물을 생산하게 해주었고 이를 본 초보 재배가들은 깜짝 놀랐다. 그리고 이 중 몇몇은 도시 농부로 직업을 바꾸게 되었다.

예화와 영감

전 세계에서 가장 유명한 유기농 농부는 농사를 제2의 직업으로 가지고 있는 미셸 오바마다. 그녀는 백악관의 1,100㎡의 잔디밭을 텃밭으로 탈바꿈시키며 도시 농업을 실천하고 있다. 백악관 비료, 백악관 벌집, 백악관 유기농 식량은 모두 공식석상의 식탁에 오른다.

도시농업 – 도시농업이 도시의 미래를 바꾼다

대통령 부부는 여러분보다 훨씬 훌륭한 음식을 먹을 것이라고 생각했는가? 아래의 대화는 백악관 출판부가 영부인과 함께 씨앗을 심었던 학생들과의 대화에서 발췌한 것이다. 그녀는 텃밭의 중요성과 과일과 채소를 먹은 아이들이 에너지를 얻고 건강해진다는 것을 알고 있었다.

미셸 오바마: 여러분이 이것을 먹으면 당연히 건강해질 수 있어요. 건강이야말로 우리가 지금 농사를 짓는 이유이고요. 제가 딸들을 키우는 엄마로써 배운 점은 아이들이 적당량의 과일과 채소를 먹는 것이 얼마나 중요한지 알게 된 것이에요. 왜냐하면 이러한 식품은 영양이 풍부하고 건강하게 해주며 무엇보다 뇌의 활동을 도와줘요. 여러분이 학교에 갈 때 질 좋은 아침을 먹는 것이 매우 중요해요. 그리고 점심에는 오렌지, 바나나, 사과와 같은 과일을 먹어야 하고 점심이나 저녁 식사 때에는 녹색 채소를 먹어야 해요.

그리고 저는 여러분이 장차 이 나라를 바꿔주었으면 좋겠어요. 단지 집 안에서의 변화로만 끝나는 것이 아니라, 다른 부모님들이 아이들의 식단을 준비할 때 과일이나 채소의 중요성을 알게 해주었으면 좋겠어요. 게다가 이런 텃밭은 생각보다 저렴하게 만들 수 있어요. 얼마 들지 않지요. 이 넓은 텃밭을 한 번 둘러보세요. 이렇게 넓은 텃밭을 만드는 데 돈이 얼마나 들지 상상이 되나요? 지금 이 텃밭에는 꽤 다양한 것들을 심었는데 비용이 얼마나 들었을까요?

어린이: 100,000달러보다 더 많이 들었을 것 같아요.

미셸 오바마: 100,000달러요? (웃음) 제가 그렇게 많은 돈을 쓴 것을

제 남편이 들었다면 기절하겠네요. (웃음) 아니에요. 그것보다 적게 들었어요. 얼마일까요?

어린이: 제 생각에는 5,000달러요.

미셸 오바마: 5,000달러? 그것보다 더 낮춰 보세요.

어린이: 1,000달러요?

미셸 오바마: 1,000달러? 아니에요.

어린이: 200달러요!

미셸 오바마: 이것들을 모두 심는 데 200달러도 안 들었어요.

어린이: 설마 100달러요?

미셸 오바마: 그래요. 거의 100달러가 들었어요. 정확하게는 100달러와 200달러 사이의 비용이 들었어요. 큰 돈 들여 만들지 않은 이 텃밭은 우리 가족뿐만 아니라 백악관 직원들의 식탁까지 책임지고 있어요. 이 채소들을 여러분에게도 대접할 참이에요. 우리는 몇몇 주의 저녁식사에도 제공할 거에요. 물론 여러분이 이렇게 넓게 농사 지을 필요는 없지만 우리는 이 땅에서 매년 먹을 식량을 수확하고 있어요. 단지 몇 백 달러를 써서 말이죠. 정말 놀랍지 않나요?

그래서 지금부터 제가 여러분에게 도움을 청하고 싶어요. 오늘은 씨앗을 심고 몇 달 후에는 여러분이 방과 후 이곳에 와서 과일과 채소를 수확하는 것을 도와주세요. 그리고 그 채소와 과일을 가지고 백악관 안으로 들어와서 요리사와 함께 요리를 해봐요. 어때요?

어린이: 좋아요!

도시농업 – 도시농업이 도시의 미래를 바꾼다

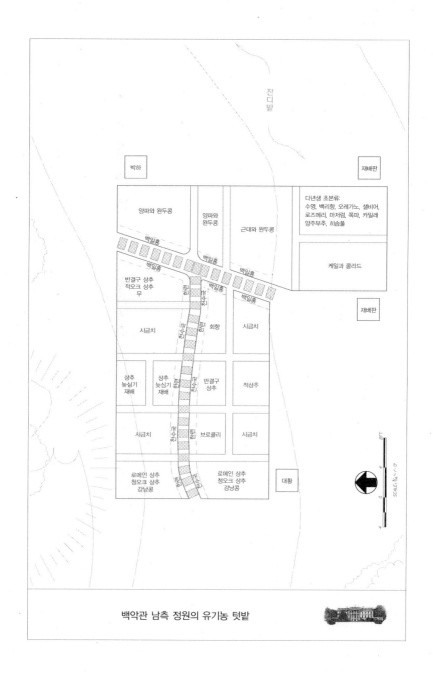

백악관 남측 정원의 유기농 텃밭

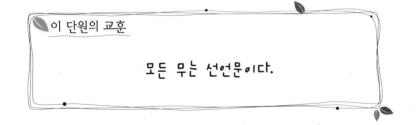

이 단원의 교훈

모든 무는 선언문이다.

도시농업 – 도시농업이 도시의 미래를 바꾼다

도심 유휴지의 회귀

늘어나는 공동체

공공 공간은 우리가 지키고 보호해야 할 권리와 의무가 있는 공간이라는 주장은 이제 시들해졌다. 왜 이렇게 되었는지 이해하기는 어렵지만, 단순히 법령이나 일회성 행사로 인하여 그렇게 변한 것이 아니라 수천 가지 이유로 그렇게 된 것은 분명하다. 매 순간 공공 공간은 여러 명의 사적인 욕심들로 인하여 공격받고 있지만, 우리는 아무것도 하지 못하고 그저 사회에서 점점 더 약해져 가는 공공 공간의 입지를 지켜만 보고 있을 뿐이다.

공공 공간의 비극은 가렛 하딘이 1968년에 〈사이언스〉지에서 제시한 개념적 모형에 잘 나타나 있다. 그것은 여러 명의 목장 주인들이 공유하던 목초지에 관한 이야기다. 각 주인은 자신의 소를 공유 초지로 보내 풀을 뜯게 했는데 주인과 소가 많지 않을 때는 이러한 환경이 오랫동안 잘 유지되었다. 그러나 숫자가 점점 들어나면서 공유 초지는 포화상태가 되었고 결국 완전히 황폐해지고 말았다.

이 비극은 사람들이 공동체의 이익을 생
각하기 이전에 개개인의 이득만을 추구
하기 때문에 공공 초지, 공간 등 공유되
는 것들은 제대로 남아나질 않게 되리
라는 것을 말해준다.

    이 사례는 사람들이 지구상에서 증가하는 인구수에 대하여 숙고
하게 만들거나 기아에 관한 맬더스 학파 이론을 떠올릴 때 여전히
오르내리곤 한다. 기아는 식량의 절대적인 양의 문제가 아니다. 우
리는 지구상의 모든 사람들이 먹고도 남을 식량을 충분히 생산하
고 있다. 이미 초과 생산하고 있는 셈이다. 문제는 빈곤이다. 극빈
층이 식량을 구할 돈이 없어 굶는다는 것은 명백히 시스템의 문제
인 것이다. 사례에서 말하고 있는 비극은 공동체에 의해 발생하는
것이 아니라 만연해 있는 개개인의 욕심 때문에 발생한다. 하딘은
자신이 제시한 사례를 '서로 관련되지 않은 일반적인 것들의 비극'
이라고 불러야 한다고 말하기도 했었다. 핵심은 공동체가 공공 공
간을 관리해야 한다는 것에 동의하도록 이끌어내는 것이다. 이러한
논의의 출발은 공공 공간이 존재하고 있고, 우리 모두가 책임 지고
관리하는 것이 이득임을 설득하는 것이다. 그리고 우리가 공유하는
이 대지는 치료가 필요하고 농부들이야말로 그 땅을 치료할 수 있
는 몇 안 되는 사람들 중의 하나라는 것을 인식시킬 필요가 있다.

공동체 텃밭에서 자라는 것은 작물만이 아니다.

공동체 가꾸기   백지장도 맞들면 낫다는 속담이 있듯이, 우리
                      의 도시를 도시 농장으로 변화시키려면 캠페인
이 필요하다. 도시의 독특한 개성이 우리가 선택하여 기르고 재배
하고 포장하고 판매하고 먹고 재활용하는 식량의 영향을 받는다는
것은 현재 도시 농업에서 상당히 흥미로운 부분이다. 도시는 개혁
의 중심이고 다양한 사람들과 영향, 아이디어가 한데 뒤섞인 문화
적 집합체다. 물론 모든 것이 다 좋은 영향과 아이디어가 되지는 않
지만 그것은 도시 생활에 있어서도 마찬가지다. 점차 이러한 현상
은 우리가 어떻게 식량을 얻는지에 관한 방법에도 영향을 미친다.

공동체 텃밭이란   공동체 텃밭은 채소가 전부가 아니다. 공동체
무엇인가?   텃밭은 동시에 농장, 놀이 공간, 학교, 사원, 운
동장, 무대, 피난처, 야생동물 서식처 등등이 될 수 있다. 그리고 주
변의 공동체에 모델이 되어 그 영향력을 펼칠 수 있다. 공동체 텃밭
은 협동, 자원봉사 활동, 다양성에 대한 감사와 생태적인 인식 등,
우리가 소중히 여기는 것을 가르쳐주고 함께 할 수 있게 해준다.

특히 인상적인 점은, 가장 필요로 하는 것인 이웃과의 관계를 맺
을 수 있다는 것이다. 밴쿠버 시내 동부에 있는 해스팅 포크 정원
은 사회문제인 노숙자, 약물중독, 성매매, 범죄의 온상이었던 도시
공간을 유기농 텃밭으로 바꾼 훌륭한 사례다. 이웃 주민들은 많은
노력을 들였는데, 그 공간이 텃밭으로 바뀌는 것은 그 중에서도 세
들어 살던 이들에게는 마치 외부 거실이 생기는 것과 같았다. 다양

한 사람들이 이 일에 동참했다. 두 집 건너 거리에 있는 북미에서 유일하게 마약(헤로인)을 의학적인 목적하에 법적으로 사용이 허가된 안전 주사 전문병원에서 간호사가 쉬는 시간에 찾아오기도 했다. 때때로 성매매 노동자들이 아마도 그들이 하루 동안 먹는 것 중에 유일하게 신선한 유기농 음식일지도 모를 라즈베리를 따가기 위해 들른다. 또 어떤 이들은 거리의 혼돈에서 벗어나기 위해 조용함과 평온함을 즐기러 잠시 들르기도 한다. 도시 농업은 식량에 관한 것이지만 그 이상을 보여줄 것이다.

도시 안에서 허브 키우기.

모두를 위하여　　　수동적인 소비자에서 능동적인 식량생산 체계
　　　　　　　　　　의 설계가가 되는 가장 빠른 방법은 공동체 텃
밭을 일구는 것이다.

　종종 나는 이웃에게 공동체 텃밭을 시작하고 운영할 준비가 되
었는지 물어보곤 한다. 대부분은 그렇다고 대답하지만 모두가 항상
그렇게 대답하는 것은 아니다. 나는 공동체 텃밭이 단지 좋은 배수
관 시설을 가지고 싹을 틔워 식물을 기르는 것이 아님을 상기시킨
다. 그것은 상당히 많은 노력과 헌신과 힘든 노동을 필요로 한다.
적극적인 사람들 한두 명이 아니라 강력한 공동체가 뒷받침 돼야
한다는 것을 의미한다.

　나는 이웃에게 '공동체 텃밭에서 가장 중요한 단어는 바로 첫걸
음'이라는 것을 강조한다. 공동체 텃밭이야말로 공동체를 활성화시
킬 수 있다. 즉, 사람과 공동체를 모두 건강하게 하고 사회적, 생태
적으로 더 각인시킬 수 있다. 그것은 또한 사람이 사는 곳에 식량
도 자라는, 바로 도시 농업을 목표로 하는 것이다.

텃밭과 친해지기　　　몇몇 도시는 공동체 텃밭을 환영하지만 다른
　　　　　　　　　　도시들은 그것을 마치 초대받지 않은 손님처럼
취급한다. 몬트리올은 텃밭을 환영하는 도시다. 몬트리올의 첫번째
공동체 텃밭은 1975년에 이민자들이 주변에 화재로 인하여 생긴 빈
공터에 농사를 지을 수 있는지 요청하면서 시작되게 되었다. 다행스
럽게도 시 당국의 원예부서에서는 그 사람들을 기록해 놓았다. 이

민자들은 잘 될지 확신이 없었지만 열정과 정성으로 일은 잘 풀리기 시작했다. 텃밭이 성공적으로 자리를 잡았을 때 이웃들은 사이가 좋아지고 다양성을 인정하고 함께 하기 시작했으며 이 아이디어는 곧 여러 도시로 퍼져나가게 되었다.

몬트리올은 지금 북미 도시 중에서 도시 농업을 위한 정책이 가장 잘 구축되어 있는 도시가 되었다. 대략 만여 개의 공동체 텃밭이 있다. 그 도시의 모든 거주자들은 전기요금을 청구받을 때 그들이 근처 텃밭에 참여할 의향이 있는지 동시에 조사되게 된다. 구역규제정책은 텃밭의 공간을 보장해 주고 도시는 초보자들에게 기술을 가르쳐줄 추진자를 고용한다.

그러므로 만약 당신이 시 당국자에게 텃밭을 가꿀 것을 요청할 때 그가 핑계를 대며 거부하려 한다면 도시 농업은 이제 일반적이며 당연한 현상임을 주지시켜야 한다. 몬트리올의 원예가에 대한 이야기를 꺼내도 좋을 것이다. 그는 시장선거에 출마했다. 당연히 이러한 행위는 높은 지위에 있는 사람들에게 피해를 주지 않을 뿐 아니라, 그 도시는 도시민들 스스로에 의해서 운영되고 그에 걸맞는 도시가 될 것이다.

즉, 다시 말해서 몬트리올은 공동체 텃밭을 일정량씩 할당해 주는 형식을 취하고 있다. 그리고 유럽에서도 인기인데, 사람들은 규제에 따라서 일정 면적의 땅을 사용하는 대가로 매년 요금을 내고 있다. 텃밭 할당제는 많은 사람들이 함께 대지를 사용할 수 있게 해 주고 시 당국이나 누구라도 손쉽게 시설을 관리할 수 있다.

공동체가 중심이 되서 이용하는 텃밭은 그 공동체에 소속된 사람 중 한 명이 스스로 관리한다. 종종 그들은 직접 텃밭을 창조, 계획, 설계한다. 도시는 전체 이용자들 중에서 원예가 몇 명만 골라 적용한다. 이를 통해 원예가들은 그들만의 고유한 사회적 조화와 참여를 통하여 공동체 전체의 발전을 가져온다.

모든 것은 장점과 단점이 있기 때문에 어느 것이 더 낫다고 단정적으로 이야기할 수는 없다. 도시 농업에 더 많은 사람들의 참여를 유도하기 위한 캠페인에서 양과 질은 모두 중요한 요소다. 시민 농장과 대비하여 공동체 텃밭은 그것이 할 수 있는 한 공동체에 가장 큰 도움이 될 것이다.

공동체 텃밭 시작하는 법

첫째로, 공동체 모임을 가져야 한다.

설령, 두 명이라 할지라도 상관 없다. 어디서든 시작할 수만 있다면 혼자보다는 둘이 나은 법이다. 혹여 아무도 함께 하려 하지 않는다 해도 실망할 필요 없다. 풍성해진 당신의 텃밭이 입소문을 타기 시작하면 사람들은 벌떼 같이 달려들어 그들에게도 기회가 있을지 노릴 것이다. 내리쬐는 태양 빛 아래 싱싱한 토마토는 그 유혹을 쉽게 뿌리치지 못하게 할 것이다.

만약 당신이 마음속에 그려둔 텃밭이 있다면 근처에 공고를 붙이고 함께 할 것을 주선하라. 아직 장소를 물색하고 있다면 무료 게시판에 글을 올리거나 지역 라디오 방송국에 사연을 보내거나 이웃에 전단지를 뿌리고 지역 게시판에 광고를 하는 것도 좋다. 그 소식을 접할 대상을 찾아보자. 다양한 인종을 가진 사람들이 모일 수 있는 다문화 공동체 텃밭을 만들기 위하여 우리는 밴쿠버 시내에 5개 국어로 광고지를 뿌리고 자원봉사 통역가들이 대기하고 있는 공동체 대화 이벤트를 열고 정보 광장에 외국어로 된 소식지를 마련해 두었다.

다음으로는 땅을 구했다.

이 단계는 때에 따라 어려울 수도, 쉬울 수도 있다. 다양한 정부와 사법 관할 구역의 땅을 안심하고 쉽게 쓸 수 있는 방법은 없다. 이럴 땐 더 많은 사람들에게 물어보고 요청할수록 공동체 텃밭을 특정 장소에서 시작하기 쉬워진다.

비어 있는 모든 땅은 잠재적인 텃밭이다.

장소를 물색할 때는 태양 빛의 방향을 찾는 것이 중요하다. 이미 내가 이 책의 서두에서 여러 번 밝힌 바 있지만, 여전히 높은 빌딩 그늘에 가린 땅을 별 생각 없이 고르는 시 당국자와 사람들이 있다는 사실에 나는 깜짝 놀라곤 한다.

그리고 물이 필요한데, 그 장소에 수도꼭지가 없다면 설치해야 한다. 이 상황이 바로 당신이 시 당국과 관계를 잘 맺어 놓았던 노력이 빛을 발하는 대목이다. 역류 밸브가 달린 간단한 꼭지라도 가격은 수천 달러에 달한다. 그 돈은 텃밭을 가꾸려는 시민들에게는 매우 큰돈이지만 시의 입장에서는 껌값이나 다름없다.

당신의 프로젝트를 새로운 동료들과 함께 하라. 모임의 이름을 짓고 '목표 선언문'을 작성하라. 그 선언문은 일반적인 당신의 목표를 설명하는 글로서, 가능하면 짧게 만드는 것이 낫다. 그런 선언문을 만들어 두면 모임의 정체성을 확고하게 표현할 수 있고 새로운 회원이 들어오거나 회원들에게 의무감을 지울 상황이 생겼을 때 효과적으로 인용할 수 있다. 디트로이트의 한 도시 농업 비영리 단체는 자신들의 목표를 '도시 농업의 목적은 사용되지 않고 있는 땅을 텃밭으로 변화시켜서 사람들에게 식량을 넉넉하게 제공하는 동시에 다양성을 받아들이고 어린이를 교육하며 어른들과 노인들에게 공동체 속에서 생태적으로 지속 가능한 시스템을 영유하게 하는 것'이라고 명확히 밝혀두었다. 내가 밴쿠버에서 일했던 다문화 공동체 텃밭은 '공동체 텃밭의 건강하고 열려 있는 환경을 통하여 캐나다 태생의 사람들과 밴쿠버 시내에 거주하고 있는 외국인들 간에 다문화 교류를 장려하는 것'이라는 목적을 두고 있다.

다음 단계는 자산을 확인하는 것이다. 텃밭을 만들고 관리하기 위해서는 무엇이 필요한가? 당신이 이미 가지고 있는 것들을 나열하는 것부터 시작해 보라. 막상 모여서 각자 가지고 있던 카드를 꺼내보면 얼마나 많은 자원을 지니고 있었는지 놀랄 것이다. 이웃들의 창고에서 놀고 있는 삽만 모아도 아마 중국까지 땅을 파서 갈 수도 있을 것이다. 게중에는 굴착기를 가지고 있을지도 모른다. 그리고 이웃들이 지닌 기술과 경험을 모으는 것이 대단히 중요하다. 다함께 모여서 진솔한 대화를 나누다보면 이웃들의 직업이 배관공, 자동차 수리공, 그래픽 디자이너, 공동체 위원, 조경가, 변호사, 보모, 요리사 등 다양하다는 것에 놀랄 것이다. 이 모든 것들이 모이고 합쳐져서 바로 공동체의 사회적 중심이 되는 것이다.

자금 후원을 받아라. 공동체 텃밭은 적은 자금으로도 시작할 수 있지만, 도구나 거름을 사고 주변엔 나무도 심고 혹시 모를 일을 대비해 보험도 들려면 점점 큰 돈이 필요할 것이다.

땅에 바로 작물을 심는다면 공동체 텃밭의 기반 자금은 적게 책정될 수도 있겠지만, 시설의 양과 질에 따라 오르게 될 것이다. 울타리는 재료와 설치시기 등에 따라서 비싸질 수 있다. 밴쿠버 북부의 한 시에서 조사한 통계에 따르면 울타리를 설치하는 데 평균적으로 1미터당 100~150달러가 든다고 한다. 좀 비싼듯 해도 이런 전문가에게 맡긴 울타리는 몇 년간 끄떡 없을 것이다. 하지만 당신이 직접 설치한다면 모양새는 좀 어설프겠지만 더 저렴해질 것이다. 종종 이웃들이 들어와 맘껏 구경할 수 있도록 울타리를 치지 않는 사람도 있다. 또는 관목이나 벽을 타고 오르는 과일나무 등을 살아

있는 울타리로 삼아서 도둑이나 개가 심리적으로 압박감을 느껴 쉽게 접근하지 못하게 만들 수도 있다. 지면에서 높이 올릴 재배틀은 몇 개나 만들지에 따라 기반 자금이 달라질 것이다. 북부 밴쿠버에서 있었던 앞의 조사에 따르면, 재료에 따라 값은 조금씩 차이가 있지만, 1미터당 15~35달러의 자금이 들고, 지상에서 30cm 올라간 재배틀은 1미터당 25달러가 든다.

그리고 재배틀을 채울 흙이 필요하다. 내가 살고 있는 곳에서는 90cm 재배틀에 채울 흙을 30달러에 판매하고 있다. 거기에 배송료까지 합하면 50달러에서 75달러가 추가된다. 몇 m^3가 필요한지 계산하는 법은 길이, 너비, 깊이를 곱하고, 그것을 27로 나눈다. 예를 들어, 1.2m 길이, 1.8m 너비, 0.6m 높이의 재배틀은 1.2m×1.8m×0.6m=1.36m^3다. 이것을 27로 나누면 0.048m^3가 된다. 작은 트럭은 대략 0.76m^3의 흙을 담을 수 있고, 가장 큰 트럭은 1.53 m^3의 흙을 실을 수 있다.

함께 할수록 더 좋다   주변의 이웃들과 함께 모여 식량에 대해 이야기하는 것은 처음에는 그리 별일 아닌 것같이 느껴질 수도 있다. 1965년 도쿄의 한 주부는 지역 상점의 우유가 질도 좋지 않은데다 가격도 비싸서 불만이었다. 그래서 그녀는 이웃들과 함께 그 대안을 찾기 시작했다. 그들의 모임은 점점 더 커졌고 결국엔 낙농업자에게서 직접 우유를 대량 주문할 정도가 되었다.

이것은 세이카츠 클럽의 시초가 되었고, 그 모임은 현재 2,200만

명의 회원이 대부분 여성으로 이루어진 모임이 되었다.

세이카츠 클럽 협동조합의 웹 사이트에는 다음과 같은 문구가 적혀 있다. "마켓에서 보기 좋게 진열되어 있는 질이 떨어지는 상품을 구입하는 수동적인 소비자가 아니라, 우리 세이카츠 클럽은 생산자와 직접 협력하여 사람의 건강과 환경을 생각하는 필수적이고 질 높은 물건과 식량을 생산하고 있습니다." 1989년에 이 클럽은 '산업사회의 효율성을 내세운 식민화 전략에 대응하는 대안적인 경제활동'으로 공로를 인정받아 '제2의 노벨상'이라 불리는 바른생활상(Honorary Right Livelihood Award)을 수상했다.

세이카츠 클럽의 기본적인 법칙은 다음과 같다.

□ 환경과 건강을 지키기 위하여 새로운 생활방식을 창조하라. 상업주의에 지배당한 채 수동적인 소비자가 되어 질 낮은 상품을 구매하지 말자.

□ 차이와 차별을 없애자. 국내외의 사람들이 희생한 대가로 인해 얻어진 '번영'은 절대 용납될 수 없다. 세이카츠 클럽은 공정한 거래와 무역을 장려한다.

□ 사람들 사이에 자치성을 회복한다. 주의 규제나 상업적이고 사업적인 회사의 개입에 따르지 말고 자치적인 공동체를 만들려고 노력하고 매일매일 필요한 것만 구매하는 등의 노력에 동참하자.

□ 클럽의 대부분을 구성하는 여성들은 독립적으로 행동해야 한다. 오늘날 고도화된 산업사회는 여성들과 지역 공동체를 변두리로 몰아내고 있다. 우리는 이러한 현상을 비판하고 직면

해야 할 뿐 아니라 새로운 생활방식을 창조하고 대안적인 직업을 찾아야 한다.

세이카츠는 '생활'이라는 뜻이다. 그리고 이것은 생활에 필요한 것은 단지 돈만이 아니라는 뜻도 내포하고 있다. 이 협동조합은 유전자 조작 식품을 구입하지 말고 일본의 지나친 대용량 구매 습관을 바꾸고자 인터넷과 지역 의회와 연계된 141명의 회원들에게 홍보하고 있다. 또한 빵집이나 재활용 센터와 같은 새로운 일자리를

공동체 텃밭을 가꿔야 하는 14가지 이유

1. 이웃과 친해질 수 있다.
2. 유기농 재배법을 배우고 가르칠 수 있다.
3. 녹지대를 만들고 향상시킬 수 있다.
4. 범죄를 예방한다.
5. 경제활동을 창출한다.
6. 가족의 식료품비 지출을 감소시킨다.
7. 개인의 독립성을 키운다.
8. 식량 민주주의를 향상시킨다.
9. 식량이 운반되는 거리를 줄인다.
10. 생물종 다양성을 높인다.
11. 빗물을 흡수한다.
12. 도시의 생태환경을 향상시킨다.
13. 자원봉사를 유도한다.
14. 일상을 회복한다.

후원하기 위한 자금도 마련하고 있다. 1993년에 이 단체는 일반인을 대상으로 식량 자급자족 캠페인을 시작했다.

이것은 바로 이웃들과 함께 식량을 어떻게 기르고 수확할 것인가에 대한 대화의 물꼬를 트는 기점이 되어 줄 것이다. 그리고 당신도 참여하도록 격려하고 있다. 우유 한 잔, 당근 한 개, 이웃들이 채워가는 비어있던 도시 공간, 이 모든 것은 실천과 아이디어라는 작은 씨앗 하나가 땅에 뿌려졌을 때 얻을 수 있는 것이다.

만약에 농사를 더러운 직업으로 여겼다면 식량 **도시 정치학,**
을 재배하기 위해 지원받으려는 정치적인 행동 **텃밭 정치학**
들을 먼저 알아보기 바란다.

도시는 식량을 재배하기 위해 토지를 나눠주길 꺼린다. 왜 그럴까? 왜냐하면 흔히 민심을 '섬긴다'는 새로운 정치인들이나 행정가들은 무엇인가 갈아엎어서 새로운 것을 만들어냈을 때 자신들에게 더 많은 이익과 관심이 돌아옴을 알기·때문이다. 또한 토지 이용이야말로 도시가 내릴 수 있는 결정 중에 가장 중요한 것 중 하나이고 여러 가지 조건들의 제약도 뒤따른다.

식량 민주주의 옹호자들은 지금까지 자신들보다 규모가 더 큰정책 결정자들과 논의해보지는 못했지만, 그들이 세계의 불안정한식량 시스템에 큰 변화를 가져올 것이라고 확신한다. 밴쿠버는 세계에서 손꼽히는 속도 빠른 물류와 거래가 이루어지는 도시이지만 식량을 얻는 데 소요되는 시간은 3일이나 걸린다. 우리가 매번 '식품

안전성'에 대해 이야기할 때마다 매달 가난한 8십만 명의 캐나다인들이 푸드 뱅크에 들러 무료로 음식을 얻어먹는 측은함을 들먹이곤 한다. 진실은 우리 모두가 식량 불안정 지대에 속해 있다는 것이다. 따라서 각 지역에서 텃밭을 운영하는 것이 단지 심리적 효과 때문만이 아니라 공공의 정책으로 이루어져야 하는 이유다.

경제공황 시기에 정부 기관과 사기업들은 대지를 사람들에게 빌려주고 텃밭으로 운영하게 했다. 북미의 공동체 텃밭 역사는 정부의 지원에 따라 상승과 하락을 반복했다. 거주민들이 폭동이나 식량과 관련된 문제에 직면했을 때면 정부는 공공 텃밭 운영을 장려했다. 1890년대의 공황상태, 1930년대의 불경기 그리고 제1차 세계대전과 제2차 세계대전 때 정부는 현명하게 도시 농업을 지원했다. 하지만 늘 어려운 시기가 지나고 나면 그 모든 텃밭은 다시 도로로, 건물로 뒤덮이곤 했다.

이러한 산발적인 대처는 토지 지원 정책이 감소함에 따라, 당신이 매번 도시 농업을 처음부터 다시 시작해야 한다는 문제를 낳았다. 그리고 그것은 좋은 식량을 얻을 수 있는 좋은 재배환경 또한 지원하지 못함을 의미한다. 건강한 토양을 만드는 작업은 오랜 시일에 걸쳐 여러 사람들이 그 대지에 힘을 쏟아부을 때 가능한 것이다. 자신의 토지가 다음 경제 상황에 맞물려 허공으로 사라져 버릴 것을 안다면 누구라도 토지에 정성을 들이긴 매우 힘들 것이다.

아무리 정부가 식량에 대하여 깊은 관심과 의식을 표명한다 하여도 더 이상 그들의 말을 믿기 힘들 것이다. 지방자치제의 정치는 돈과 깊이 관련되어 있다. 도시는 늘 예산에 쪼들리고 이를 충당하기 위해서 돈을 몰고 오는 개발자들과 영향력이 더 큰 그룹끼리 경쟁을 부추긴다. 이제 우리 모두는 식량을 위해 도시의 대지를 보존하는 것이 미래를 위하여 가장 중요한 일이며 이러한 사항을 법제화시켜야 한다는 것을 알고 있다.

정부의 지원만으로는 부족하다. 주/도, 연방 정부가 도시 농업을 계획, 교육, 마케팅, 분할, 자금모금을 위해서 좀더 폭넓게 지원한다면 도시는 효율성을 더 높일 수 있다. 농업에 대한 정부 차원의 지원은 도시가 아닌 지방만의 전유물로 생각했지만 이제 그러한 생각은 구시대적 발상이다.

도시, 지역, 연방 정부의 정치인들이 왜 이 모든 것이 필요하냐고 묻는가? 그렇다면 도시 농업이 단지 식량을 얻기 위한 좋은 아이디어 이상의 의미를 갖기 때문이라고 답하라. 농업지대는 더 많은 빗물을 흡수하고 잔디나 공지보다 더 많은 이산화탄소를 제거하는 효과가 있다. 지역의 농부들이 증가하고 있다는 것은 더 많은 사람들이 건강한 식량을 얻기 위한 건강한 행동에 동참하고 있다는 점을 시사하고 있을 뿐만 아니라 질병관리를 위한 예산을 줄이고 있다. 도시 농업은 매립지의 쓰레기 중 대략 40퍼센트를 퇴비로 재활용해 쓰레기 관리비용을 줄일 수 있다. 폐기물을 통하여 우리는 에너지를 얻을 수도 있는데, 메탄가스를 태우면 온실에 필요한 열이 발생해 1년 내내 재배 활동을 할 수 있는 것이다.

그것이 가능할까 싶지만 이미 실현되었다. 샌프란시스코의 가빈 뉴섬 시장은 2009년에 행정부 회의에서 샌프란시스코 주민들의 식량에 대한 생각을 바꾸어 놓았다. 그는 '도시 농업은 빈 공간에 채소를 키우는 것 이상의 일을 한다'라며 샌프란시스코 연대기에 대하여 '도시의 공공 공간을 재창조하고 활기를 더해주며 도시민들이 건강한 식량과 생활에 대해 이야기하면서 이웃과 관계를 맺도록 해준다'고 이야기했다. 뉴섬 시장은 16가지 행동강령을 제시하였는데, 이 중에는 도시에서 이용되지 않고 있는 토지와 옥상을 조사하여 도시 농업을 하기에 알맞은 곳을 추려내는 회계감사도 포함되어 있었다. 모든 도시 부서는 지역에서 생산된 신선한 식량을 구매하고 공원관리국은 시민들이 도시에서 텃밭을 운영하는 데 필요한 도구를 빌려주었다.

캘리포니아뿐 아니라 시애틀도 2010년을 도시 농업의 해로 선포했다. 19세기 이후로 얻은 성과는 도시 농업의 개념을 법적으로 선포하고, 모든 지역에서 공동체 텃밭을 운영할 수 있는 기회를 확장하며 가정에서 키울 수 있는 닭을 3마리에서 8마리로 늘렸다는 것이다.

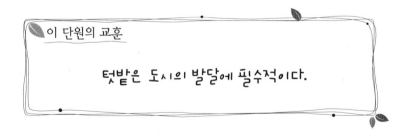

이 단원의 교훈

텃밭은 도시의 발달에 필수적이다.

도시농업 – 도시농업이 도시의 미래를 바꾼다

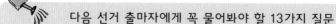

다음 선거 출마자에게 꼭 물어봐야 할 13가지 질문

1. 농사는 사람의 기본적 권리라는 것에 동의합니까?

2. 만약 기존 법에 저촉되지만 않는다면 도시 곳곳에 텃밭 구역을 만드는 것이 어떨까요?

3. 텃밭이 모든 공동체의 목표와 토지이용계획에 포함되어 있나요?

4. 도시민들이 함께 힘을 모아 도시 농업을 하는 데 필요한 것과 서비스를 지원할 건가요?

5. 전체 세금의 몇 퍼센트를 지역 식량 시스템을 위해 할당할 건가요?

6. 텃밭의 토지이용세를 낮출 건가요?

7. 기관이 나서서 구매할 지역 식량은 어떻게 증가시킬 건가요?

8. 주민 몇 명당 일정 크기의 공동체 텃밭을 만든다는 조항에 동의합니까?(예를 들어 10개의 토지지구당 1,000명의 주민이 포함되어야 한다라든지)

9. 재배가들에게 이용되지 않는 토지에서 재배할 수 있도록 하는 토지 이용권을 보장할 건가요?

10. 도시 농업을 위한 토지신탁을 장려하기 위해 무엇을 할 건가요?

11. 텃밭 지역, 과수 교육, 축제 지역 등 공공 공간에서 도시 농업을 장려하기 위한 계획은 무엇이 있나요?

12. 도시 농업 경관을 어떻게 장려할 건가요?

13. 도시 농부들이 기술, 마케팅, 판매 등을 지원할 건가요?

나무를 위한 외침

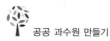
공공 과수원 만들기

우리가 대지에 대하여, 그리고 그곳에서 자라날 것들에 대하여 상상할 때는 2차원적인 것을 떠올리곤 한다. 토양, 경계, 몇 미터로 정해진 평평한 땅이 전부일 것이다. 물론 시작단계라면 이 정도라도 훌륭하지만, 이제는 그 이상을 내다볼 수 있어야 한다. 우리가 사는 세상은 3차원이므로 당신의 상상력을 우주 끝까지 펼쳐 볼 시간이다. 당신의 대지가 관목과 덩굴류 그리고 과수들로 얼마나 확장될 수 있는지 생각해 보라.

매년 봄에 새로 심어야 하는 채소와는 다르게 이러한 일련의 식량 공장은 평생에 걸쳐 한 번만 심어줘도 된다. 물론 전정, 비료주기 등의 관리는 지속적으로 필요하지만 수확한 과일은 보상이 크다. 놀랍게도 과일 수확은 가로수로 심어놓은 과일나무에서는 상당히 무시되고 있는 작업 중의 하나다. 사람들은 과일나무 주변에 떨어져 있는 과일들을 무심코 지나쳐 슈퍼마켓으로 과일을 사러

가곤 한다. 이것이 바로 도시 생활이 우리의 일상적인 것들에 얼마나 둔감한지 알려주는 지표다. 동시에 도시 농업은 이러한 아둔함을 극복할 수 있게 해주는 훌륭한 수단이 될 수 있을 것이라는 것을 제시하고 있다.

트리 피플　　트리 피플이라는 단체는 1970년 로스앤젤레스에서 15살의 여름 캠프 참가자가 주변 산의 나무들이 도시의 공해로 인하여 죽어가고 있다는 사실을 알게 되면서부터 시작되었다. 그는 다른 캠프 참가자들과 함께 주차장에 공기를 정화해 줄 수 있는 나무를 심기 시작했다. 이러한 일련의 아이디어는 트리 피플로 발전하게 되었고 이는 그 주에서 성공한 환경단체 중의 하나가 되었다.

1981년에 시 당국자들이 도시의 오염된 공기가 1984년에 열릴 올림픽 게임 참가자들에게 악영향을 미칠 것에 대해 고민하고 있을 때 이 단체는 백만 그루의 나무를 심는다면 상황이 많이 달라질 것이라고 주장했다. 그러나 시 당국자들은 백만 그루의 나무를 심을 수 있는 20년이라는 시간과 2억 달러라는 큰 돈이 없었다. 그래서 트리 피플이 이 계획을 무료로 진행하기로 정했다. 유명 인사들을 앞세워 수많은 자원봉사자를 한데 모아 백만 그루의 나무를 개막 축제가 열리기 4일 전까지 모두 심었다.

오늘날 트리 피플은 로스앤젤레스의 환경문제에 대해 심각하게 생각하고 있다. 도시 숲의 개념을 이용하여 물을 저장하고 빗물에

쓸려버리지 않도록 도시를 재배치하고 있다. 그리고 과일나무 캠페인을 벌여 저소득층에게 나무를 심고 기르는 법을 가르쳐서 신선하고 건강한 유기농 과일을 먹을 수 있도록 하고 있다.

내가 그들을 방문했을 때 햇살 아래 반짝이는 그들의 다양한 과일나무를 보고 질투하지 않을 수 없었다. 남부 캘리포니아는 도시 확장으로 분절되기 전부터 원래 과일나무가 풍부하던 곳이다. 이러한 현재의 모습을 보면서 나는 그들이 올바른 상황으로 시간을 되돌려 놓았음을 알게 되었다. 창밖의 신선한 오렌지를 따서 아침 식탁에 올리는 행운을 맛볼 수 있는 주민들이 있는 캘리포니아의 꿈이 그려진 옛 포스터가 현재에 다시 되살아난 것과 같은 기분이 들었다.

과일수확은 따는 재미가 반이다.

트리 시티   트리 시티는 2005년 밴쿠버에서 환경보호 활동

가들이 '사람과 나무가 함께 잘 성장할 수 있게'

하기 위해 결성된 단체다. 그들의 마당, 거리, 공원, 학교 등 어디든

지 상관없이 사람들을 모아 나무를 심고 도시림을 보호하는 활동

을 한다. 도시 거주민들이 공동체의 생태적 건강을 유지하는 것에

적극적으로 활동하고 나무야말로 가장 쉽고 좋은 방법임을 깨닫도

록 하고 있다.

툰드라 지역 아래에 있는 모든 문화는 나무에 신성한 기운과 의

미가 있다고 믿는다. 종교도 그러하다. 기독교인들 사이에는 사과

로 추정되는 선악과(모과라고 보는 이도 있다)가 나오고, 불교인들 사이에

서는 보리수가 등장한다. 이는 부처가 깨달음을 얻기 위한 수양을

하는 과정에서 등장한다.

밴쿠버와 같이 영어보다 모국어를 더 많이 사용하는 도시에서는

나무가 도시 농업 프로젝트를 수행하는 데 전 세계적인 공통의 언

어가 된다. 과일 나무에 관한 세미나는 나무 관리에 대한 것보다 훨

과실수의 6가지 장점

1. 과일을 얻을 수 있다.

2. 꽃부터 열매까지 시각적으로 보고 즐길 것이 많다.

3. 접목 등 여러 가지 실험적인 시도를 할 수 있는 생명체다.

4. 채소나 작물보다 관리하기 쉽다.

5. 그늘, 향기, 가림막, 목재를 제공한다.

6. 우리가 도시림 속에 살고 있음을 느끼게 해준다.

씬 인기가 좋다. 전 세계에서 모여든 사람들은 아름답고 우아한 생명체가 탐스럽고 달콤한 과일을 생산하는 것에 푹 빠지곤 한다. 유기농 과일 나무 선택법이나 사과나무 접목법에 대한 설명은 영어로 되어 있지만 몇몇 사람들은 실제로 그 과정을 지켜보면서 배워가기도 한다. 도시 환경의 핵심을 파고들어 마음을 얻고자 한다면 과일 나무가 훌륭한 수단이 될 수 있을 것이다.

나무 심는 방법

만약 여러분의 공동체 과수원이 공동체의 큰 자랑이 되기 원한다면 양질의 나무를 선택하는 것이 가장 중요하다.

사람들은 수십 년 동안 자신들과 함께 살게 될 정원의 나무를 고르는 것보다 점심 메뉴를 고르는 데 더 많은 시간과 에너지를 쏟는다. 절대 성급하게 결정할 문제가 아니다. 올바른 장소에 올바른 나무를 심기 위해 시간을 갖고 신중하게 결정해야 한다. 사람들은 나무가 다 성장했을 때 그 부지에 어울릴지를 계산해보지도 않고 나무를 구매하곤 한다.

정원에 있는 나무가 건강하게 자라고 있는지, 가지가 적당히 뻗어 있는지, 나무 간격은 적당한지, 토양에서 5㎝ 정도 위부터 곧게 자라고 있는지 등을 확인해 봐야 한다. 이 중 하나라도 하자가 있다면 그 나무는 포기하는 편이 낫다. 몇 년 동안 나무를 고치거나 바꿔보려 애쓰는 것보다 양질의 나무로 새로 시작하는 것이 좋다. 많은 사람들이 이렇게 시도하기 시작한다면 곧 큰 변화를 가져올 것이다.

만약 원예 상점에서 나무의 뿌리가 건강한지 확인하지 못했다면 심기 직전에 확인해보면 된다. 말린 뿌리는 곧게 펴거나 잘라버려야 한다. 만약 꼬인 채로 심으면 점점 두꺼워져서 나무를 옥죄일 수가 있다.

구덩이를 뿌리보다 3배 이상 넓게 파되 뿌리보다 더 깊게 파지 않도록 하여 흙 속으로 가라앉는 것을 방지해야 한다. 사람들이 가장 흔히 하는 실수는 나무를 너무 깊게 심는 것이다. 나무는 필요한 산소와 물의 대부분을 토양 표면 가까이에 있는 뿌리에서 흡수하여 사용하기 때문에 너무 깊게 심으면 성장을 저해하거나 질식시킬 수도 있다. 손잡이가 긴 삽을 이용하여 어디쯤에 심을 것인지 결정하고 나무가 자라나는 부분이 가장 위에 있는 뿌리와 만나는 부분이기 때문에 땅에 묻히지 않도록 심는다.

구덩이를 파고 남은 흙으로 다시 그 위를 메운다. 비료를 비롯해 그 어떤 것도 첨가할 필요가 없다. 그런 것들은 오히려 뿌리의 성장을 방해할 뿐이다. 큰 공기구멍이 남아 있지 않도록 흙을 다진다. 10cm 높이의 둔덕을 주변에 쌓아서 물을 모으고 배수를 원활하게 해야 한다.

지주목은 나무의 크기와 종류에 따라 필요할 수도 있다. 몇몇 나무는 뿌리가 약해서 전 생애동안 과실이 달린 부분을 지탱하지 못하기 때문에 지주목을 설치해 줄 필요가 있다.

잎의 퇴적물, 잘게 부순 나무 조각 등으로 뿌리를 덮어준다. 이를 통해 토양의 수분도를 높이고 잡초가 자라서 수분과 영양을 앗아가는 것을 방지한다. 하지만 이것들이 나무 기둥에 닿지 않도록 해야 한다. 습기로 인하여 나무껍질이 썩어 질병에 감염될 우려가 있기 때문이다.

배수는 나무 생장에 매우 중요한데, 특히 첫 해에는 더욱 중요하다. 일주일에 1~3번 물을 주면 충분하지만 건조한 환경에서는 특히 자주 관찰해야 할 필요가 있다. 나무가 잎을 떨어뜨린다면 그것은 '목이 마르다'라는 신호다.

전정은 나무의 종에 따라 다르게 이뤄진다. 어디를 어떻게 잘라야 할지 모르겠다면 책을 사거나 인터넷을 검색해서 수목 재배가에게 물어봐야 한다. 몇몇 과일 나무는 크리스마스 나무와 같이 중심형의 전정이 좋고, 다른 것들은 도자기와 같은 형태의 모양이 좋다. 명심해야 할 것은, 전정을 통해서 최대한 많은 나뭇가지가 태양을 바라볼 수 있게 하는 것이 목적이라는 것이다.

당신은 당신만의 과일뿐 아니라 다른 것들도 **대형 무화과나무**
가질 수 있다. 같은 종의 표준 크기보다 작게
만든 왜성 과수(矮性果樹)는 요즘 많이 개발되어서 도시의 좁은 공간에서도 쉽고 다양하게 키울 수 있다.

버나비에 있는 움베르토 가르뷔오는 내가 아는 최고의 원예가다. 이탈리아 출신인 그는 음식과 꽃을 좋아한다. 그의 집에는 후크시아 키우기 대회에서 수상한 트로피와 리본이 가득하다. 어떻게 한 것일까? 그는 꽃을 심고 가꿔서 보행자들이 이 매력적인 광경에 가던 걸음을 멈추고 눈길을 사로잡게 하였다. 그리고 그는 과일나무를 비롯한 여러 가지 농작물을 심고 기르고 있다. 포도 덩굴은 뒷마당의 울타리에 펼쳐져 있고, 집 맞은편에는 키위가 자라고 있으며 주차장 뒤에는 큰 무화과나무가 자라고 있었다.

가르뷔오는 그 무화과나무가 캐나다에서 가장 크다고 하였다. 그가 혼자 무화과나무 한 그루에서 무화과를 113kg을 수확하고 캐나다에서 가장 큰 무화과나무를 가졌다는 말은 자못 의심스러움을 살 수밖에 없었다. 한 번은 지방의 신문사에서 이에 대한 반론을 제기하자 바로 가르뷔오는 자신의 말이 맞음을 입증했다.

"원래 터키, 이탈리아, 포르투갈, 그리스에서 온 사람들이 무화과나무를 많이 기릅니다. 자기 나무가 가장 크다고 믿고 있던 그 사람들이 제 무화과나무를 보면 뭐라는 줄 아세요? 제 나무가 가장 크다고 인정하죠. 터키에서 왔다는 한 남자는 혀를 내두를 정도였어요. 그는 자신의 것이 지금까지 가장 클 것이라고 굳게 믿고 있었는데 제 것에 비하면 그저 나뭇가지에 불과하다더군요."

나는 가르뷔오에게 과일나무 재배법에 대한 조언을 구했다. 그는 무화과나무는 지중해 원산이기 때문에 강한 태양을 쬘수록 당도가 증가하므로 지역적 위치가 가장 중요하다고 했다. 이것이 바로 그가 태양빛을 잘 흡수하고 열을 발산하는 큰 흰색 구조물인 주차장 옆에 무화과나무를 심은 이유다. 그 다음에는 전정에 관해 물어보았다. 전정은 그리 까다롭지 않지만 무화과는 지난해에 열매를 맺던 나뭇가지에서 열린다는 사실을 꼭 기억해야 한다. 따라서 매년 가지 끝을 자른다면 열매는 절대 열리지 않고 잎만 무성할 것이다.

모두를 위한 과일　　더 많은 과일나무를 공공 장소에 심기 위한 캠페인은 모두가 좋아하는 아이디어이지만 실제로 이 과정에 동참하는 사람은 많지 않다. 단지 멀리서 바라보기만 하거나 좋은 생각이라고 추켜세우는 것만으로는 부족하다. 당신은 여전히 나무를 누가 어디서 어떻게 심고 가꿀 것인지에 관하여 고민할 필요가 있다.

도시림의 대부분은 도시의 수목 재배가에 의하여 관리된다. 그들은 아마 과일나무에 대한 교육을 최근에는 받은 적이 없을 테지만 수목 재배가이자 과일 소비자로서 이 아이디어를 누구보다 잘 수용할 것이다. 문제는 시 당국의 직원들이다. 공무원은 과일나무를 심는 것에 대하여 반대의견을 자주 표명하곤 한다. 아마도 그들이 처리해야 할 문제들이 많이 발생할 것을 우려하는 것 같다. 사람들은 과일이 열리고 떨어지고 벌이 날아들고 썩고 새가 모여드는 것 등의 문제에 대하여 불평할 것이다. 만약에 과일나무를 가로변에 심는다면 사람들은 자신들의 차 위에 과일이 떨어져서 썩는 것을, 도보에 심는다면 누군가가 바닥에 떨어진 과일을 잘못 밟고 미끄러져서 목이 부러지는 것을 문제 삼을 것이다.

물론 이 모든 상황이 일어날 수도 있겠지만 이러한 문제들은 과일나무를 심어서 얻을 수 있는 이익에 비하면 아무것도 아니다. 결국에는 사람들과 나무 사이에 발생할 이러한 문제들을 다루는 것이 바로 시 당국이 할 일이다. 그리고 이것이야말로 전문 수목 재배가를 시에서 고용하는 이유이기도 하다. 그늘을 제공하는 나무는 전 세계 도시의 특징적인 경관이 되었다. 이 나무들은 복잡한 도시에서 삶의 질을 높여준다. 그러나 동시에 성가신 존재이기도 하다. 폭풍우가 몰아치면 나뭇잎을 떨어뜨리고 자동차에 진드기 같은 곤충이 들어붙게 되어 불쾌하게 만들고 보도블럭이 파손되기도 하고, 나무가 쓰러지기라도 하면 사람이 죽을 수도 있다. 그러나 이러한 이유로 도시에서 나무를 없애기에는 다분히 억지스럽다. 더 많은 시민들을 도시림 보호에 동참시켜 이익을 창출하는 것 외에도 유실수를 심는 것에 대한 우리의 생각도 이젠 바뀌어야 한다.

　사람들을 우선 시작하게끔 유도하는 것이 공공 장소에 유실수를 식재하는 첫걸음이다. 식재 후 관리에 관한 모든 걱정과 우려는 펜실베이니아 원예협회의 필라델피아 그린 프로그램으로 훈련받은 수목 관리자들 또는 뉴욕 시의 도움을 받고 검증된 시민 전정사들 등 열정적인 봉사자들의 활동으로 충분히 해결될 수 있다. 주변에 식재하고 재배하고 수확하는 것에 관심이 있다는 그들은 과수가 추후에 문제를 일으키기 전에 해결해 줄 수 있는 훌륭한 관리자가 될 수도 있다.

나무는 사람들을 함께 하게 해준다.

공동체 과수원　　　공동체 과수원은 공동체 텃밭을 설명했던 단원
　　　　　　　　　　의 마지막 부분에 기술했던 것처럼 이웃 간의
가림막 역할을 한다. 특정 사람과 장소에 있어서 공동체 과수원은
그 이상의 기능도 할 수 있다.

나무는 작물을 기를 때 필요한 삽질과 제초작업 등의 물리적 활
동이 버거운 노약자들을 포함한 사람들에게 훨씬 좋은 외부 활동
을 제공할 수 있다.

공동체 과수원은 조용한 사색의 공간, 조깅과 애완견 산책 등의
일반적인 휴식, 지역 축제의 공간과 소풍 나온 사람들을 위한 아름
다운 환경을 제공한다. 수확된 과일은 자원봉사자들에 의해서 주
변 공동체 식당, 학교, 식량 저장소 등으로 분배된다.

영국인들은 과수원의 자연적 가치와 아름다움에 대하여 상당히
열망이 큰 편이다. 한때 영국 전역에서 과실수가 빠른 속도로 사라
지던 시기가 있었다. 이러한 현상이 나타나기 불과 얼마 전만 해도
모든 농장과 집집마다 작은 과수원이 있을 정도였다. 이 시기에 신
축된 건물과 외국에서 들여온 값싼 과일나무는 크고 작은 과수원
을 모두 없애버렸다. 영국에서 수행된 한 연구에서는 1960년대 이
후로 원래 있던 과수원의 60퍼센트가 사라졌다고 한다. 그래서 나
무를 보호하려는 사람들은 이제 공동체에 기반을 둔 기회를 찾아
보고 있다.

공동체 과수원은 이제 과거 시골의 숲과 같은 역할을 수행하고
자 한다. 과수원은 이웃 주민 간에 모임의 중심이 되고 일종의 '야
외 마을회관'과 같은 기능을 수행한다. 영국 커먼 그라운드 단체

는 학교 과수원, 도시 과수원, 박물관 과수원, 병원 과수원, 공장 과수원 등을 장려하고 있다. "공동체 과수원은 과실수 재배에 관한 흥미를 높여주고 원예기술과 지식을 공유할 수 있으며 우리 스스로가 식량을 구할 수 있도록 동기를 부여해 줍니다." 공동체 과수원에 관한 더 자세한 정보와 조언을 보고 싶다면 인터넷 commonground.org.uk를 참고하라.

사람들은 공동체 과수원의 과일이 어떻게 분배되는지 궁금해 한다. 모든 공동체 과수원은 **누구의 과일인가** 그 수확물을 어떻게 처리할 것인지 고민한다. 매 시기에 이익을 내기 위해 조성된 상업적인 과수원이 아니기 때문에 생산에 대한 압

예화와 영감

서부 오클랜드는 윌로우 로젠탈이 그의 땅에 농사를 지을 수 있도록 기부했던 2001년 당시의 신선한 식량 재배지로 이름났던 것보다, 현재 가난과 오염된 곳으로 더 알려져 있다. 이렇게 되자 시티 슬리커 농장은 도시의 빈 공간을 농장으로 바꾸기 시작했다. 오늘날 그 단체는 지역주민들을 대상으로 7개의 공동체 농장과 백여 개가 넘는 뒷마당 텃밭, 주말 농장과 온실, 도시 농업 교육 프로그램을 운영하고 있다. 2010년 11월에는 환경 프로젝트를 위해 54억 달러를 비축해둔 캘리포니아 정부로부터 40억 달러의 보조금을 지원받았다. 이 단체는 이 보조금으로 더 많은 땅을 사서 농장으로 바꾸는 데 쓸 예정이다.(cityslickerfarm.org)

박은 덜한 편이다. 가장 쉬운 분배방법은 아마도 과일을 딴 사람이
그 과일을 갖는 방법일 것이다. 이 방법의 경우 사전에 누가 어떤
나무를 맡아 과일을 딸 것인지 정해야 하는데, 이때 각 나무의 생
산능력에 차이가 있기 때문에 사실상 수확에 참여한 모든 사람들
과 수확물 전체를 균등하게 나누는 것이 좋다.

이는 좀 복잡하게 들릴 수도 있지만, 내
가 있는 곳의 공동체 과수원의 경우에
는 한 달에 한 번씩 사람들을 초대해 수
확 파티를 열고 과일을 나눈다. 어떤 이
는 사과 두어 개를 원하기도 하고 어떤
이는 가방 한 가득 원하기도 하지만 모
두들 만족해한다.

　아래의 그림은 밴쿠버 옆에 있는 리치몬드의 공동체 과수원 식
재계획이다. 사과나무 139그루가 사방 4.8m, 5.4m 간격으로 줄지

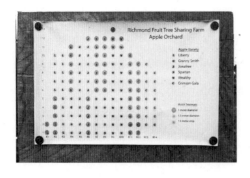

공동체 과수원을 위한 식재계획.

　　　　　　　　도시농업 – 도시농업이 도시의 미래를 바꾼다

어 식재되어 있다. 켄트 밀리넥스는 리치몬드 과일나무 공유 농장을 돕는 과수 재배가이자 교육가인데 그는 더 많은 나무를 심는 실험을 했다. 이 과수원은 사과뿐만 아니라 정보도 공유할 수 있는 곳이 된 것이다. 실험은 뿌리 덮개를 얼마나 덮어야 나무가 가장 잘 자랄지 알기 위한 것이었다.

격자 울타리나 벽 등의 지지대에 평평하게 자라도록 가꾸는 울타리 유인법을 이용한 현대 과수원에서는 나무를 5.5m 정도 떨어뜨려 심어놓는다. 이것은 생산량과 시설 유지면에는 최고이지만 나는 이 방법을 가정에서만 사용하기를 권장한다. 왜냐하면 이 방법은 넓은 면적에서는 뿌리 덮개를 아무리 덮어도 그리 효과적이지 않기 때문이다. 당신은 다양한 종류의 맛있는 사과를 도로변에서 재배할 수도 있다.

울타리유인법을 통해 좁은 공간에서도 더 많은 과일을 얻을 수 있다.

그러나 공공 장소에 이런 식으로 과일나무를 떨어뜨려 심으면 가까이에서 보았을 때 나무 사이가 너무 허전해보일 수도 있다. 하지만 전통적으로 영국에서 사과주 용도의 사과나무는 10m 떨어져서 심었으며, 체리나무는 15m 간격으로 심었고, 300년 넘게 사는 배나무와 같은 종은 18m 떨어뜨려 심었다. 그리고 그 나무들은 신기하게도 무럭무럭 성장하여 그 공간을 채우고 드넓은 나무 그늘을 드리우며 과일을 주렁주렁 매단다.

이것은 우리가 도시에서 사용하는 계획법과는 완전히 다른 공간의 잠재력과 장기간을 고려한 계획이지만 그로 인한 성공적인 결과는 후손들이 대대로 누릴 것이다. 이러한 장엄한 나무 경관을 유지함으로써 하늘과 지구와의 거리를 좁혀 영혼을 맑게 해줄 수 있음을 생각해야 한다. 아무리 오래된 나무일지라도 아이들이 나무를 타고 오르며 놀 수 있고, 연인들은 그늘에서 쉴 수 있으며, 그네를 매달 수도 있고 많은 과일을 생산할 수 있다.

꼭 기억할 것　　　　단지 수확을 꿈꾸며 과일 가득한 도시를 위하여 나무를 심어서는 안 된다. 놀랍게도 공공 장소가 아닌 사유지에 심겨진 유실수의 과일조차 수확하지 않고 있는 사람들이 많다. 아마도 그들은 사다리를 잃어버렸거나 과일이 어떻게 생긴 것인지조차 모를지도 모른다. 아니면 단지 그것들을 쓰레기 정도로 인식해서 전혀 신경을 안 쓰기 때문에 차라리 다른 사람들이 따가거나 처리해주길 원할 수도 있다. 몇몇 도시에는 이러한 과일을 대신 수확하는 자원봉사 단체가 있다. 토론토의 'Not Far From the Tree organization'은 2010년에 9톤이 넘는 체리, 자두, 사과, 야생 능금, 배, 포도, 은행 등을 수확했다. 수확물은 나무 소유자, 자원봉사 단체, 공동체 단체가 3등분하여 나누어 가졌다.

우리의 도시는 이미 너무나 많은 관목으로 넘 **관목 사랑**
쳐난다. 관목은 천연 가림막이 되기도 하고 가
지치기를 하면 근사한 조각품이 되기도 한다. 관목은 처음부터 그랬듯이 여전히 그 자리를 지키고 있다. 대부분의 관목은 아무런 생각이나 돌봄 없이 그곳에 식재되었기 때문에 사람들로부터 많은 사랑을 받고 있지도 않다. 전문 디자이너나 조경가들은 계속해서 관목을 식재하여 사람들의 무관심 속에 방치해 두다가 일주일에 한 번씩 직원들에게 가지치기나 시킬 뿐이다.

하지만 그러한 관목이 사람들의 관심을 받게 할 수 있는 방법은 있다. 먹을 수 있는 과일나무를 심는 것이다. 덩굴나무 리스트를 보면 블루베리, 크랜베리, 링곤베리, 허클베리 등 맛있게 먹을 수 있는 관목이 나열되어 있다.

밴쿠버에 있는 렌프류/콜링우드 식량안전협회는 사람들의 눈과 배를 동시에 만족시켜줄 자생 베리로 공공 가로변을 조성했다. 이 프로젝트의 목적은 새먼베리, 라스베리, 구스베리, 오리건 포도 등을 이용하여 자생종의 아름다움을 알리는 것이다. 이러한 것들을 통해 얻을 수 있는 맛과 풍미만큼 좋은 교훈은 없다.

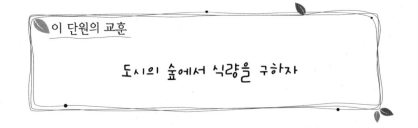

이 단원의 교훈

도시의 숲에서 식량을 구하자

도시농업 – 도시농업이 도시의 미래를 바꾼다

새로운 도시 농장

넓을수록 좋은 것

북미의 도시 농업은 변화 중이다. 그 변화 속도는 너무 빨라서 앞으로 몇 년 후에 어떠한 모습일지 예측하기 어려울 정도다. 그들이 북미에 새로운 옥상녹화 사업을 할 때 했던 말이 있다.

"우리는 바다에 띄울 배를 만드는 중이다."

그러나 몇 가지 예상은 가능하다. 도시 농업은 모든 영역으로 뻗어나갈 것이다. 집 뒷마당을 텃밭으로 가꾸는 개인이나 공유지에서 단시간 근무하는 농부들은 식량 가격이 오르고 건강에 대한 관심이 높아지자 다양한 작물을 기른다. 많은 사람들이 더 다양한 식량을 여러 가지 방법으로 재배하고 있다. 여전히 세계의 큰 도시의 농장은 직업 농부들이 관리하고 있다. 도시의 빈 공간, 사용되지 않고 있는 정부 소유의 공터, 공원, 산업지대, 주거단지의 옥상, 학교, 병원, 감옥, 온실 그리고 실내 등 다양한 곳에서 찾아볼 수 있다. 이러한 거대한 농장은 정부 관리, 협동, 토지신탁, 사회적 협동,

기업 프로젝트 등으로 운영되고 있다.

토지 문제　　　　　현재 상태에서 도시 농업의 규모를 더 키우는
　　　　　　　　　　것은 지금까지 봐왔던 문제들을 고스란히 안고
있다. 그 문제들 중에서 가장 큰 것이 바로 토지와 그 토지의 소유
문제다. 동의하는가? 사실 꼭 그렇지만은 않다. 토지를 누가 소유하
고 있느냐는 누가 그 토지를 얼마나 오래 이용할 것인가 하는 문제
보다 중요하지 않다. 왜 한 순간의 고민일 뿐이고 곧 지나가버릴 토
지소유 문제에 집착하는가. 핵심은 토지이용과 그 기간이다.

　토지사용 기간은 생각보다 도시 농업 문제에 있어서 자주 다뤄
지지 않고 있다. 내가 살고 있는 도시에서는 아무리 작은 토지를 다
루더라도 그곳의 이용과 관련해서는 항상 회의를 거친다(이 책의 초반
부에 내가 소개했던 '성난 부자 군중'을 기억하라). 농부들은 농장과 관련된 일

규모를 확대해야 하는 7가지 이유
1. 이웃과의 관계 개선
2. 일자리 창출
3. 식량의 신선도 상승
4. 생산자와 소비자의 직거래
5. 빗물 유출 방지
6. 지역의 식량체계의 재구축
7. 지역적 생산, 분배, 판매 촉진

　　　　　　도시농업 – 도시농업이 도시의 미래를 바꾼다

이라면 대지가 아무리 보잘것없더라도 모두 수용한다. 새로운 아파트 계획이 수립되면 개발업자들은 그 대지 곳곳에 빈 공간이 많음을 발견하게 될 것이다. 빈 공간이라 하더라도 여전히 부과된 세금을 내야 한다. 그러나 그곳을 텃밭이나 농장으로 이용하겠다고 말하면 세금을 적게 낼 수도 있기 때문에 개발업자들은 대지의 일부를 공동체 텃밭으로 제공한다. 입주자들은 그로 인해 절약되는 자금의 규모가 얼마나 되는지 상상조차 못할 것이다. 대지를 텃밭으로 사용할 것인지 말 것인지 선택의 기로에 서게 되면, 믿을 만한 소식통을 찾아 그들의 조언을 따르는 것이 나을 수도 있다. 사실 개발업자들이 재배지라며 흉내만 내놓은 작은 텃밭을 만들어놓고 백만 달러 이상의 세금을 절약하고 있다는 것을 알게 된 이상, 이러한 선택의 기로에서 내가 어떤 쪽을 선택하는 것이 더 좋은지 확신할 수 없다. 달리 보면, 세금을 절약해 개발업자들의 주머니를 불린 그 돈은 사실 우리 돈이다. 그렇다. 재배가들은 개발자들이 기회를 주었을 때만 텃밭을 만들고 운영할 수 있는 것이다. 이것은 지속 가능하고 건강한 공동체 텃밭을 만들어 식량을 생산하고자 하는 목적에 전혀 부합하지 않는 행위다.

밴쿠버에서는 땅값이 너무 비싸기 때문에 농사를 지어서 번 돈으로 담보 대출금을 갚을 엄두도 내지 못한다. 적어도 농부들이 수확한 식량이 슈퍼마켓에서 판매하는 것과 가격면에서 경쟁을 하지 못한다면, 농부들의 대우와 환경이 열악한 나라에서 생산되는 것을 수입하거나 공장에서 만들어져서 생산원가보다 몇 배 부풀린 것을 사거나 아주 싼 가격으로 소비자를 상점으로 유인하는 미끼 상품을 구입하게 만들 것이다. 중요한 것은 바로 비싼 담보대출금에 허덕이는 소규모 농부들의 어려움을 해결해주기 위한 것으로 조합, 토지신탁, 공적으로 지원을 받는 농장 같은 것들이 대안이 될 수 있을 것이다.

이것은 단지 지역의 문제가 아니다. 어디에서 누가 일을 할 것인지가 가장 큰 문제다. 전 세계의 농부들은 부유국, 이익을 내려하는 기업들에게 밀려나고 있다. 이러한 움직임으로부터 대항하기 위해서는 우리의 힘을 한데 모아야 한다. 그것은 바로 우리 모두가 정부를 통해 힘을 합치는 것이다. 선출된 공무원은 반드시 의회를 열어서 농부, 소비자인 우리 모두를 위해 목소리를 높여야 한다. 이러한 전략은 단지 뜬구름 잡는 것이 아니다. 이미 UN과 세계은행의 후원을 받아 120개국에서 400명이 넘는 과학자들이 연구하고 있는 국제 농업지식, 과학기술 개발평가 단체(International Assessment of Agricultural Knowledge, Science and Technology for Development: IAASTD)에 기록되어 있다.

"이제 우리는 지속 가능한 개발을 위하여 근본적으로 농업지식, 과학, 기술의 역할에 대하여 재고해 볼 때입니다. 중요한 것은 생태계 다양성이 존재하는 소규모 농장과 이를 절실히 필요로 하는 지역입니다."

만약 당신이 뽑은 공무원이 도무지 이해하지 못한다면, 마다가스카르 정부가 경작 가능한 토지 절반을 한국의 대기업인 대우그룹에 99년간 임대해주기로 계약하자 마다가스카르 국민들이 대통령을 궁에서 쫓아내버렸던 사건을 일러주어라.

도시농업 - 도시농업이 도시의 미래를 바꾼다

그렇다면 이러한 정의심에 불타는 민중들은 당신이 필요로 할 때 도대체 어디 있는 것인가? 우리가 인지하지 못했을 뿐 이와 비슷한 경우가 북미에서도 발생했었다. 캐나다의 국립농업인협회의 말을 잠시 인용하도록 하겠다.

"지난 100여년간 모범이 되었던 농장(비교적 안정적이고 자연스럽게 상호 의존적으로 연결된 공동체 형태의 가족 농장 다수)은 매우 **빠르게** 해체되었습니다. 이것은 땅은 소유하지 못한 채 그곳에서 노동만 하는, 마치 13세기의 지주와 소작농과의 관계를 보는 듯합니다."

주변에 텃밭이 있다면 별 특징이 없는(별다른 다양성이 없는) 관목도 매우 흥미로운 요소가 될 수 있다.

당신은 특별하다　　이제 우리 주변에서 일어나고 있는 이러한 변화가 우리가 의도한 방향대로 흘러가고 있다고 긍정적으로 생각해보자. 새로운 기준이 성립되는 새로운 시대의 시작점에서 협동만큼 중요한 것은 없다. 어떻게 도시 농업이 그 지역에 알맞게 도시 속으로 스며들어갈 수 있을지 의견을 공유할 필요가 있다. 농부들은 그들의 기후, 토양 상태, 배송 등의 여러 가지 조건들에 맞추어 식량을 생산해야 한다. 하지만 이렇게 까다로운 지방의 농업과는 달리 도시 농업은 간단하다. 도시 안에서 발견되는 틈, 구석과 같이 작은 공간이라도 아주 이상적인 텃밭이 될 수 있다. 흙만 있다면 거리의 한 구석도 당근을 심기에는 그만이고, 바람이 덜 부는 빙 둘러싸인 장소는 햇볕을 많이 필요로 하는 복숭아를 심어도 좋다. 교외에 있는 완만한 초지는 염소, 양, 소의 훌륭한 식량이 될 수 있다. 이 외에도 무궁무진하다. 이것이야말로 우리의 도시가 거대한 농장이 될 수 있다는 생각의 시작이다. 더 많은 농부들이 힘을 모아서 시작, 협동, 포괄적인 청사진을 만들고 농부들이 합당한 대가를 지불받을 때 도시에 식량을 공급하는 일이 가능해질 수 있을 것이다.

새로운 가족,
새로운 가족 농장　　요즘 안좋은 뉴스가 많기 때문에 여러분은 농부가 꿈인 사람을 보면 의아해할 수도 있다. 윌리 넬슨과 같은 농장을 돕는 충실한 일꾼은 대기업의 무차별적인 공격에 희생당한 지방의 공동체를 구제하는 데 온 힘을 쏟고 있긴 하지만, 여러분은 여전히 가족 농장이 죽은거나 다름없다고 생각할 것이다.

그러나 아직 가족 농장은 죽지 않았다. 그렇다고 시간이 많이 남은 것도 아니다. 기업과 은행은 매년 그 세를 더욱 확장시켜나가고 있다. 캐나다에서는 농부가 1달러를 벌 때마다 23달러의 빚이 생기고 있다. 그것은 매우 큰 짐이며 특히 소득수준이 높지 않은 궁핍한 농부의 경우는 더욱 그러하다. 이러한 문제 대부분은 농외 소득으로 인하여 상당부분 해소될 수 있다.

그리고 농부의 연령대에 대한 우려가 제기되고 있다. 미국 농부의 평균 연령은 57세인데, 농부로서 일을 하기에는 몸에 매우 무리가 가는 연령대다. 하지만 이 통계치는 왜곡된 것으로서, 농장에서 실제로 일을 하는 젊은층이 아닌 부모님의 이름으로 농장이 여전히 등록되어 있다는 것이다. 그러나 젊은이들이 농장에서 열심히 일하며 온갖 노력을 다 하고 있는 것은 분명하지만, 동시에 교도소 관리직이나 애완동물 관리사와 같이 떠오르는 산업에 취업하고자 마음먹고 있는 것 또한 사실이다.

이 시점에서 도시는 매우 중요한 역할을 감당해야 한다. 가족 농업인을 보호하는 것이다. 이것은 아마 단어의 사전적 정의에는 어긋나는 말일 수도 있으나 고려할 만한 가치가 있다. 농장에 대한 인식이 달라지고 있는 지금, 가족에 대한 정의도 바뀌고 있다.

식량과 관련된 북미에서 가장 뜨거운 이슈는 바로 젊은층이 다시 농장으로 돌아가고 싶어 하는 현상이다(돌아간다는 의미는 인류 역사상 많은 의미를 가지는데, 이 경우는 그들이 완전히 도시적인 배경으로부터 돌아가는 것을 말한다). 젊은층은 문화를 바꿀만한 사회, 경제, 태도, 예술 같은 것들에 심각하게 집착하는 경향이 있다. 다행히도 열정적인 농부들은 이러한 경향에 편승하려 노력하고 있다. 그들은 유기농법, 농업생태학, 통합적인 농장을 건강한 지역 경제에 통합시키려 하고 있다. 그래서 도시 농부는 농업인뿐만 아니라 모두를 위하여 가족 농장을 장려하는 데 앞장서야 한다. 이러한 새로운 경향은 1960년대에 도시에서 벗어나 '대지로 돌아가자'는 반문화적 움직임과는 다른 것이다. 2010년 현재 그들은 '대지'란 바로 지금 그들이 살고 있는 도시 바로 그 자체임을 깨달았다.

농부들의 시장 농부들의 시장은 현재 매우 빠르게 인기를 얻고 있지만 예전부터 시작된 것이다. 17세기 유럽에서 온 이주민들은 북미에 공공 시장을 여는 문화를 정착시켰다. 도시의 소비자들은 이 시장에서 신선한 생산품, 유제품, 육류, 어류, 가금류 등을 구입했다.

왜 그들이 신선도를 유지하고 최상의 제품을 공급하고 인기를 얻을 수 있는가에 관한 긴 이야기는 여기에서 하지 않도록 하겠다. 왜냐하면 그 이유는 단 한마디면 충분하기 때문이다. 그것은 바로 농부들이 직접 운영하는 시장이기 때문에 질이 매우 좋다. 그러나 현재의 시장 체계는 식량이 생산지에서 시장까지의 거리가 평균 2,414km다. 정말 미친 짓이 아닐 수 없다.

몇몇 소비자들은 동네 농부들의 시장에서 상품의 가격을 보고 놀라곤 한다. 어떻게 이 시장에서는 4달러로 슈퍼마켓보다 두 배가 넘는 콩을 살 수 있는지 놀라움을 금치 못한다. 그러나 아직 놀라긴 이르다. 일단 한 번 맛을 보고나면 그 놀라움은 이루 말할 수 없다. 한 번 수확한 채소는 시간이 지나면서 맛과 신선도를 잃어간다. 그렇다면 지구의 절반을 날아오거나 차에 실려 오거나 배를 타고 건너온 것과 방금 막 수확한 콩맛의 차이는 굳이 말이 필요 없을 것이다.

만약 가격이 유일한 고려사항이라면 당신은 인스턴트 라면으로 점심을 때우면 된다. 겨우 80센트밖에 안한다. 포장지에는 53가지 첨가물이 적혀 있는데 마지막 첨가물은 '인공 조미료'다.

나는 많은 경험을 했다. 만약 내가 진짜 식량을 먹는다면 국제사회의 시민으로서 역할을 충실히 이행하고 보람을 느낄 것이다. 하지만 가격 문제는 어떠한가? 종국엔 결국 싼게 비지떡 아니던가. 매사추세츠의 터프츠 대학에서 새로운 지속 가능한 농업 프로젝트를 진행한 휴 조셉은 미국 정부의 '경제적 식량 계획'을 지역의 지

농부들의 시장에서 판매를 해야 하는 5가지 이유
1. 초기 투자비용이 적다.
2. 중간 상인이 취할 유통비를 나눠가질 수 있다.
3. 열정적인 소비자들이 모여든다.
4. 즉각적으로 소비자들의 반응을 파악할 수 있어서 시장 조사에 용이하다.
5. 빠르게 판매 전략을 수정할 수 있다.

속 가능한 식량 버전과 비교했다. 정부의 계획은 한 달에 일인당 152달러가 소요된다. 조셉의 공동체 친화적 버전은 한 달에 일인당 162달러가 소요되는데, 정부의 계획과 큰 차이는 아니지만 장기적으로 소비자들을 더 건강하게 오래 살 수 있게 해줄 것이다. 그는 리스트에 소다수, 통조림 고기, 인스턴트 식품 등은 제외하고, 농업인들의 시장에서 구할 수 있는 채소를 추가하여 이러한 결과를 얻을 수 있었다.

소규모 시장 규모가 작은 농부들의 시장으로써 시장 자체를 홍보할 수 있는 기회를 제공하고, 때때로 이웃들이 슈퍼마켓의 유혹을 뿌리치고 간식거리를 사러가는 기분으로 방문할 수 있다. 밴쿠버의 소규모 시장은 다양한 지역에 분포하고 있다. 고층 빌딩이 있는 상업지구, 근처의 술집에서 술을 몇 잔 마시고 나면 신선한 식량을 구입할 돈이 모자란 시내의 저소득층 거주 지역, 번창한 거주 지역의 한 모퉁이, 인기 많은 자전거 도로 옆에도 소규모 시장이 자리 잡고 있다.

게릴라 농장 내가 처음으로 본 게릴라 농장은 2006년 밴쿠버에서 '임대한' 공간에 만들어진 것이었다. 그 다음해에 나는 공동체의 후원을 받는 농업 사업을 시작했다. 더 많은 사람들에게 농사를 지으려면 반드시 토지를 소유해야만 한다는 인식을 바꿔주기 위하여 시작했고(앞서 다룬바 있는 작물재배권을 기억하

농부들의 시장(왼편)은 이미 성공적으로 그 파생 시장인
소규모 시장(오른편)을 만들어냈다.

새로운 도시 농장: 넓을수록 좋은 것

라), 이러한 비공식적인 움직임은 우후죽순격으로 퍼져나갔다. 게릴라 농장은 아직까지 지역의 식량 경제에 그리 큰 영향을 미치지는 못했지만, 일부 사람들에게 신선한 식량을 제공하는 매우 중요한 역할을 수행하고 있으며, 농부들이 그들의 기술을 시험할 수 있는 살아있는 실험실이 되어주고 있다. 많은 이들이 정치적, 환경적, 개인의 취향 등의 이유로 그곳에 동참하는데, 만약 누군가가 이를 통해 이익을 창출하게 된다면 더 발전되고 다양한 선택사항이 뒤따라 올 것은 자명하다.

농장 사업　　　농장 사업의 성장은 빚을 다 갚아야 도시 농업에 성공할 수 있다고 믿고 있던 사람들의 마음 속에 한 줄기 빛을 주었다. 물론 나 역시 도시에서 농사를 더 많이 짓고 얻게 될 이익은 단지 경제적인 것으로 환산할 수도 없고 그래서도 안 된다는 사고방식에 기반을 두고 있기 때문에 스스로 확신이 들지는 않는다. 도시의 농부들이 오늘날의 저렴한 식량과 직접 경쟁하지 않더라도 그들의 삶을 보장해 줄 수 있는 혁신적인 방법이 있을 것이다. 하지만 지금으로서는 사업가들의 힘을 빌려 이 경쟁에 뛰어들어서 농업인들의 재배 기술과 사업가들의 경쟁 기술을 융합시킬 필요성이 있다.

사업가들의 특성 중에서 한 가지 감탄스러운 것은 바로 그들의 끊임없는 창의력이다. 그들은 편견을 깨는 것이야말로 새로운 방법을 창출해 내고 시장이 선호하는 것을 생산해 낼 수 있는 것임을 알고 있다. 그래서 그들은 오래된 농업이 어떤 체계로 운영되었는지 그 전통적인 개념에 의존하지 않는다. 대신에 그들은 자전거와 빈 옥상에서 무언가를 시작한다. 그리고 시장 유통과 분배에 새로운 길을 모색한다. 모두가 이용하는 제한된 몇몇의 유통망을 이용하는 것이 아니라, 도시 농부들은 지역의 농부들의 시장, 식당과의 직거래, 농장 앞에서의 판매, 공동체의 후원을 받는 농업 등을 이용한다. 이것은 도시에 맞는 생각이며, 경험의 다양성이 새로운 아이디어를 만나 제한적인 지역 조건에 맞게 일을 할 수 있게 해주는 것이다.

판매와 분배 또한 정책을 통한 공공 체계에서도 가능하다. 많은 소규모 농부들은 당장에 판매하기는 좀 모자른 양의 작물을 재배하고 있는데, 왜냐하면 소규모 식량의 판매는 제한적이거나 불확실하여 담보할 수 없기 때문이다. 예를 들어, 채소는 일반적으로 소규모 농부들이 제공할 수 있는 양을 넘어서서 대량의 채소를 대규모의 소비처에 한 번에 판매된다. 현재 정부의 규제는 결국 많은 사람들의 건강을 해치게 될 것임에도 불구하고 채소와 관련되어 세계적으로 이러한 판매 방식을 선호한다. 바로 이 점에서 소규모 농부는 이익을 얻을 수 있게 된다. 질과 신선도라는 두 가지 장점으로 소비자를 설득하여 그들의 지갑을 열게 만드는 것이다. 그러나 이를 달성하기 위해서는 소규모 농부들이 안정적인 판매와 유통을 할 수 있는 구조가 뒷받침되어야 한다. 밴쿠버는 연중 지속되는 농부들의 시장 시설을 구축하여 생산, 분배, 저장뿐 아니라 교육 기관, 지역 식량을 홍보하는 수단으로 사용하게 되길 희망하고 있다.

틈새 시장 찾기　　　농부들은 단순히 식량을 생산하는 사람이 아 니라 판매를 통해 이득을 창출하는 사업가다. 그러므로 특정 소비자를 겨냥한 식량을 생산하거나 당신이 제공하 기 이전에는 존재조차 몰랐던 새로운 식량으로 소비자의 욕구를 충 족시켜주어야 한다.

리치몬드의 도시 농부인 알지나 해미어는 프랑스식 아침식사를 만드는 데 쓰일 무에 상당히 관심이 많은 요리사가 경영하는 식당 과 매우 흥미로운 거래를 성사시켰다. 이때 사용되는 무는 길고 몸 통은 빨간색이고 끝부분은 흰색인데 요리사는 그 무가 립스틱 크 기이길 원했다. 그는 그 무를 다른 훌륭한 요리에 넣고 꽤 비싸게 팔고 싶어했기에 해미어의 농장에 한 묶음당 15달러를 기꺼이 지 불하기로 했다.

이 이야기를 듣고 무 씨앗을 사러 원예 상점으로 달려가려는 당 신에게 해미어는 많은 이들이 음식 가격을 보고 그 식당을 봉으로 기대하지만 실상은 꼭 그렇지 않다고 말해준다. 요즘은 요리사들도 다른 사람들과 마찬가지로 음식 가격을 인하하도록 압박을 느끼고 있다. 그리고 그들은 식재료를 공급할 수 있는 공급처와 안정적으 로 오래도록 거래하고 싶어하지, 요리하기 직전에나 식재료를 들고 오는 공급자를 원하지 않는다.

다음은 화원이다. 사람들은 여러 가지 알 수 없는 성장촉진제를 맞으며 자란 아주 먼 곳에서 공급된 꽃다발에 비싼 돈을 지불한다. 그렇다면 지역 식량에 더 많은 돈을 지불하겠노라는 사람들에게 그 지역에서 재배된 꽃은 어떻게 판매할 수 있을까? 이럴 때는 꽃을 유기농으로 재배한다면 더 높은 수익을 얻을 수 있게 될 것이다.

의약품 산업은 천문학적인 돈이 오가는 산업이다. 당신은 이런 거대한 의약품업계에 당신이 개발해낸 정직한 허브 치료 식물로 출사표를 던질 수 있다. 어떻게 차와 생약을 만드는지 배우고 연구해서 여러 가지 기능이 추가된 식물을 개발하고 판매한다면 당신의 사업은 번창할 수 있을 것이다.

또한 유픽을 이용할 수도 있다. 도시 사람들은 도시 농부들의 농장에 함께 동참하여 경험하고 싶어 한다. 당신이 판매하는 모든 딸기, 블루베리 등은 소비자가 직접 고르고, 분류하고, 포장하고, 진열하고 스스로 분배할 수 있는 것들 중 하나다.

북미에서 불고 있는 새로운 도시 농업 열풍은 **일반인 농부:** **윌 알렌**

이미 많은 인기를 얻고 있지만 이들 대부분이

그 지역 밖에서는 거의 알려져 있지 않다. 다른 것보다 월등히 뛰어난, 문자 그대로 1.8m~2.1m짜리 포수의 장갑으로 퇴비 통에 있는 벌레의 핵심을 움켜쥠으로써 그는 그의 '성공적인 식량 혁명'을 이뤄낼 수 있다.

윌 알렌은 유럽에서 ABA 소속 프로 농구 선수였다. 그리고 프록터앤드갬블 사에서 마케팅 업무를 했다. 그러나 그는 이 모든 것을 뒤로 하고 농장으로 돌아가야겠다는 결심을 하게 되었다. 농사에 대한 열정은 어렸을 때부터 그의 핏속에 흐르고 있었기 때문에 그는 그의 열정을 주변과 나눌 준비가 되자 농사를 짓게 되었다. 2년 동안 밀워키에 있는 도시 농장에서 오직 이익 창출만을 위한 목적으로 일을 할 때 그의 친구가 그에게 청소년들을 도와달라고 제안하자 그는 정말 좋은 생각이라며 응했다.

그가 대표를 맡고 있는 그로잉 파워라는 단체는 밀워키와 시카고에 10개의 도시 농장을 가지고 있다. 2010년 말에 그 단체는 52명의 직원을 고용하고 있었고 그 다음해에 50명을 추가로 고용할 계획이라고 밝혔다. 그는 2천 명의 자원봉사자들에게 도움을 받아 한 해에 만 명에게 식량을 지원해주고 있으며, 도시 농업에 관심이 있고 그곳에서 미래를 찾으려는 17살에서 24살 사이의 청년들에게 지속적으로 교육하고 있다. 그로잉 파워는 교육에서 지원에 이르기까지 식량 체계를 개선하기 위하여 70가지 다른 방법으로 일하고 있다.

"너무나 많은 사람들이 어떻게 하면 체계를 통일시킬 수 있을지에 대하여만 이야기합니다. 하지만 우리가 해야 할 일은 사람들에게 영감을 불러일으켜 행동하도록 장려하는 것입니다."

나는 밀워키에 있는 그로잉 파워 본부의 주말 워크숍에 등록했다. 나는 알렌의 업적이 꽤 과장됐다고 익히 들어왔지만 결코 과장이 아니었다. 그에게는 의지만 불태우던 도시 사람들을 농부로 탈바꿈시키는 천부적인 재능이 있었다. 그리고 그들 스스로 이러한 움직임을 퍼뜨리게 만들었다.

도시농업 – 도시농업이 도시의 미래를 바꾼다

"지금 여기에서 가르치는 것 중에 새로운 것은 아무것도 없어요. 오히려 우리가 이 워크숍에 참석한 사람들에게서 많은 것을 배우죠. 그러니 여러분도 무엇인가를 배우고 싶다면 함께하세요."

새로운 도시 농장: 넓을수록 좋은 것

이러한 개념은 알렌에게 초기 자금을 제공했던 헤이퍼 인터내셔 널로부터 영감을 받은 것인데, 이 단체는 송아지, 종자, 훈련 등의 재능을 모두와 공유함으로써 지원을 받는 입장에서 기부자로 바뀌게 되었다. 알렌은 '재능을 나누자 – 처음부터 다시 시작하는 공동체 식량 체계'라고 쓰여 있는 용지를 우리에게 주었는데 그곳에는 다음과 같은 맹세가 쓰여 있었다.

"이 교육을 받으면서 배운 기술과 지식을 6개월 안에 나의 이웃에게 나누어 줄 것에 동의합니다."

워크숍은 시장에 내다 팔 새싹을 키우는 법, 온실 짓는 법, 어류와 채소를 기르는 수경재배 시스템, 지렁이 비료 시스템 등에 관한 기술을 가르치고 있었다. 그로잉 파워는 위스콘신과 일리노이의 쓰레기 매립장에 묻힐 2,720톤의 쓰레기 중 매주 45톤 이상을 비료화함으로써 쓰레기를 감소시키는 데 도움을 주고 있다. 음식물 쓰레기, 농장 쓰레기, 커피 찌꺼기, 맥주 찌꺼기는 그의 농장에 꽤 도움이 되는 퇴비로 전환된다. 그로잉 파워 본사는 한 겨울에도 녹색 식물로 가득 찬 화분과 장치들로 인하여 한 걸음 움직이기도 쉽지 않을 정도다.

북미 주변에서 모인 야심찬 70여 명의 농부들도 이 워크숍에 참여했다. 그들은 다양한 연령대, 인종, 성별, 경험 등의 배경을 가지고 있어서 마치 미래의 도시 농부들의 다양성을 엿볼 수 있는 청사진을 보는 듯했다. 경제적인 지식과 사업 계획을 세워 볼 수 있는 수개월 간 진행되는 프로그램도 있었는데 주말마다 실질적인 기술을 배울 수 있는 기회를 제공했다. 상황 대처 능력을 충분히 기를

도시농업 – 도시농업이 도시의 미래를 바꾼다

수 있기 때문에 이 프로그램은 야망 있는 농부들이라면 누구나 한 번쯤 참여해 보고 싶어 하게 되었다.

그러나 그 워크숍에 참여한 나를 포함하여 모든 사람들의 마음 속에 떠나지 않는 의문점이 하나 있는데, 바로 농사를 지어서 부채를 탕감하고 돈을 벌 수 있는가에 관한 것이다. 적어도 도시 농업에 있어서 이 질문은 상당히 민감한 부분이 아닐 수 없다. 몇몇은 가능하다고 하고 실제 시도해 봄으로써 그것이 가능한지 확인해 보려고도 한다. 많은 경우에 있어서 성공이란 초기의 은행 잔고가 아니라 경험이라고 생각한다. 만약 농부들이 한 해 동안 농장일에만 몰두했다면 연말 쯤에는 그 동안 쌓인 많은 경험과 지혜를 토대로 다음 해에도 농사를 이어나갈 수 있는 힘을 얻을 것이고 자연스럽게 꿈도 이루게 될 것이다.

윌 알렌의 개인적인 성공담은 큰 영감도 불러일으키지만, 많은 변칙 또한 가지고 있다. 누구라도 2천여 명의 자원봉사자들을 구하기는 어려울 것이다. 또한 꽤 힘 있는 고위 공직자들도 잘 모를 수 있다. 알렌은 남부 아프리카로 사업을 확장시키는 것에 관하여 클린턴 국제 개발과 의견을 나누었고, 백악관에 초청받아 영부인인 미셸 오바마와 식사를 하면서 백악관 안의 유기농 텃밭에 관한 이야기를 나누었다. 또한 이틀 동안의 참가비가 1인당 350달러인 워크숍도 주최하면서 자금을 모았고, 강의를 다니면서 강의비와 보조금도 받았다. 그는 켈로그 재단에게 4십만 달러를 후원받았고, 맥아더 재단의 일명 '천재상(Genius Award)'을 수상하면서 상금으로 5십만 달러를 받았다.

그로잉 파워는 좁은 장소에서
어떻게 식량을 재배할 수 있는지 증명했다.

도시농업 - 도시농업이 도시의 미래를 바꾼다

그로잉 파워의 워크숍은 사람들에게 그들 스스로가 상업적으로 성공할 수 있는지 판단 내릴 수 있는 기회를 제공한다. 나는 그 수업을 듣지는 못했지만, 그 단체가 상업적인 성공을 거두기까지 어떻게 복합적으로 접근했는지 사실 그대로 알려준다. 도시는 야생과 개발지역의 경계에 살고 있는 코요테, 수탉 등의 종들이 존재하는 생태계로서, 우리는 그들로부터 어떻게 환경의 경계 사이에서 살아남아 번식할 수 있는지 배울 수 있다. 이러한 배움은 도시 농부에게 유용할 것이다. 알렌은 젊은이들을 고용하고, 워크숍을 주최하고, 정책을 제안하고, 공적인 연설을 하는 동시에 시장에서 판매할 작물을 재배했다. 농사란 다음해에는 어떤 종자와 재배기술이 시기 적절하게 필요할지 계속해서 고민하며 진행하는 과정이다. 도시 농업에 성공한 몇몇 농부들은 도시민들에게 식량 이상의 그 무엇을 제공할 것인지에 대하여 고민하고 시행한 사람들이다.

알렌은 여전히 불안해하고 있는 사람들에게 용기를 준다.

"이것은 새로운 종류의 농법이 아니라, 모두가 참여해야 하고 모두에게 필요하며 우리가 개발하는 새로운 식량 체계입니다. 지속 가능한 식량 없이는 지속 가능한 사회를 만들 수 없습니다. 이제 실행에 옮겨야 합니다. 저는 도시 농업에 대하여 알고 싶어 하는 많은 사람들을 만났습니다. 시작하기에 적절한 때라는 것은 따로 없습니다. 시작은 보잘 것 없어 보일지라도 당신은 놀랍게 성장할 것입니다. 기반시설이 갖추어지는 만큼 훌륭한 재배 기술도 갖출 수 있을 것입니다. 그리고 절대로 돈이 전부라고 생각하지 마십시오. 열정이야말로 당신을 성공으로 이끌 열쇠입니다."

**조합 농부:
데이비드 카젤**

트랙터와 같은 농기계는 농장을 연상시킨다. 나는 밴쿠버에서 한 시간 가량 운전하여 프레이저 계곡에 있는 앨더그루브의 프레이저 공동 농장을 운영하는 데이비드 카젤을 방문하러 갔다. 농장의 전체면적은 84㎡다. 그 중의 20㎡는 농경지이고 나머지 주변은 숲과 자연 상태의 하천을 그대로 유지하고 있다. 1970년대에 공동체 대안 조합이 계곡의 땅을 사서 도시와 이곳을 연결시켜 보려는 의미 있는 목적을 가지고 시작하였다. 이 사업은 여러 변화와 협약을 통하여 현재에는 '아름다운 유기농 협동조합'이라는 상표를 걸로 농부들의 시장에서 식량을 판매하고 있다.

석양이 질 무렵이어서 그런지 아니면 카젤의 사랑스러운 두 딸들이 나를 안내해주고 맛있는 채소를 맛볼 수 있는 기회를 주어서 그런지, 그곳의 모든 작물과 주변의 숲은 눈부시게 아름다운 황금빛으로 물들어 있었고 나는 정말이지 그곳을 떠나고 싶지 않았다. 어떻게 도시의 생활을 이에 비교할 수 있을까? 우리는 농장과 올빼미, 산딸기 열매 그리고 마지막 삶의 힘을 다해 원래 태어난 고향으로 힘차게 돌아오는 연어에 대한 이야기를 나누었다.

카젤은 원래 농사꾼 출신은 아니었다. 그는 도시에서 비영리로 도시 녹화와 직업 기술에 대한 교육을 하고 있는 자원봉사 단체인 환경청년연합에서 활동을 시작했다. 그 후에는 에콰도르에서 일했고, 밴쿠버에서 페리를 타고 갈 수 있는 코테즈 섬에 있는 린네아 농장에서 8개월 과정의 수습기간을 수료했다.

"저는 이러한 경험을 통하여 마치 농부가 된 것 같은 착각에 빠졌지만 사실 저는 농부가 되기에는 땅에 대한 지식이 너무도 부족했어요. 제가 이곳에 와서 처음 한 해 동안 농사를 짓고 나서는 다시는 농사짓지 않겠다고 다짐했었거든요."

그러나 그는 다시 농사를 짓기 시작했고 다른 직업에서 얻은 경험을 통해 더 지혜롭게 상황에 대처해 나갈 수 있었다. 요즘 많은 사람들이 농사를 통해 생계를 유지할 수 있는지에 관하여 관심을 보이고 있다.

"그래요. 농사를 통해 돈을 벌기는 참 쉬워요."

그는 다음 말을 이어가기 전에 한바탕 크게 웃었다.

"만약 당신이 농부들의 시장에서 가장 비싼 것을 보았다면 그것은 어디에선가 그것을 만든 사람들에게 1시간에 12달러에서 15달러를 지불하는 것과 같아요. 만약 그들이 정말 성실하다면요. 우리는 1시간에 8달러를 주고 사람을 고용하지 않아요. 숙련된 노동자와 초보자의 임금 차이는 2달러에요. 그래서 우리는 12달러를 받고 다른 초보자들은 10달러를 주며 그들이 익숙해져서 일의 속도가 더 빨라지게 돕죠. 당신이 농부들의 시장에서 본 가격은 당신이 후원해 줄 수 있는 농부들의 몫인 거에요. 저는 항상 가격표 옆에 이 말을 붙여두고 싶었어요. '농부들이 한 시간에 12달러를 벌기 원하면 그만큼 계산하시고, 20달러를 벌기 원하면 그만큼 지불해 주세요.' 괜찮은 생각 같지 않나요?"

몇몇 사람들은 12달러라는 말에 글 읽기를 멈추었을 수도 있다.

"이 부분이 바로 자연스럽게 생활방식으로 스며드는 거에요. 저는 밖에서 아이들이 싱싱한 케일을 뜯어서 먹는 모습을 보면 이것은 도저히 돈으로 살 수 없다는 것을 느껴요. 그저 집밖을 나갔을 뿐인데 바로 먹을 것이 있는 이러한 환경이 있다는 것은 굉장한 일이고 주변에 좋은 사람들도 많아요. 우리는 집과 일터가 붙어 있기 때문에 출퇴근할 필요도 없이 그냥 문밖을 나서기만 하면 되요. 일은 상당히 다양하고 그에 대한 보상도 커서 지루할 틈이 없어요.

도시농업 - 도시농업이 도시의 미래를 바꾼다

그리고 만약 당신이 지금 하고 있는 일이 마음에 든다면 더더욱 돈에 대한 문제는 중요한 것이 아니에요. 이것은 바로 경제적으로 대안이 될 수 있어요. 사회를 탐욕스러운 물질주의적인 시선으로 보지 않고 인간의 행복이 담긴 것으로 보아야 해요. 만약 당신의 직업이 돈은 조금밖에 못 벌지만 큰 행복을 담보해 준다면 어떤 선택을 하겠나요? 농사는 상당히 이득이 많은 직업이에요. 직업이라기보단 생활방식이에요. 직업과 생활방식을 동시에 하면서 한 시간에 12달러를 번다면 꽤 괜찮은 거에요. 그렇다고 12달러에 집착하는건 아니에요. 우리는 협동조합이 농사를 도와주기 때문에 지출 또한 많지 않아요. 이곳의 한 달 생활비가 한 사람당 340달러에요. 다른 지역보다 훨씬 저렴하죠. 그래서 경제적으로 균형을 맞출 수 있어요."

이러한 접근은 어느 정도 위험성도 따르기 마련이다.

"경제적인 측면을 고려하는 것은 다소 좌절감을 느낄 수 있지만 중요한 것이에요. 좌절감을 느끼게 되는 이유는, 환경적인 윤리와 경제적인 요소 사이에서 균형을 맞추기 위해 늘 저울질을 해야 하기 때문이죠. 제가 처음 농사를 시작했다가 더 이상 못하겠다고 떠나게 된 이유가 땅에 대한 지식이 부족했기 때문이에요. 저는 트랙터 같은 기계를 쓰고 싶지 않았어요. 결국, 트랙터를 사용하지 않고도 여전히 돈을 벌 수 있다는 것을 깨달았어요. 그러려면 우리만으로는 일손이 부족하고 사람들을 몇 명 더 고용해야겠지요. 혼자 트랙터에 앉아 하루 종일 가스를 마시고 싶지 않거든요. 그러나 저는 적당히 타협하고 싶지 않았고 어느 날 기계 없이 일할 수 있는 방법을 발견했어요. 기계로 경작하지 않고도 농사를 짓고 싶지만 아직 어떻게 해야 할지는 모르겠어요."

당신이 모든 것을 원하는대로 하기까지 시간이 얼마나 걸렸나요?

"잘 모르겠어요. 다른 모든 일이 그렇듯이 우리 주위는 배울거리 투성이에요. 저는 8개월을 코테즈 섬의 린네아 농장에서 보냈어요. 그들은 특정 기후와 고유의 토질, 땅, 체계, 배수체계 등 배울거리가 많았어요. 그 후 제가 이곳으로 온 거에요. 이곳의 땅에 익숙해지는 데 5년이 걸렸어요. 이제 저는 언제 심어야 할지, 어디에 민달팽이가 많은지, 어디는 배수가 잘되고 어디는 젖어 있는지 알고 있어요. 그리고 그곳들은 끊임없이 변화하고 있어요. 저는 지난 5년 동안 이번 겨울처럼 케일이 죽는 것을 본적이 없어요. 매년 우리는 새로운 것을 보고 배워요. 우리는 새로운 환경에 끊임 없이 반응해야 해요. 특정 작물을 심고 기르는 것을 배우는 데 3년이 걸렸어요. 그리고 특정 대지에 기르는 법을 배우는 데는 5년이 걸렸죠.

배운다는 것은 남은 여생 동안 당신의 생활방식을 완벽하게 다져나가는 거에요. 제 생각에 그냥 밖으로 나가서 행동으로 보여줘야 한다고 생각해요. 일의 효율성은 계속해서 좋아질 거에요. 우리는 인턴 직원을 고용하는데, 대부분 2년차가 되면 일하는 능력이 훨씬 좋아지죠. 유기농 농사에 있어서 투자비의 75퍼센트가 인건비라고 표현할 수 있어요. 모든 것은 효율성의 문제이고 여기에 이익이 달려있죠. 우리는 계속 배우고 있는 중이에요. 지루할 틈이 없죠. 만약 당신이 모든 걸 다 알았다고 생각한다면 그건 착각이에요."

이제 마지막으로 가정 텃밭 재배가 혹은 실제 농부에게 해줄 조언이 있으신가요?

　"글쎄요. 수년 전에 저는 훌륭한 양파밭을 가지고 있던 농부와 이야기할 기회가 있었는데 그의 비결이 무엇인지 궁금했어요. 그는 이렇게 대답했어요. '잘 모르겠네요. 제 양파밭은 최악인데요.' 그래서 저는 다시 물었어요. '그럼 다른 양파밭과 차이가 뭔가요?' 그는 잠시 깊은 한숨을 쉬더니 말했어요. '이것 보세요. 저는 아무것도 특별한 일을 하지 않았어요. 그냥 항상 해오던 일을 꾸준히 했을 뿐이고 그러다가 올해 들어서 양파가 이렇게 풍작이 된거죠. 그러니 그 비결이란 거 정말 궁금하면 가서 직접 찾아보세요.' 결국 그 비결을 찾을 수 없었어요. 제가 만약 누군가에게 농사에 대한 조언을 해줄 수 있으려면 앞으로 40년은 더 농사를 지어봐야 할 것 같아요. 아, 잠깐만요. 한 가지 생각나는 게 있네요. 바로 그냥 도전해 보라는 거에요. 예전에 공동체 텃밭에서 2월 중순에 갑자기 콩을 심고 싶어 하던 한 사람이 기억 나네요. 그것은 깍지콩으로 약간 일찍 싹이 트긴 하지만 2월 중순이어서 심긴 너무 추운 날씨였죠. 저는 지금까지 그래왔던 것처럼 그들에게 불가능하다고 말하고 싶었지만 대신에 저는 이렇게 말했어요. '그래요. 그럼 어디 한 번 해보세요.' 결국 그녀는 그 텃밭에서 가장 처음으로 콩을 수확한 사람이 되었어요. 그러니 여러분 모두들 그냥 무엇이든지 해보세요. 다 경험이 될 거에요."

쿠바의 예   쿠바는 현재 세계적으로 자타가 공인하는 도시 농업의 중심지가 되었지만 과거에는 그렇지 않았다. 1990년대 초기에 소비에트 연방이 자체적으로 붕괴되면서 석유로 만든 저렴한 물건들의 수입이 갑자기 중단되었다. 그 전까지 쿠바는 라틴 아메리카에서 가장 산업화된 농업체계를 갖춘 국가였다. 마치 북미에서 흔히 찾아 볼 수 있는 광경과 비슷했다. 대형 농장에서 저렴한 화석연료로 온도를 맞추고 비료와 제초제로 재배한 한 종류의 작물을 세계 각지로 배송하는 모습을 볼 수 있었다.

고르바초프가 개방의 문호를 열고나자 동부 연합이 쏟아져 들어왔고 소비에트 연방은 두 손을 들고 말았다. 쿠바에는 심각한 경제위기가 찾아왔다. 러시아 트랙터가 부품과 휘발유의 부족으로 멈춰서 녹슬어가고 있었고 쿠바는 설탕 수출 계약을 맺고 있던 시기였다. '특별한 시기'라는 이름으로 알려진 비상 시기를 맞이하게 된 것이다.

섬 전체가 굶주림에 허덕이게 되었다. 하루에 평균 3,000칼로리를 섭취하던 쿠바인들은(만약 우리가 이렇게 먹었다면 이렇게 돼지가 되지는 않았을 텐데) 이 시기에 2,000칼로리도 못 먹게 되었다. 그렇다면 식량은 어디에서 재배되고 있었을까? 그 당시는 미국이 쿠바를 상대로 경제적 통상 금지령을 강화하던 시기였기에 불과 144킬로미터 떨어진 미국에서는 식량이 충분했지만 쿠바인들은 굶주림을 해결하지 못했다.

쿠바는 여러 문제로부터 벗어나기 위해서는 직접 식량을 재배하는 방법밖에 없었다. 인구 중 70퍼센트 이상이 도시에 거주하고 있아바나는 식량 위기 도시에서 세계에서 가장 큰 유기농업의 도시로 탈바꿈했다.

새로운 도시 농장: 넓을수록 좋은 것

었고 정부는 도시 농업을 권장했다. 정부의 땅일지라도 사용되지 않고 있던 도시 내 빈 공간에서는 모두 다 농사를 지을 수 있었다. 그리고 또한 농부들은 먹고 남은 식량을 시장에서 판매할 수도 있었다. 정부는 다양한 유기농 병충해 방제 방법 기술과 교육을 제공하고, 도시 안의 상점에서 도구를 판매하며 지역의 식량을 판매할 수 있는 시장도 열었다.

내가 듣기로 그 결과는 매우 인상적이었다. 그리고 연례 모임을 주관하여 내가 쿠바에 가서 직접 도시 농업의 실상을 볼 수 있는 기회를 만들어준 온라인 잡지인 〈더 티(The Tyee)〉의 독자들에게도 감사의 말을 전한다. 12월 말에 내가 쪽빛 바닷길로 몇 시간을 향해하면서, 눈보라로 뒤덮인 공항 속을 걸으면서 나는 이번일이 굉장히 힘든 일이 될거라 짐작했다. 그러나 누군가는 이 일을 꼭 해야만 했다.

나는 쿠바인들이 매우 잘 먹고 있는 것을 발견했다. 적어도 충분히 음식을 먹고 있었다. 요리에 있어서 쿠바인들은 최고는 아니다. 아바나에서 먹고 있는 신선한 식량의 절반은 지금 도시에서 재배된 것들이고, 이것은 그들의 유기농 음식에 대한 열정을 나타내고 있는 것이다. 그러나 쿠바인들이 처음부터 신선한 음식을 이렇게 많이 먹었던 것은 아니다. 쿠바는 샐러드를 사랑하는 사람들의 낙원이 아니다. 아바나에서 가장 인기 있는 음식은 미니 피자였는데, 그리 맛없지는 않았지만 며칠이 지나자 나는 그 지역의 진짜 음식을 먹어보고 싶어졌다. 마침내 어느 토요일 저녁에 나는 채식 식당을 발견하였다. 종업원이 식당 진열장에 놓여 있던 세 개의 큰 접

도시농업 – 도시농업이 도시의 미래를 바꾼다

시에 담긴 유일한 음식을 가리키기 전까지는 드디어 그곳에서 나의 갈증을 채울 수 있을 거라는 즐거움에 들떠 있었다.

"왜 볶음밥에 햄을 넣은 거죠?" 나는 물었다.

"쿠바의 채식주의자들은 포코(poco: 약간, 조금 – 역자 주)에요." 그녀는 어깨를 으쓱하며 대답했다.

적어도 농장은 이 시기를 잘 견뎌왔다. 2010년 이래로 쿠바는 기근과 박탈의 '특별한 시기'를 지나 발전되어 오고 있다. 이제는 거리의 코너마다 흩어진 채소화분이나 돼지가 빠진 목욕탕이 있는 모습을 볼 수 없었다. 농부들은 그들 스스로를 전문가 집단으로 분류하고 현재 대부분을 그들이 재배하고 있다. 그리고 이러한 직업을 마치 사무직 직원, 경찰, 관리인 등의 직업처럼 평생 업으로 삼길 선호하고 있다. 내가 만난 대부분의 농부들은 그들의 근무 환경에 대하여 상당히 만족스러워 하고 있었고, 수확만 괜찮다면 그 도시의 한 달 평균 임금의 두 배도 쉽게 벌 수 있었다.

아바나처럼 아름답긴 하지만 도시가 작물로 뒤덮인 모습은 볼 수 없기에 처음엔 조금 실망할 수도 있다. 그리고 나는 더 많은 지역으로 더 많은 농장을 보러 떠났다. 푹푹 찌는 열기와 디젤 매연에 숨막혀 가면서 축구장을 끼고 돌자 오가노포니코(organopónico)라 부르는 유기농장과 마주하게 되었다. 이것은 재배틀에서 작물을 심고 기르는 쿠바 고유의 농법으로, 토양이 비옥하지 못하거나 돌이 많고 척박할 때 이용한다. 흔히 도시에서 사용하는 방법이다. 그들은 재배틀을 지탱할 수 있는 것이라면 바위, 시멘트 폐기물, 플라스틱판, 지붕 타일 등 무엇이든지 사용한다. 흔히 볼 수 있는 토양은 퇴

미국엘 살신은 아바나 동북에 있는
비베로 알아마 오가노포니코에서 일하고 있다.

312   도시농업 – 도시농업이 도시의 미래를 바꾼다

비와 거름을 혼합한 것으로 주로 작물을 심을 때 사용한다. 그리고 어떠한 재배틀이라도 빈 채로 48시간을 넘기지 않도록 한다. 영양분은 어디서든 쉽게 찾아볼 수 있는 벌레를 이용해 비료를 만들어 꾸준히 보충해 줄 수 있다. 또한 쿠바인들의 높은 교육수준을 생각한다면 그릴 놀라운 일도 아니지만 그들의 유기농 농업에 대한 접근방법은 상당히 다양하다. 그중에는 장비를 구입할 자금의 부족과 수십 년 간의 실험의 결과로 얻은 화학성분을 쓰지 않은 병해충 방제법이 있다. 작물을 천수국이나 바질과 같이 강한 향내가 나는 식물과 함께 심고, 다양한 종류의 작물을 번갈아 가면서 심고, 자연에서 탄생한 도움이 되는 모든 생물학적 포식자를 이용한다.

내 여행의 백미는 버스에서 우연히 만난 사람의 도움으로 찾을 수 있었던 아바나 동부에 있는 기초단위 협동조합의 오카노포니코 비배로 알마마 협동농장을 방문했을 때였다. 나는 그곳이 세계의 기자들이 도시 농업에 대한 좋은 소식과 기사거리를 구하고자 할 때 자주 방문하는 곳이라는 것을 나중에야 알았다. 어쨌든, 상당히 놀라운 일이었다.

버스에서 우연히 만난 너무도 고마웠던 어떤 사람은 내 버스비 2센트를 내주었고, 또 어떤 이는 노암 촘스키의 책을 읽던 것을 멈추고 나를 버스정류장에서 입구까지 기꺼이 데려다 주었다. 입구는 농장의 생산품을 판매하는 시장에 묻혀 있었다. 내부는 띄엄띄엄 흰색 벽과 빨간 지붕의 단층 건물들로 구성되어 있고 몇몇 그물 지붕은 뜨거운 캐리비안의 태양빛을 막아서 그 아래에 특정 작물과 초기 작물을 심는다. 그리고 신선한 녹색 식물이 심겨진 붉은 점토로 만든 긴 화단이 멀리 떨어져 있는 과일 나무에까지 뻗어 있다.

비록 그 당시에는 내가 심한 갈증에 시달렸지만, 그곳에서 전 세계 도시 농업의 어머니의 품에 안긴 듯한 푸근함을 느꼈다. 그리고 언덕 너머에서 동료와 웃으면서 코코넛 껍질을 벗기고 있던 농부가 나를 보고는 한 모금 마셔보라며 권했다. 나는 그때까지 그렇게 꿀처럼 달콤한 코코넛은 처음 먹어보았다.

농장 관리자인 미구엘 살신은 전직 농업부 소속 직원으로 내가 어떤 질문을 해도 흔쾌히 답해주는 호감이 가는 사람이었다. 우리는 통역사를 통해 이야기를 나누었는데, 그는 협동조합의 직원으로 박사과정을 밟고 있었고 우리의 대화는 그가 이룬 성취를 자랑할 기회가 되었다. 그는 총 170명의 협동조합 직원 중 20명이 고학력 취득자라고 했다.

"우리 모두가 주인입니다." 살신이 말했다. "이 조합에 들어오고 싶은 사람은 총 90일 동안의 심사기간을 거칩니다. 그 기간 중 후반부에 이르면 우리는 그 사람을 고용할 것인지 말 것인지 결정합

노점의 먹을거리는 아바나의 거리 텃밭에서 재배된 것들이다.

도시농업 – 도시농업이 도시의 미래를 바꾼다

니다. 우리는 모든 과정을 민주적으로 처리합니다. 물론 제가 대통령은 아니지만 저는 비공개 투표를 통하여 5년 동안 이곳의 대표로 선택받았습니다. 우리는 경제논리가 사회논리를 앞서게 하지 않습니다. 우리는 사회적 정의를 신뢰합니다."

살신은 직원의 18퍼센트는 노년층으로 쿠바에서 발생하는 노인 소외 문제 등을 해결하는 데 실질적 도움을 줄 수 있다고 말했다. 그는 유익하고 효과적으로 에너지를 집약시키기 위하여 피라미드 모양의 시설물이 있는 지역을 포함하여 그들이 진행하고 있는 프로젝트를 보여주었다. 나는 이러한 것에 관심을 갖는 대신에 세계를 선도하는 그의 경험을 바탕으로 하여 그가 도시 농업의 미래에 대해 어떻게 생각하고 있는지 물어보았다.

예화와 영감

초청강사가 하는 강연을 꼭 들어야 할 이유가 있다. '작물로 돌아가자' 사업은 버클리 대학에 다니던 학생 두 명이 아프리카의 여성들이 영양실조를 방지하기 위해 커피 찌꺼기에 버섯을 재배해 먹는다는 이야기를 듣고 시작하였다. 커피 찌꺼기라면 매일 생각 없이 버렸던 건데 우리도 한 번 활용해볼까 하는 생각이 들었다. 그들은 수많은 연구, 진균학자의 조언, 유튜브를 통해 버섯 재배에 관한 많은 정보를 수집했다. 결과는 월 스트리트 저널, 비비씨, 뉴스위크 등 많은 매체가 이 시대에 뜨고 있는 사업이라고 보도하였다. 그들이 개발한 버섯 재배 키트는 쓰레기가 전혀 나오지 않고 어느 상점에서든 쉽게 구할 수 있어 가정에서도 간단히 버섯을 재배할 수 있게 만들었다.(bttrventures.com)

그는 쿠바는 아직 갈 길이 멀다며 겸손하게 말하였다.

"세계는 도시 농업이 필요합니다. 우리는 다른 대안이 없습니다. 정치적 목적을 위해서라도 도시 농업은 가장 선행되어야 합니다. 중국이라면 이야기가 조금 다를 수도 있습니다. 그러나 우리는 에너지를 적게 사용하면서 사람들에게 식량을 공급해야 했기에 다른 선택의 여지가 없었습니다. 유기농이 유일한 답이었습니다. 우리는 지난 10년 가까이 그렇게 해왔기 때문에 배운 것이 많습니다. 현재까지 그 성과는 매우 훌륭합니다. 이미 쿠바의 도시 농업은 상점, 기관 등의 고용인을 포함해 4십만 명에게 일자리를 제공했습니다."

만약 유기농법을 이용하고 협동의 사회적 의미를 이해하는 사람에 의하여 더 큰 농장이 공동으로 운영된다면 알아마 오가노포니코는 도시 농업의 미래가 될 수 있다. 나는 한 번 해보자고 말하고 싶다. 신선한 코코넛 한 모금의 교훈을 절대 잊지 말길 바라면서.

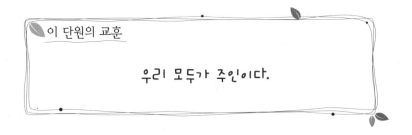

이 단원의 교훈

우리 모두가 주인이다.

도시농업 – 도시농업이 도시의 미래를 바꾼다

도시 식량의 미래

작은 시도로 끝날 것인가,
강한 한방이 될 것인가

〈마크린(Maclean's)〉지의 2010년 8월 19일자 기사를 보면 우리 식량의
미래를 엿볼 수 있다.

"에티오피아에서 가장 큰 온실 농업 사업은 굶주린 시선과 의심
어린 눈빛들에 가려져 세상에 잘 알려져 있지 않다. 주택이 정비되
어 있는 아와사에서도 온실 농업에 대해 아는 이는 극히 드물었다.
먼지 낀 길을 2㎞ 정도 가다보면 AK47 자동소총으로 무장한 검문
소가 나오고 이곳을 통과하면 갑자기 완전히 새 것 같은 흰색 온실
이 등장한다. 에티오피아에서는 낫이나 쟁기로 농사를 짓고 있다.
그러나 아와사의 온실에서는 최신 네덜란드식 농업 기술을 도입하
여 온도와 습도가 조절되고 자동화된 관개 시스템에 의해 포도나
무가 자라고 있다.

매일 1,000여 명의 현지인 직원이 30톤의 토마토를 포함하여 수
백 톤의 신선한 식량을 선별하여 포장하고 트럭에 싣는다. 수도인

아디스아바바에 도착하고 나면 세계에서 가장 굶주린 나라 중 하나인 에티오피아를 우회하여 중동의 도시들로 배송된다. 온실에서 상점까지의 배송시간은 24시간 이하다. 이것은 최근 사우디 석유와 광산 억만장자인 세이크 모하마드 알 아무디가 진행하는 프로젝트로서 아마 농업의 미래가 될 것이다."

앞의 기사는 미래의 식량에 대하여 보이지 않는 실험실, 고층 건물의 농장이나 축사 등과 같이 극단적인 상상력에 불과할 수도 있다. 이것은 우리에게 아무리 안 좋은 일이 생겨도 지식인들이 결국에는 기술적인 해결책을 발견해 낼 것이라는 기대에 기반을 둔 생각일 것이다. 우리가 달 위를 걸을 수 있다면 시험관에서 우리의 모든 식량을 기를 수 있는 방법도 찾아낼 수 있을 것이다.

그러나 역사는 우리 뜻대로 흘러가지는 않는 법이다. 로날드 라이트(Ronald Wright)는 《진화에 관한 짧은 역사(A Short History of Progress)》에서 이미 석기시대 후반에 식량을 구하던 방법이 지금 우리가 살아갈 수 있게 만드는 기술 중 하나라고 말했다. 10여 명의 고대 사람들이 먹던 작물을 오늘날 60억 지구인들이 먹고 있는 것이다. 수세기에 걸친 작물 재배와 번식과, 1960년대 일명 녹색혁명과, 1990년대 유전공학 연구에도 불구하고 선사시대 이후로 우리의 주식은 바뀌지 않았다. 우리가 식량을 생산하듯 식량도 우리를 키우고 있는 것이다. 우리 없이는 식량도 없고, 식량 없이는 우리도 없다. 그러므로 우리의 삶은 식량과 영원히 관계 맺고 있는 것이다. 앞으로 시험관에서 모든 것을 구제해 줄 무언가가 발명되기를 기다리기보다는 진짜 식량과 함께 더불어 잘 살아가는 방법을 배우는 편

도시농업 – 도시농업이 도시의 미래를 바꾼다

이 나을 것이다.

인도 물리학자이자 소규모 농업인 지지자인 반 **유기농이 세계를 먹**
다나 시바는 위의 질문에 그렇다고 대답했다. **여 살릴 수 있을까**
시바는 유기농은 세계를 먹일 능력이 있는 유일한 것이라며 생산력
을 증대시킬 수 있는 두 가지 방법을 제안했다. 농부들 대신 기계
를 도입하는 것과 수백만의 소규모 농장으로 농부들을 복귀시키는
것이다. 첫번째 방법은 우리가 이미 시도했다가 실패한 결과, 수십
억 인구를 굶주림에 몰아넣은 방법이다. 두 번째 방법은 이를 통하
여 기후변화가 감소하여 화석연료에 대한 의존성을 감소시키고, 취
약한 생물종 다양성을 증가시키며 고용을 창출하는 효과를 가지고
있는 유일한 방법이기 때문에 전 세계가 이를 따라야 한다. 그리고
식량 민주주의 문제도 짚고 넘어가야 한다고 강조했다.

"오직 분산된 식량 체계만이 식량을 보호할 수 있습니다. 녹색혁
명이나 유전공학 모두 식량의 안전성을 담보해 줄 수 없습니다."

산업적 농업에 내재해 있는 문제점을 보지 못한 사람들이 흔히
하는 반박은 유기농은 작은 텃밭에서는 가능하지만 결코 전 세계
의 식량을 책임질 수는 없다는 것이다. 아마 이와 비슷한 논조로
소규모 농장의 비효율성을 들먹이며, 오직 대형 상업적 농장만이
세계 기근에서 우리를 구할 수 있는 유일한 방법이라고 말하는 매
체 기사를 찾아볼 수 있을 것이다.

정말 그럴까? 생태농업 교수인 데이비드 피멘탈은 코넬 대학에서

유기농 농장과 상업적 농장을 22년간 비교, 연구하였다. 그는 유기
농 농장이 상업적 농장과 비교하여 대등한 옥수수와 콩 수확량을
보였고, 오히려 가뭄 때는 더 많이 생산했음을 발견했다. 유기농은
30퍼센트나 더 적은 에너지와 용수를 사용했고, 합성 제초제를 쓰
지 않고 오직 토양의 자연 양분만으로 유지했다.

　지구상에서 가장 높은 생산량은 대형 공장식 농장에서 달성되는
것이 아니다. 최고의 생산량은 대지에서 인간의 노동에 의해 이루
어지는 소규모의 땅에서 이루어지는 것이다. 그리고 그들 중 몇몇은
바로 도시 안에 있다. 대안 농업은 인류를 먹여 살릴 수 있다.

집과 식량은 미래의 도시에서
서로 잘 어울릴 것이다.

이제 앞서 소개한 기사와는 대조되는 또 다른 에티오피아의 미래를 살펴보자.

셀린 디아루스는 에티오피아의 티그라이에 있는 유기농 센터의 개발 책임자다.

"현지와 세계 각국의 전문가들이 티그라이 지역의 농부들과 협동하여 비료에 의지하지 않고 지역의 생태환경을 이해하고 이용하는 방법을 그들의 풍부한 지식에서 얻었습니다. 티그라이는 높은 생산량을 자랑하고 지하수위가 높으며 토양 비옥도가 좋기 때문에 가정 수입을 증가시킬 수 있어서 농부들에게 이전의 상업적인 농업에 비하여 더 많은 이익을 가져다줍니다. 에티오피아 정부는 이 방법을 받아들여서 토양의 손실을 줄이고 에티오피아의 곡물 생산 지역의 165개 지방의 기근을 완화시켰습니다."

미래는 어떻게 될 것인가? 미래에도 식량이 있고 농장이 있을 것이다. 우리는 그때 공장에서 **농부 없이는 농장도 없다** 생산된 것보다 신선하고 맛있고 건강한 진짜 식량을 먹고 있게 되기를 희망한다.

그러나 어떻게 기르는지가 정말 중요한 문제일까? 고층 건물 위에서 소를 키우는 것은 정말 그렇게 이상한 일인가?

문제는 생산량에만 초점을 맞추고 일차원적인 면만 고려하여 더 큰 생태적인 그림을 보지 못하고 무시한다는 것이다. 그 큰 그림에는 사람도 포함된다. 그래서 누군가 새로운 기술을 제안하거나 고층 건물 농장, 마법의 단백질약과 같은 것을 개발했을 때 그들에게 어떻게, 누가 개발했는지 물어볼 필요가 있다. 농부 없이는 농사의 미래도 없다.

또한 이러한 미래의 계획을 생태적인 잣대로 다시 한 번 생각해 보는 것도 중요하다. 브리티시컬럼비아 농학 대학의 지속 가능한 식량 체계를 위한 센터의 마크 봄포드는 우리가 이익과 손실을 따져 보아야 한다고 말했다.

"수직적 농업 개념에서 시행되지 않은 것은 더 큰 규모의 체계를 볼 수 있게 해주는 활발한 생태적 분석입니다. 모든 에너지의 근원은 어디일까요? 그 에너지는 어디로 향하는 것일까요? 화물, 영양, 쓰레기, 모든 것들이 고려되어야 합니다. 식량을 재배하는 데 이 모든 생태적 요소들과 토양이 필요하지 않다는 생각은 우리의 식량 체계와 인류를 지탱하고 있는 생태적 과정에 대한 이해가 부족해서 생기는 것입니다."

그러므로 고층 건물에서 소를 키우는 것은 어떤 장치처럼 흥미로울 수 있으나 우리는 여전히 지구 위에 살고 있다. 따라서 생태적인 요소에 대한 기본적인 이해 없이 농사를 짓는 것은 매우 잘못된 것이다.

온타리오에 있는 궬프 대학 지질학부의 에반 프레셔 박사는 CBC 라디오에서 '과학적 대 발견이 우리를 구해주기를 희망하지만 여전히 의심을 버릴 수는 없다'고 대답했다.

"만약 당신이 지난 60년 동안 작물 유전학과 번식에 관해 지켜봐 왔다면 그동안 개발된 것은 생산력만을 증대시키고 기후 변화나 병

도시농업 – 도시농업이 도시의 미래를 바꾼다

해충으로부터는 매우 취약한 작물임을 알 것입니다. 그래서 결과적으로 이렇게 극단적으로 생산력만을 높인 작물은 많은 양의 물과 비료를 필요로 합니다. 만약 우리가 이대로 생산력만을 강조한 작물을 개발하게 된다면 미래에는 회복력이 매우 떨어지는 환경을 맞이하게 될 것입니다. 즉, 이 모든 것은 우리가 과학을 어떻게 이용하느냐에 달려 있습니다. 그리고 역사가 입증해 주듯이 과학이 모든 것을 좋은 방향으로만 바꾸지 않는다는 것을 기억해야 합니다."

농부가 우선이고 그 다음이 농장이다.

그렇다면 늘어나는 인구의 식량을 어떻게 마련해야 할까?

"제 생각에는 이 문제야말로 향후 백 년의 가장 큰 문제가 될 것입니다. 가장 최고의 타협점은 둘러싸인 영역 안에 있는 생물학 구역으로, 이곳은 특별한 재능으로 무엇인가를 할 수 있는 구역입니다. 그곳을 목초지라고 불러봅시다. 저는 영국 북부에 살았는데 그곳은 야트막한 산이 많은 곳이었습니다. 낙농업과 양, 소를 키우기에 아주 적합한 곳이었습니다. 그 지역에서는 지속적으로 낙농업과 소나 양을 사육해야 했기에 우리는 그 지역을 특성화시킴으로써 경제적 효율성과 생태적인 효율성 모두를 얻어야 했습니다. 그러나 이러한 지역 특성화라는 것은 결코 유전적 형질이 똑같은 양을 대량 생산해서 요크셔의 계곡에 1.5m마다 양이 있어야 한다는 것을 의미하지 않습니다. 지형의 높이에 따른 다양성과 작물의 다양성이 보장되어야 합니다. 산울타리, 숲 등과 같은 것 말이죠. 그래서 우리가 필요한 것은 높은 다양성이 보장되지만 특정 작물의 유형으로 특성화된 일정 구역으로서, 다른 구역의 다양한 작물과의 교류가 이루어질 수 있는 가능성이 있는 곳입니다. 그리고 이렇게 함으로써 더 높은 생산량과 회복력을 갖추길 희망하고 있습니다.

우리는 또한 우리의 GDP로 더 많은 식량을 사들이려고 노력하고 있습니다. 우리는 더 이상 화석연료로 생산된 식량을 사 먹을 수 없기 때문에 식량에 더 많은 돈을 들게 될 것입니다. 이러한 것은 지속 가능하지 못하기 때문이죠. 그리고 앞으로 더 많은 사람들이 식량 생산 업계에 종사하게 될 것입니다. 지역의 정원뿐 아니라 농장에서도 마찬가지입니다. 저는 경제의 중심이 이동할 것이라고 봅

도시농업 – 도시농업이 도시의 미래를 바꾼다

니다. 단지 그 이동이 갑작스러운 쇼크가 아니라 점진적으로 천천히 진행되길 바랄 뿐입니다. 결국에 우리는 지금으로부터 수백 년 후에 더 많은 종류의 농업 경제 구조를 만나게 될 것입니다."

헤럴드 스티브는 도시 농업의 미래는 밝을 것이라 전망한다.

이제 미래를 생각하자

"최근 3~4년 동안 저는 지난 20년간 만났던 사람들보다 더 많은 사람들을 만났습니다. 그리고 제 생각은 매우 빠르게 성장했습니다. 전 세계는 놀라움을 원한다고 생각합니다. 사람들은 그것을 원하고 우리는 그 일이 일어날 방법을 찾습니다."

그렇다면 만약 이 글을 야심찬 농업가가 읽는다면, 그들이 그 일을 해낼 것이라고 생각하십니까?

"물론입니다. 중요한 것은 훌륭한 일을 하기 위해 무조건 규모가 클 필요는 없다는 사실을 깨닫는 것입니다. 물론 많은 노력이 필요하겠지만 그에 대한 충분한 대가가 따를 겁니다."

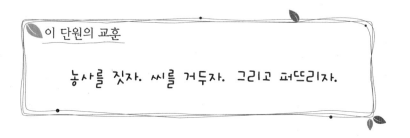

🌿 이 단원의 교훈

농사를 짓자. 씨를 거두자. 그리고 퍼뜨리자.

🌳 참고자료

chapter 1.

1. 도시 농업으로 생산된 작물은 국제 식량 시장에서 적은 비중을 차지한다; Cli-mate-smart agriculture, fao.org/climatechange/climatesmart/66250/en/

2. 8억여 명의 도시 농부들이 있다는 사실에 어느 정도 안도감을 느낀다; "Spotlight/1999.Issues in urban agriculture," fao.org/ag/magazine/9901 sp2.htm

3. 가축생산은 전 세계 온실가스 배출양의 18퍼센트 만큼 책임이 있다; "Spotlight/2006,Livestock impacts on the environment," fao.org/ag/magazine/0612sp1.htm

4. 이미 미국 경작지의 90퍼센트가 표토를 잃어가고 있다; Cornell University Science News, August 7,1977,news.cornell.edu/releases/aug97/livestock. hrs.html

5. 아프리카에서 녹색혁명을 위한 동맹(AGRA: The Alliance for a Green Revolution in Africa)은 아마도 유전공학도 염두에 두고 있을 것이다; "몬산토에 있는 게이츠 투자재단은 소규모 아프리카 농부들에게 피해를 주고 있다." Signs of the Times, August 25,2010, sott.net/articles/show/214352-Gates-Foundation-Invests-in-Monsanto-at-the-Expense-of-Small-scale-African-Farmers

6. 디트로이트와 같은 장소를 포함하여 또 다른 시대의 끝; Food and Society Fellows, July 2010. "Detroit: The Business of Urban Agriculture," foo-dandsocietyfellows.org/digest/article/detroit-business-urban-agriculture

7. 라틴 아메리카가 무서운 속도로 따라잡고 있다; "Urban Agriculture and

Community Food Security in the United States: Farming from the City Center to the Urban Fringe. A Primer Prepared by the Community Food Security Coalition's North American Urban Agriculture Committee," October 2003, foodsecurity.org/Primer CFSCUAC.pdf

8. 국가원예협회의 발표에 의하면 2008년에 비하여 가정 내 농업이 2009년에 19퍼센트 증가했다; "Garden Market Research. The Impact of Home and Community Gardening in America," gardenresearch.com/index/php?q=show&id=3126

9. 가장 최악의 경우는 무 종자의 경우였다; "Hygiene Practice Manual for Radish Sprouts Production in Japan," FAO/WHO Global Forum of Food Safety Regulators. Marrakesh, Morocco, 28-30 January 2002. fao.org/docrep/meeting/004/x6923e.htm

10. UC Davis의 농업 및 자연자원 연구소에서는 검증받은 무병종 묘를 구입할 것을 권하고 있다. "Growing Seed Sprouts at Home." University of California Davis, Division of Agriculture and Natural Resources, Publication 8151, postharvest.ucdavis.edu/datastorefiles/234-412.pdf

chapter 2.

1. MSGs(다층 텃밭)은 아프리카 난민촌에서 식량 생산에 사용되는 곡물자루의 이름이다; "Multi-story Gardens to Support Food Security,"Mary Corbett, Urban Agriculture magazine, number 21, January 2009.

chapter 3.

1. 미국 농업부는 과일과 채소를 대상으로 한 실험에서 10개 중 7개에서 잔류 농약을 발견했다; foodnesw.org/reduce/php

2. 세계에서 가장 큰 물탱크는 현재 터키에 속하는 예레바탄 사란이에 있다; grow nyc.org/openspace/publications

3. 코넬 대학교의 연구에 따르면 좋은 토양은 2.5cm의 물이 38cm 깊이까지 스며들 수 있는 토양이다; vegetableexpert.co.uk/WateringYourVegetables.html

4. 과학자 연합은 여러분 모두가 농부와 같은 마음으로 지구의 온난화현상에 싸워 지구를 보호하기를 원한다; Earthwise, Summer 2010;ucsusa.org/publica-

tions/earthwise/close-to-home-summer-2010.html

chapter 4.

1. 후쿠오카는 그 자신을 괴짜라고 말했다(그는 로데일 주민들에게 비료를 추천하려고 노력하고 있다); onestrawrevolution.net/MasanobuFukuoka.htm

2. 캐나다 정부 수의사는 뒷마당에 한 무리의 닭은 큰 문제가 안 된다고 말했다; "Keeping Backyard Hens-The Basics," Heather Haven, dailyeggs.com/Chicken%20class%complete%2010.09pdf.pdf

chapter 5.

1. 1990년대 이래로 5개의 생명공학 회사가 200개가 넘는 종자 회사를 인수했다; "Revealed: How Seed Market is Controlled by Monsanto, Syngenta, Bayer, Dow&DuPont," by Tom Levitt, The Ecologist, October 7,2010.

2. 이 경우에 저항성은 매우 높아진다. 아이티 대지진 이후로 몬산토는 USAID와 함께 460톤의 잡종 종자를 '기부'했다; "Haiti's farmers call for a break with neoliberalism," GRAIN, July 2010, grain .org/seedling/?id=694

3. 2007년의 공공 보건 서비스와 같이 4개의 캐나다 연방 정치인은 자원하여 그들의 혈액과 소변을 독성 테스트에 사용하도록 하였다; "Poisonous Environment: Test Finds MPs' Bodies Full of Toxins," Vancouver Sun, January 4, 2007.

4. 연구원들은 최근에 다수의 캐나다인 혈액 검사를 통하여 납이 모두에게서 검출되었음을 밝혔다; "Younger Canadians have more BPA in their bodies than parents: Study," Sarah Schmidt, Postmedia News, August 16, 2010

5. 즉, 다시 말해서 보스턴에 있는 141개의 뒷마당 텃밭을 조사한 결과 검출된 납의 양이 지난 4년간 계속 증가했다; "Urban Gardens: Lead Exposure, Recontamination Mechanism, and Implications for Remediation Design," Heath F. Clark, Edbra M. Hausladen, Daniel J. Brabander. Department of Geosciences, Wellesley College. Environment Research 107 (2008) 3122-319.

chapter 7.

1. 몬트리올은 북미에서 도시 농업에 가장 적극적으로 지원하는 정책을 가지고

있다. 약 만여 개의 공동체 텃밭이 있다; "A Seat at the Table: Resource Guide for Local Government to Promote Food Secure Communities," June 2008, British Columbia Provincial Health Services Authority, phsa.ca/NR/rdonlyres/D48BA34E-B326-4302-8DoC-CC8E5A23A64F/o/ASeatattheTableResourceGuideforlocalgovernmentstopjromotefoodsecurecommunities.pdf

2. 1965년 도쿄의 한 가정주부는 지역 슈퍼마켓의 우유의 질이 좋지도 않으면서 비싼 것에 문제의식을 가졌었다; seikatsuclub.coop/english/

3. 우리가 '식량 안전성'에 대해 이야기할 때 우리는 종종 8십만 명의 캐나다인들이 매달 푸드 뱅크를 방문하는 풍경을 떠올리게 된다; cafb-acba.ca/main2.cfm?id-1071852F-B6A7-8AAo-6융8CE5374486A9

chapter 8.

1. 한 연구에 의하면 영국은 1960년대 이래로 전체 과수원의 60퍼센트가 없어졌다고 한다; independent.co.uk/opinion/commentators/michael-mccarthy-a-celebration-of-theengllish-apple-2106937.html

chapter 9.

1. 국제 농업지식, 과학기술개발(IAASTD)에서 이미 발표가 되었듯이, UN과 세계은행은 120개국의 400여명의 과학자에 의해 연구 활동이 이루어지고 있다; greenfacts.org/en/agriculture-iaastd/index.html

2. 마다카스카르에서 정부가 거래를 맺었을 때 일어났던 일을 그들에게 상기시켜라; news.bbc.co.uk/2/hi/africa/795272.stm

3. 캐나다에서는 현재 농부가 그들이 벌어들이는 매 1달러마다 23달러의 빚을 지고 있다; cbc.ca/canada/saskatchevan/story/2010/06/07/sask-nfu-report-farms-corporate-ownership.html

4. 미국 농부의 평균 연령은 57세다; prb.org/Articles/2000/TheGrayingof-Farmers.aspx

5. 이미 충분히 언급하였듯이 농업인들의 시장은 상품이 판매되기까지 1,500마일이나 운송되는 현재의 시스템에 비하여 훨씬 좋은 시스템이다: madness; attra.ncat.org/attra-pub/foodmiles.html

6. 매사추세츠의 터프츠 대학에서 새로운 지속 가능한 농업 프로젝트를 진행한 휴 조셉은 미국 정부의 '경제적 식량 계획'을 지역의 지속 가능한 식량 버전과 비교했다; digitaljournal.com/article/274391

7. 평균적으로 쿠바인들은 하루에 3,000칼로리를 섭취해 오다가(만약 우리가 이렇게 먹는다면 우리는 돼지가 되지 않을 텐데) 이 시기에는 2,000칼로리도 못 먹게 되었다; harperg.org/archive/2005/04/0080501

chapter 10.

1. 인도 물리학자이자 소규모 농업인 지지자인 반다나 시바는 위의 질문에 대하여 그렇다고 대답했다; "Vandana Shiva. The Future of Food," youtube.com/watch?v=vilFTCzDSck

2. 그는 유기농 농장이 상업적 농장과 비교하여 대등한 옥수수와 콩 수확량을 보였고 오히려 가뭄 때는 더 많이 생산했음을 발견했다; "Point-Counterpoint on Food," from The Local Harvest, The Newspaper of Local Food in Kingston and Countryside, Volume 2, 2007

3. 온타리오에 있는 궬프 대학의 지질대학의 에반 프레셔 박사는 CBC 라디오에서 그는 과학적 대발견이 우리를 구해주기를 희망하지만 여전히 의심을 버릴 수는 없다고 대답했다; cbc.ca/quirks/episode/2010/09/18/september-18-2010/

도시 농업 관련 단체 리스트

2012년 5월에 '도시농업의 육성 및 지원에 관한 법률'이 시행된 우리나라의 도시 농업은 주말농장, 텃밭과 같은 형태로 시작하였다. 각 시도별 농업지원센터·도시농업 네트워크, 전국귀농운동본부 등 지자체나 시민단체가 '도시농부학교', '다둥이농장', '실버농장', '가족텃밭' 등 시민참여 농원을 운영하여 교육하고 있다. 다음은 도시 농업에 참여할 방법을 찾는 시민들을 위해 대표적인 농업지원센터나 사회단체 목록을 정리한 것이다.

1. 각 시도별 농업지원센터

서울시 농업기술센터	http://agro.seoul.go.kr/
부산시 농업기술센터	http://nongup.busan.go.kr/00_main/
대구시 농업기술센터	http://www.daegu.go.kr/Rural/
인천시 농업기술센터	http://agro.incheon.go.kr/
광주시 농업기술센터	http://agri.gwangju.go.kr/index.do?S=S19
대전시 농업기술센터	http://www.daejeon.go.kr/farmtech/
울산시 농업기술센터	http://atc.ulsan.go.kr/
경기도 농업기술원	http://www.nongup.gyeonggi.kr/
강원도 농업기술원	http://www.ares.gangwon.kr/
충청북도 농업기술원	http://www.ares.chungbuk.kr/
충청남도 농업기술원	http://www.cnnongup.net/html/kr/
전라북도 농업기술원	http://www.jbares.go.kr/index.sko
전라남도 농업기술원	http://www.jares.go.kr/
경상북도 농업기술원	http://www.gba.go.kr/main/main.htm
경상남도 농업기술원	http://www.knrda.go.kr/main/main.asp
제주특별자치도 농업기술원	http://www.agri.jeju.kr/

도시농업 – 도시농업이 도시의 미래를 바꾼다

2. 기타 단체

서울도시농업네트워크	cafe.daum.net/cityagric/
인천도시농업네트워크	http://cafe.naver.com/dosinongup/
영등포도시농업네트워크	cafe.daum.net/dosifarmer/
수원도시농업네트워크	cafe.daum.net/dosifarmer/
천안도시농업네트워크	cafe.naver.com/nongsa21/
고양도시농업네트워크	cafe.naver.com/godonet
마포도시농업네트워크	cafe.naver.com/mapofarm/
부산도시농업포럼	http://cafe.naver.com/bscityfarm/
노원도시농업네트워크	cafe.naver.com/nodonong/
금천도시농업네트워크	cafe.daum.net/gcfarmer/
관악도시농업네트워크	cafe.daum.net/antifta/
부천도시농업네트워크	cafe.daum.net/bucheonuan/
강서도시농업네트워크	http://cafe.daum.net/gangseo-cityagric/
부산도시농업네트워크	http://cafe.daum.net/bsurbanagriculture/
텃밭보급소	http://cafe.daum.net/gardeningmentor/
도시농업텃밭지원센터	http://www.그린21.한국
도시농업운동본부 & Ofica	cafe.daum.net/k9001/
씨앗을 뿌리는 사람들	cafe.naver.com/daejari
하남도시농업 시범단	cafe.daum.net/dosinongup/
광진시민연대	cafe.daum.net/sg-simin/
Green Care Farming 녹색치유농업	cafe.daum.net/roofgarden/
관악도시농업네트워크	cafe.daum.net/antifta/
에코상상사업단 도시농업국	cafe.naver.com/epfarmnet/
양평군도시농업연구회	cafe.daum.net/ypdjoa/
강동구 도시농업 그리니티(GreeNity)	cafe.daum.net/greenity/
(주)팝그린	http://cafe.naver.com/popgreen88/
(사)도시농업포럼 어린이배움텃밭학교	http://cafe.daum.net/learningfarm/
텃밭세상	http://cafe.daum.net/tutbatsesang/
도시생태농지원센터 에코팜잉	http://cafe.naver.com/ecofarming/
친환경도시농업	http://cafe.naver.com/dobongecofarm/

부천도시농업포럼	http://cafe.naver.com/cityfarmersforum/
고양도시농업지도자	http://cafe.naver.com/donong2011/
홍씨텃밭농원	http://cafe.naver.com/hongsfarm2010
에코상상사업단 도시농업국	cafe.naver.com/epfarmnet/
농업회사법인 버미팜	www.vermifarm.co.kr/
도시, 농업을 품다	www.cityfarmers.kr/
도시농업 한국시티팜	www.koreacityfarm.com/
한국도시농업주식회사	www.cityagro.com
(사)도시농업포럼	http://blog.naver.com/kbsspd
한국도시농업연구회	http://cafe.daum.net/KSUA-UrbanAgr
도시농사꾼학교	cafe.naver.com/hanamfarmer/
파주 도시농부학교	http://cafe.daum.net/cityfarmer.paju/
도시농부학교&농촌체험	http://cafe.daum.net/shdqngkrry/
광명텃밭보급소	http://cafe.daum.net/kmgardeningmentor/
거제시 도시농부학교 1기	http://cafe.daum.net/GEOJEDOSINONGBOO/
대전도시농부학교& 생태귀농학교	http://cafe.naver.com/agriculturedj/
수원시도시농업연구회	http://cafe.naver.com/suwondonong/

도시농업 – 도시농업이 도시의 미래를 바꾼다

도시농업의 육성 및 지원에 관한 법률

[제정 2011.11.22 법률 제11096호 시행일 2012.5.23]

제1조(목적) 이 법은 도시농업의 육성 및 지원에 관한 사항을 마련함으로써 자연친화적인 도시환경을 조성하고, 도시민의 농업에 대한 이해를 높여 도시와 농촌이 함께 발전하는 데 이바지함을 목적으로 한다.

제2조(정의) 이 법에서 사용하는 용어의 뜻은 다음과 같다.
    1. "도시농업"이란 도시지역에 있는 토지, 건축물 또는 다양한 생활공간을 활용하여 농작물을 경작 또는 재배하는 행위로서 대통령령으로 정하는 행위를 말한다.
    2. "도시지역"이란 「국토의 계획 및 이용에 관한 법률」 제6조에 따른 도시지역 및 관리지역 중 대통령령으로 정하는 지역을 말한다.
    3. "도시농업인"이란 도시농업을 직접 하는 사람 또는 도시농업에 관련되는 일을 하는 사람을 말한다.

제3조(국가와 지방자치단체 등의 책무) ① 국가와 지방자치단체는 도시농업을 위한 토지·공간의 확보와 기반 조성을 위하여 노력하여야 하고, 도시농업의 활성화에 필요한 시책을 세우고 추진하여야 한다.
    ② 도시농업인은 환경친화적인 농법을 사용함으로써 안전한 농산물을 생산하도록 힘써야 하고, 도시농업에 사용되거나 이용된 농자재 등을 안전하게 관리 또는 처리함으로써 생활환경이 오염되지 아니하도록 힘써야 한다.

제4조(다른 법률과의 관계) 도시농업에 관하여 다른 법률에 특별한 규정이 있는 경우를 제외하고는 이 법에 따른다.

제5조(종합계획의 수립) ① 농림수산식품부장관은 5년마다 도시농업의 육성 및 지원을 위하여 관계 중앙행정기관의 장과 협의를 거쳐 도시농업의 육성 및 지원에 관한 종합계획(이하 "종합계획"이라 한다)을 수립하여야 한다.

② 종합계획에는 다음 각 호의 사항이 포함되어야 한다.

　　1. 도시농업의 현황과 전망

　　2. 도시농업의 육성 및 지원 방향 및 목표

　　3. 도시농업의 육성 및 지원을 위한 중장기 투자계획

　　4. 도시농업 관련 교육훈련과 전문인력의 육성 방안

　　5. 도시농업 관련 연구와 기술개발 및 보급 방안

　　6. 도시농업의 홍보 및 정보화 촉진 방안

　　7. 그 밖에 도시농업의 육성 및 지원을 위하여 대통령령으로 정하는 사항

③ 농림수산식품부장관은 종합계획을 수립하거나 변경하려면 제7조에 따른 도시농업위원회의 심의를 거쳐야 한다. 다만, 대통령령으로 정하는 경미한 사항을 변경하려는 경우에는 심의를 거치지 아니할 수 있다.

④ 농림수산식품부장관은 제3항에 따라 수립하거나 변경한 종합계획을 관계 중앙행정기관의 장과 특별시장·광역시장·특별자치시장·도지사·특별자치도지사(이하 "시·도지사"라 한다)에게 통보하여야 한다.

⑤ 농림수산식품부장관은 종합계획을 수립하거나 변경하기 위하여 필요하다고 인정하는 경우 관계 중앙행정기관의 장 또는 지방자치단체의 장에게 관련 자료의 제출을 요구할 수 있다. 이 경우 자료의 제출을 요구받은 관계 기관의 장은 정당한 사유가 없으면 이에 따라야 한다.

제6조(시행계획의 수립·시행 등)　① 농림수산식품부장관 및 시·도지사는 종합계획에 따라 매년 도시농업의 육성 및 지원에 관한 시행계획(이하 "시행계획"이라 한다)을 수립·시행하여야 한다.

② 시·도지사는 다음 연도의 시행계획과 전년도의 시행계획에 따른 추진실적을 대통령령으로 정하는 바에 따라 매년 농림수산식품부장관에게 제출하여야 하고, 농림수산식품부장관은 매년 시행계획에 따른 추진실적을 평가하여야 한다.

③ 시행계획의 수립과 시행 및 추진실적의 평가 등에 필요한 사항은 대통령령으로 정한다.

제7조(도시농업위원회)　① 도시농업의 육성 및 지원에 관한 다음 각 호의 사항을 심의하기 위하여 농림수산식품부장관 소속으로 도시농업위원회(이하 "위원회"라 한다)를 둔다.

　　1. 종합계획의 수립 및 변경

　　2. 제6조제2항에 따른 시행계획의 추진실적 평가

3. 제12조에 따른 도시농업 관련 연구 및 기술개발

4. 제20조에 따른 도시농업종합정보시스템의 구축 및 운영

5. 그 밖에 도시농업의 육성 및 지원에 관한 사항으로서 농림수산식품부장관이 필요하다고 인정하는 사항

② 위원회의 위원장은 농림수산식품부장관이 되며, 위원회는 위원장 1명을 포함한 15명 이내의 위원으로 구성한다.

③ 위원회의 위원은 다음 각 호의 어느 하나에 해당하는 사람 중에서 농림수산식품부장관이 위촉하거나 임명한다.

1. 도시농업에 관하여 학식과 경험이 풍부하다고 농림수산식품부장관이 인정하는 사람

2. 도시농업과 관련이 있는 업무를 담당하는 행정안전부, 농림수산식품부, 환경부, 국토해양부, 농촌진흥청, 산림청 소속의 고위공무원단에 속하는 공무원 각 1명

④ 그 밖에 위원회의 구성 및 운영 등에 필요한 사항은 대통령령으로 정한다.

제8조(도시농업의 유형 등) ① 도시농업은 다음 각 호와 같이 구분하되 유형별 세부 분류는 농림수산식품부령으로 정한다.

1. 주택활용형 도시농업: 주택·공동주택 등 건축물의 내부·외부, 난간, 옥상 등을 활용하거나 주택·공동주택 등 건축물에 인접한 토지를 활용한 도시농업

2. 근린생활권 도시농업: 주택·공동주택 주변의 근린생활권에 위치한 토지 등을 활용한 도시농업

3. 도심형 도시농업: 도심에 있는 고층 건물의 내부·외부, 옥상 등을 활용하거나 도심에 있는 고층 건물에 인접한 토지를 활용한 도시농업

4. 농장형·공원형 도시농업: 제14조의 공영도시농업농장이나 제17조의 민영도시농업농장 또는 「도시공원 및 녹지 등에 관한 법률」 제2조에 따른 도시공원을 활용한 도시농업

5. 학교교육형 도시농업: 학생들의 학습과 체험을 목적으로 학교의 토지나 건축물 등을 활용한 도시농업

② 국가와 지방자치단체는 도시농업을 육성 및 지원하는 경우에 제1항에 따른 도시농업의 유형별 특성에 맞도록 시책을 수립·시행하여야 한다.

제9조(실태조사) ① 농림수산식품부장관은 종합계획, 시행계획 및 도시농업의 육성 및

지원에 필요한 시책을 효율적으로 수립·시행하기 위하여 도시농업의 현황 등에 관한 실태조사를 실시할 수 있다.

② 제1항에 따른 실태조사의 범위와 방법 및 그 밖에 필요한 사항은 대통령령으로 정한다.

제10조(도시농업지원센터의 설치 등) ① 국가와 지방자치단체는 도시농업의 활성화를 위하여 도시농업인에게 필요한 지원과 교육훈련을 실시할 수 있다.

② 농림수산식품부장관과 지방자치단체의 장은 제1항에 따른 지원과 교육훈련을 위하여 농림수산식품부령으로 정하는 바에 따라 다음 각 호의 사업을 수행하는 도시농업지원센터를 설치하여 운영하거나 적절한 시설과 인력을 갖춘 기관 또는 단체를 도시농업지원센터로 지정할 수 있다.

　　1. 도시농업의 공익기능 등에 관한 교육과 홍보

　　2. 도시농업 관련 체험 및 실습 프로그램의 설치와 운영

　　3. 도시농업 관련 농업기술의 교육과 보급

　　4. 도시농업 관련 텃밭용기(상자, 비닐, 화분 등을 이용하여 흙이나 물을 담아 식물을 재배할 수 있는 용기를 말한다. 이하 같다)·종자·농자재 등의 보급과 지원

　　5. 그 밖에 도시농업 관련 교육훈련을 위하여 필요하다고 인정되는 사업

③ 국가와 지방자치단체는 제2항에 따라 지정된 도시농업지원센터에 대하여 예산의 범위에서 제2항 각 호의 사업수행에 필요한 비용의 전부 또는 일부를 지원할 수 있다.

④ 농림수산식품부장관과 지방자치단체의 장은 제2항에 따라 지정된 도시농업지원센터가 다음 각 호의 어느 하나에 해당하는 경우에는 농림수산식품부령으로 정하는 바에 따라 지정을 취소하거나 시정을 명할 수 있다. 다만, 제1호에 해당하면 지정을 취소하여야 한다.

　　1. 거짓이나 그 밖의 부정한 방법으로 지정을 받은 경우

　　2. 지정요건에 적합하지 아니하게 된 경우

　　3. 정당한 사유 없이 제2항 각 호에 따른 사업을 시작하지 아니하거나 지연한 경우

　　4. 정당한 사유 없이 1년 이상 계속하여 제2항에 따른 사업을 하지 아니한 경우

제11조(전문인력의 양성) ① 농림수산식품부장관과 지방자치단체의 장은 도시농업 전문

인력의 양성을 위하여 농림수산식품부령으로 정하는 바에 따라 농촌진흥청, 「농촌진흥법」 제3조에 따른 지방농촌진흥기관, 「고등교육법」 제2조에 따른 대학, 도시농업에 관한 연구활동 등을 목적으로 설립된 연구소나 기관 또는 단체를 전문인력 양성기관으로 지정할 수 있다.

② 국가와 지방자치단체는 제1항에 따라 지정된 전문인력 양성기관에 대하여 예산의 범위에서 전문인력 양성에 필요한 경비의 전부 또는 일부를 지원할 수 있다.

③ 농림수산식품부장관과 지방자치단체의 장은 제1항에 따라 지정된 전문인력 양성기관이 다음 각 호의 어느 하나에 해당하는 경우에는 농림수산식품부령으로 정하는 바에 따라 지정을 취소하거나 시정을 명할 수 있다. 다만, 제1호에 해당하면 지정을 취소하여야 한다.

　1. 거짓이나 그 밖의 부정한 방법으로 지정을 받은 경우

　2. 지정요건에 적합하지 아니하게 된 경우

　3. 정당한 사유 없이 전문인력 양성을 시작하지 아니하거나 지연한 경우

　4. 정당한 사유 없이 1년 이상 계속하여 전문인력 양성업무를 하지 아니한 경우

제12조(연구 및 기술개발) ① 농림수산식품부장관은 도시농업 관련 연구의 활성화와 기술 수준의 향상을 위하여 다음 각 호의 사항을 추진하여야 한다.

　1. 도시농업 관련 연구 및 기술에 관한 수요조사

　2. 도시농업 관련 연구 및 기술개발

　3. 도시농업 관련 연구성과 및 개발된 기술의 보급·교류 및 협력

　4. 그 밖에 도시농업 관련 연구 및 기술개발에 필요한 사항

② 농림수산식품부장관은 도시농업 관련 연구를 하거나 기술을 개발하는 자에 대하여 예산의 범위에서 연구 및 기술개발에 필요한 비용을 지원할 수 있다.

제13조(도시농업공동체의 등록 및 지원 등) ① 도시농업인들은 도시농업을 함께하기 위하여 자율적으로 단체(이하 "도시농업공동체"라 한다)를 구성할 수 있다.

② 국가와 지방자치단체는 예산의 범위에서 도시농업공동체의 도시농업에 들어가는 경비의 전부 또는 일부를 지원할 수 있다.

③ 제2항에 따른 지원을 받으려는 도시농업공동체는 대표자를 선정하여 특별자치시장·특별자치도지사 또는 시장·군수·구청장(자치구의 구청장을 말한다. 이하 같다)에게 등록하여야 한다.

④ 제3항에 따른 등록의 기준과 절차 및 방법 등은 농림수산식품부령으로 정한다.

제14조(공영도시농업농장의 개설) ① 시·도지사 또는 시장·군수·구청장은 도시농업의 활성화와 도시농업 공간의 확보를 위하여 도시지역에 위치한 공유지 중에서 도시농업에 적합한 토지를 선정하여 공영도시농업농장을 개설할 수 있다.

② 제1항에 따라 공영도시농업농장을 개설하려는 경우 시·도지사는 미리 농림수산식품부장관의 승인을 받아야 하고, 시장·군수·구청장은 미리 시·도지사의 승인을 받아야 한다.

③ 시·도지사 또는 시장·군수·구청장이 제2항에 따라 공영도시농업농장의 개설승인을 받으려면 공영도시농업농장 개설승인신청서에 업무규정과 운영관리계획서를 첨부하여 제2항에 따른 승인권자(이하 "개설승인권자"라 한다)에게 제출하여야 한다.

④ 시·도지사 또는 시장·군수·구청장이 업무규정을 변경하려면 미리 개설승인권자의 승인을 받아야 한다. 다만, 농림수산식품부령으로 정하는 경미한 사항은 승인 없이 변경할 수 있다.

⑤ 시·도지사 또는 시장·군수·구청장이 공영도시농업농장을 폐쇄하려면 폐쇄예정일 3개월 전까지 개설승인권자의 승인을 받아야 한다.

⑥ 제2항 및 제3항에 따른 승인의 기준 및 절차 등은 농림수산식품부령으로 정한다.

제15조(공영도시농업농장 인접지역 토지의 매수·교환) ① 시·도지사 또는 시장·군수·구청장은 공영도시농업농장을 개설하기 위하여 필요하면 공영도시농업농장 인접 토지 소유자와 계약에 따라 인접 토지를 예산의 범위에서 매수하거나 공유지와 교환할 수 있다.

② 제1항에 따른 토지 매수나 교환의 절차와 그 밖에 필요한 사항은 「공유재산 및 물품 관리법」을 준용한다.

③ 제1항에 따라 토지를 매수 또는 교환하려는 경우 매수 또는 교환의 가격은 「공익사업을 위한 토지 등의 취득 및 보상에 관한 법률」에 따라 산정된 가격으로 한다.

제16조(공영도시농업농장 토지의 임대) ① 시·도지사 또는 시장·군수·구청장은 도시농업인의 신청을 받아 도시농업인에게 공영도시농업농장의 토지를 임대할 수 있다.

도시농업 - 도시농업이 도시의 미래를 바꾼다

② 제1항에 따라 공영도시농업농장의 토지를 임대받은 도시농업인은 그 토지를 도시농업 외의 목적으로 사용하거나 이용하여서는 아니 된다.

③ 시·도지사 또는 시장·군수·구청장은 제1항에 따라 공영도시농업농장의 토지를 임대하는 경우 대통령령으로 정하는 바에 따라 임대료를 징수할 수 있다.

④ 제1항에 따른 신청 및 임대의 요건과 기간 및 절차와 방법 등은 농림수산식품부령으로 정한다.

제17조(민영도시농업농장의 개설 등) ① 국가 또는 지방자치단체가 아닌 자는 민영도시농업농장을 개설하여 운영할 수 있다.

② 국가와 지방자치단체는 예산의 범위에서 민영도시농업농장의 개설과 운영에 들어가는 경비의 전부 또는 일부를 지원할 수 있다.

③ 제2항에 따른 지원을 받으려는 민영도시농업농장은 위치와 면적, 업무규정 및 운영관리계획서를 첨부하여 시장·군수·구청장에게 등록하여야 한다.

④ 제3항에 따른 등록의 기준과 절차 및 방법 등은 농림수산식품부령으로 정한다.

제18조(교류 및 협력 시책의 수립 등) ① 국가와 지방자치단체는 도시농업의 저변 확대 및 활성화를 위하여 도시농업인 사이 또는 도시농업인과 「농어업·농어촌 및 식품산업 기본법」 제3조제2호가목에 따른 농업인 사이의 교류 및 협력을 위한 시책을 수립·시행하여야 한다.

② 국가와 지방자치단체는 도시농업을 통하여 도시와 농촌이 함께 발전할 수 있도록 「농어촌정비법」 제2조제16호다목에 따른 주말농원사업과 연계를 강화하는 시책을 수립·시행하여야 한다.

③ 「유아교육법」 제2조와 「초·중등교육법」 제2조에 따른 학교는 도시농업 관련 교육 및 실습·체험 활동이 「식생활교육지원법」 제26조에 따른 식생활 교육과 연계하여 추진될 수 있도록 노력하여야 한다.

④ 국가와 지방자치단체는 도시농업의 국제협력을 촉진하기 위하여 도시농업 관련 기술 및 인력의 국제교류와 국제공동연구 등의 사업을 실시할 수 있다.

제19조(박람회 등의 개최) 국가와 지방자치단체는 도시농업의 활성화를 위하여 도시농업 박람회 또는 도시농업 관련 생활경진대회 등을 개최할 수 있다.

제20조(도시농업종합정보시스템의 구축과 운영) ① 농림수산식품부장관은 도시농업의 체

계적이고 효율적인 육성 및 지원을 위하여 다음 각 호의 사항에 관하여 도시농업종합정보시스템을 구축하여 운영할 수 있다.

1. 공영도시농업농장, 민영도시농업농장 등의 임대 정보 및 임차 신청
2. 도시농업 관련 텃밭용기·농자재 등의 제공·교환·폐기·회수 등에 관한 정보
3. 도시농업 관련 교육훈련에 관한 정보 및 신청
4. 도시농업 관련 기술에 관한 정보
5. 그 밖에 농림수산식품부장관이 도시농업의 체계적이고 효율적인 육성·지원을 위하여 필요하다고 인정하는 사항

② 도시농업종합정보시스템의 구축과 운영에 필요한 사항은 농림수산식품부령으로 정한다.

제21조(농자재 등의 관리 및 처리 기준) ① 농림수산식품부장관은 친환경적인 도시농업을 촉진하고 생활환경의 오염을 방지하기 위하여 도시농업 관련 농자재 등의 안전한 관리 및 처리에 관한 기준(이하 "관리·처리 기준"이라 한다)을 정하여 고시하여야 한다.

② 도시농업인은 관리·처리 기준을 준수하여야 한다.

③ 농림수산식품부장관 또는 지방자치단체의 장은 도시농업인이 관리·처리 기준을 위반하여 주변 환경을 오염시켰다고 인정하는 경우 시정을 명할 수 있다.

④ 제3항에 따라 시정명령을 받은 자는 시정명령에 따른 조치를 하여야 하며 시정조치의 결과를 농림수산식품부장관 또는 지방자치단체의 장에게 보고하여야 한다.

제22조(청문) 농림수산식품부장관과 지방자치단체의 장은 제10조제4항에 따라 도시농업지원센터의 지정을 취소하거나 제11조제3항에 따라 전문인력 양성기관의 지정을 취소하려면 청문을 하여야 한다.

제23조(권한의 위임·위탁) ① 이 법에 따른 농림수산식품부장관의 권한은 그 일부를 대통령령으로 정하는 바에 따라 소속 기관의 장, 농촌진흥청장, 산림청장, 시·도지사 또는 시장·군수·구청장에게 위임할 수 있다.

② 이 법에 따른 시·도지사의 권한은 대통령령으로 정하는 바에 따라 그 일부를 시장·군수·구청장에게 위임할 수 있다.

③ 이 법에 따른 농림수산식품부장관, 시·도지사 또는 시장·군수·구청장의 업

무는 그 일부를 대통령령으로 정하는 바에 따라 도시농업과 관련된 기관 또는 단체에 위탁할 수 있다.

제24조(과태료) ① 다음 각 호의 어느 하나에 해당하는 사람에게는 300만원 이하의 과 태료를 부과한다.

    1. 제16조제2항을 위반하여 공영도시농업농장을 도시농업 외의 목적으로 사용하거나 이용한 사람

    2. 제21조제3항에 따른 시정명령을 위반한 사람

② 제1항에 따른 과태료는 대통령령으로 정하는 바에 따라 농림수산식품부장관, 시·도지사, 시장·군수·구청장이 부과·징수한다.

부칙 〈제11096호, 2011.11.22〉

이 법은 공포 후 6개월이 경과한 날부터 시행한다. 다만, 특별자치시와 특별자치시장에 관한 부분은 2012년 7월 1일부터 시행한다.

당신의 식량이 어디에서 생산된 것인지 믿을 수 없다면, 소규모 시장, 농업인들의 시장, 그리고 당신이 직접 수확하는 농장을 방문하라.

도시와 작물: 함께 할 수 있을까?

마늘, 양파 그리고 부추는 해충 발생을 억제하고 음식에 맛을 더해준다.

한 번 심어서 오래도록 먹을 수 있는 것을 원한다면 과일나무를 심어라.